スバラシク実力がつくと評判の

演習 微分積分

キャンパス・ゼミ

改訂7
revision

マセマ出版社

◆ はじめに ◆

既刊の『**微分積分キャンパス・ゼミ**』は多くの読者の皆様のご支持を頂いて，**微分積分（解析学）教育のスタンダードな参考書**として定着してきているようです。そして，マセマ出版社には連日のように，この『微分積分キャンパス・ゼミ』で養った実力をより確実なものとするための『**演習書(問題集)**』が欲しいとのご意見が寄せられてきました。このご要望にお応えするため，この『**演習 微分積分キャンパス・ゼミ 改訂7**』を上梓致しました。

微分積分を単に理解するだけでなく，自分のものとして使いこなせるようになるために**問題練習が必要なことは言うまでもありません**。この『**演習 微分積分キャンパス・ゼミ 改訂7**』は，そのための**最適な演習書**といえます。

ここで，まず本書の特徴を紹介しておきましょう。

- 『微分積分キャンパス・ゼミ』に準拠して全体を **5** 章に分け，各章のはじめには解法のパターンが一目で分かるように，(***methods & formulae***) (要項) を設けている。
- マセマオリジナルの頻出典型の演習問題を，各章毎に**難度の低いものから高いものまで体系立てて配置**している。
- 各演習問題には(ヒント)を設けて解法の糸口を示し，また(解答 & 解説)では，読者の目線に立った定評あるマセマ流の**親切で分かりやすい解説**で，明快に解き明かしている。
- 演習問題の中には，類似問題を **2** 題併記して，**2 題目は穴あき形式**にして自分で穴を埋めながら実践的な練習ができるようにしている箇所も多数設けた。
- **2 色刷り**の美しい構成で，読者の理解を助けるため，**図解も豊富**に掲載している。

さらに，本書の具体的な利用法についても紹介しておきましょう。

●まず，各章毎に，(*methods & formulae*)(要項)と演習問題を一度**流し読み**して，学ぶべき内容の全体像を押さえる。

●次に，(*methods & formulae*)(要項)を**精読**して，公式や定理それに解法パターンを頭に入れる。そして，各演習問題の(解答&解説)を見ずに，問題文と(ヒント)のみを読んで，**自分なりの解答**を考える。

●その後，(解答&解説)をよく読んで，自分の解答と比較してみる。そして間違っている場合は，**どこにミスがあったかをよく検討**する。

●後日，また(解答&解説)を見ずに**再チャレンジ**する。

●そして，問題がスラスラ解けるようになるまで，何度でも納得がいくまで**反復練習**する。

以上の流れに従って練習していけば，微分積分も確実にマスターできますので，**大学や大学院の試験でも高得点で乗り切れる**はずです。この微分積分（解析学）は様々な大学数学や大学物理を学習していく上での基礎となる分野なので，これをマスターすることにより，さらなる**上のステージに上っていく鍵**を手に入れることができます。だから，ここで頑張る価値は十分にあるのです。

さらに，この『**演習 微分積分キャンパス・ゼミ 改訂 7**』の中では，『微分積分キャンパス・ゼミ』では扱えなかった，**様々な逆三角関数と双曲線関数の公式，逆双曲線関数の微分・積分公式，球座標や円筒座標の 3 次のヤコビアン J，3 重積分の計算**なども詳しく解説しています。ですから，『微分積分キャンパス・ゼミ』を完璧にマスターできるだけでなく，さらにワンランク上の勉強もできるのです。

この『**演習 微分積分キャンパス・ゼミ 改訂 7**』は皆さんの数学学習の**良きパートナーとなるべき演習書**です。本書によって，多くの方々が微分積分に開眼され，微分積分の面白さを堪能されることを願ってやみません。

皆様のさらなる成長を心より祈っています。

マセマ代表　馬場 敬之(けいし)

この改訂 7 では，新たに **Appendix**(付録) の補充問題として，ラグランジュの未定乗数法の問題を加えました。

◆ 目 次 ◆

講義1 数列と関数の極限

● ***methods & formulae*** ……………………………………… **6**
- 数列の極限と ε-N 論法（問題 1 ～ 6） ……………………… **12**
- 正項級数とダランベールの判定法（問題 7 ～ 10） ……………… **18**
- 三角関数と逆三角関数（問題 11 ～ 16） …………………………… **22**
- 指数・対数関数と双曲線関数（問題 17 ～ 19） ………………… **28**
- 関数の極限と ε-δ 論法（問題 20 ～ 23） …………………………… **32**
- 関数の連続性と ε-δ 論法（問題 24, 25） ………………………… **36**
- 三角・指数・対数関数の極限（問題 26 ～ 29） ………………… **38**

講義2 微分法とその応用（1変数関数）

● ***methods & formulae*** ……………………………………… **42**
- 指数・対数関数の極限（問題 30, 31） …………………………… **50**
- 微分計算（問題 32 ～ 41） ……………………………………… **52**
- 対数微分法と高階導関数（問題 42 ～ 45） ……………………… **64**
- 関数の極限とロピタルの定理（問題 46 ～ 51） ………………… **70**
- グラフの概形（問題 52 ～ 55） ………………………………… **76**
- 関数のマクローリン展開（問題 56 ～ 61） ……………………… **80**

講義3 積分法とその応用（1変数関数）

● ***methods & formulae*** ……………………………………… **86**
- 不定積分の計算（問題 62 ～ 72） ……………………………… **94**
- 定積分の計算（問題 73 ～ 79） ………………………………… **106**
- 広義積分と無限積分（問題 80 ～ 82） ………………………… **114**
- 面積・体積・曲線の長さ（問題 83 ～ 93） …………………… **118**

講義4 2変数関数の微分

● *methods & formulae* ······ 132
- 2変数関数の極限と連続性（問題 94, 95）······ 136
- 偏導関数・偏微分係数の計算（問題 96 ～ 103）······ 138
- 関数の全微分と接平面（問題 104 ～ 107）······ 146
- 全微分の変数変換（問題 108 ～ 111）······ 150
- 2変数関数のテイラー・マクローリン展開(問題 112, 113)···154
- 2変数関数の極値（問題 114 ～ 117）······ 156
- ラグランジュの未定乗数法（問題 118, 119）······ 162

講義5 多変数関数の重積分

● *methods & formulae* ······ 164
- 累次積分（問題 120 ～ 122）······ 170
- 広義の重積分・無限積分（問題 123 ～ 126）······ 174
- 変数変換による重積分（問題 127 ～ 133）······ 178
- 立体の体積（問題 134 ～ 139）······ 190
- 曲面の面積（問題 140 ～ 145）······ 202
- 3重積分（問題 146 ～ 150）······ 212

◆ *Appendix*（付録）······ 220

◆ *Term・Index*（索引）······ 222

講　義 Lecture **1** 数列と関数の極限 ●

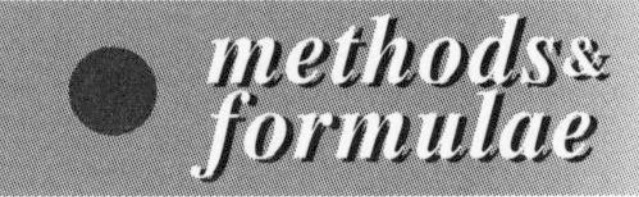

1. 数列の極限と $\varepsilon - N$ 論法

数列 $\{a_n\}$ が極限値 α をとる，すなわち $\lim_{n\to\infty} a_n = \alpha$ となることを示す厳密な証明法“$\varepsilon - N$ **論法**”を下に記す。

> 正の数 ε をどんなに小さくしても，ある自然数 N が存在して，$n \geqq N$ をみたすすべての自然数 n に対して，$|a_n - \alpha| < \varepsilon$ となるとき，
>
> $\lim_{n\to\infty} a_n = \alpha$ である。

この $\varepsilon - N$ 論法を論理記号を使って表すと，次のようになる。

$\varepsilon - N$ 論法の論理記号による表現

> $^\forall\varepsilon > 0$，$^\exists N > 0$　s.t.　$n \geqq N \implies |a_n - \alpha| < \varepsilon$
>
> このとき，$\lim_{n\to\infty} a_n = \alpha$ となる。

2. 正項級数とダランベールの判定法

$a_n > 0$ $(n = 1, 2, \cdots)$ の数列 $\{a_n\}$ の無限級数 $\sum_{n=1}^{\infty} a_n$ を“**無限正項級数**”，または“**正項級数**”という。この正項級数の収束・発散を判定する“**ダランベールの判定法**”を，次に示す。

ダランベールの判定法

> 正項級数 $\sum_{n=1}^{\infty} a_n$ について，
>
> $\lim_{n\to\infty} \frac{a_{n+1}}{a_n} = r$ のとき，(r は，∞ でもかまわない。)
>
> (i) $0 \leqq r < 1$ ならば，$\sum_{n=1}^{\infty} a_n$ は収束し，
>
> (ii) $1 < r$　　ならば，$\sum_{n=1}^{\infty} a_n$ は発散する。
>
> $r = 1$ のときは，これだけでは判定できない。

3. 三角関数と逆三角関数

三角関数 $y = \sin x$，$y = \cos x$，$y = \tan x$ の逆関数 $y = \sin^{-1} x$，$y = \cos^{-1} x$，$y = \tan^{-1} x$ を，それぞれ“**逆正弦関数**”，“**逆余弦関数**”，“**逆正接関数**”という。

1 対 1 対応の関数

$y = \sin x$ $\left(\begin{array}{l} -\frac{\pi}{2} \leqq x \leqq \frac{\pi}{2} \\ -1 \leqq y \leqq 1 \end{array}\right)$ ←→ x と y を入れ替える ←→ $x = \sin y$

これを変形して，

逆正弦関数
$y = \sin^{-1} x$ $\left(\begin{array}{l} -1 \leqq x \leqq 1 \\ -\frac{\pi}{2} \leqq y \leqq \frac{\pi}{2} \end{array}\right)$

図 1　$y = \sin^{-1} x$ のグラフ

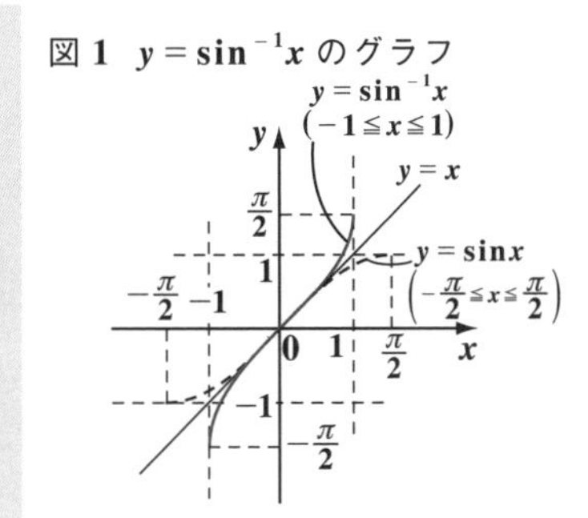

1 対 1 対応の関数

$y = \cos x$ $\left(\begin{array}{l} 0 \leqq x \leqq \pi \\ -1 \leqq y \leqq 1 \end{array}\right)$ ←→ x と y を入れ替える ←→ $x = \cos y$

これを変形して，

逆余弦関数
$y = \cos^{-1} x$ $\left(\begin{array}{l} -1 \leqq x \leqq 1 \\ 0 \leqq y \leqq \pi \end{array}\right)$

図 2　$y = \cos^{-1} x$ のグラフ

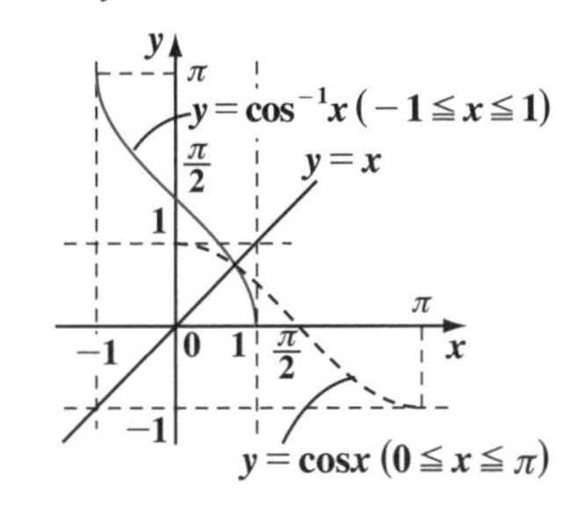

1 対 1 対応の関数

$y = \tan x$ $\left(\begin{array}{l} -\frac{\pi}{2} < x < \frac{\pi}{2} \\ -\infty < y < \infty \end{array}\right)$ ←→ x と y を入れ替える ←→ $x = \tan y$

これを変形して，

逆正接関数
$y = \tan^{-1} x$ $\left(\begin{array}{l} -\infty < x < \infty \\ -\frac{\pi}{2} < y < \frac{\pi}{2} \end{array}\right)$

図 3　$y = \tan^{-1} x$ のグラフ

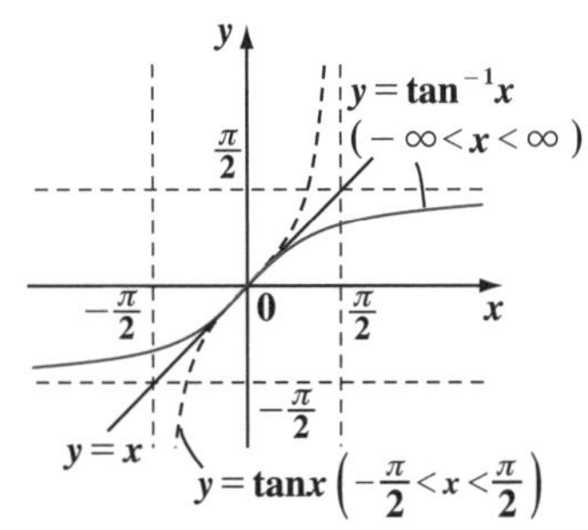

三角関数の逆数を表す記法は，次の通りである。逆三角関数とは区別しよう。

$$\frac{1}{\sin x} = \operatorname{cosec} x, \quad \frac{1}{\cos x} = \sec x, \quad \frac{1}{\tan x} = \cot x$$

4. 指数・対数関数と双曲線関数

底 e (ネイピア数) の対数関数

$y=\log_e x$ を，“**自然対数関数**” と呼び，

$y=\log x$ と表す。

$y=\log x$ は，$y=e^x$ の逆関数だから，図4に示すように，この曲線上の点 $(1, 0)$ における接線の傾きは，1 となる。

図4 自然対数関数

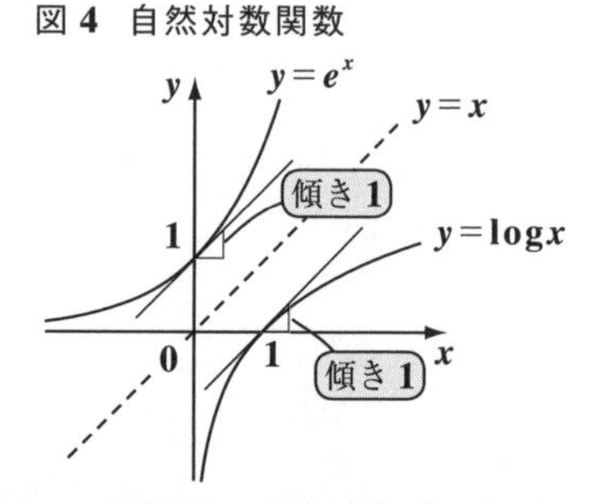

次に “**双曲線関数**” の定義を示す。

双曲線関数

(i) $\cosh x=\dfrac{e^x+e^{-x}}{2}$ (ii) $\sinh x=\dfrac{e^x-e^{-x}}{2}$ (iii) $\tanh x=\dfrac{e^x-e^{-x}}{e^x+e^{-x}}$

図5 双曲線関数のグラフ

(i) $y=\cosh x$

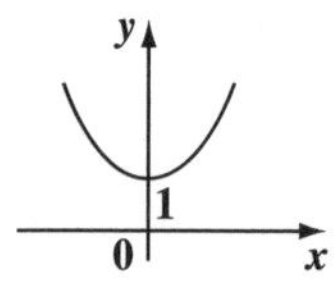

(ii) $y=\sinh x$

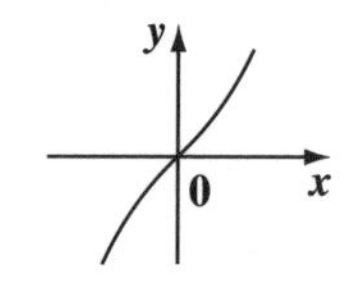

(iii) $y=\tanh x$

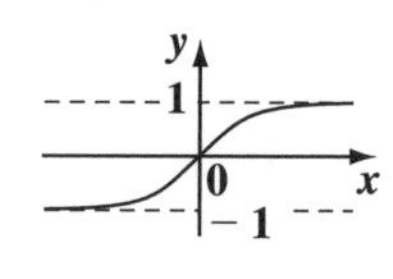

さらに，“**双曲線関数の加法定理**” を，下に示す。

双曲線関数の加法定理

(Ⅰ) $\cosh(x\pm y)=\cosh x\cdot\cosh y\pm\sinh x\cdot\sinh y$

(Ⅱ) $\sinh(x\pm y)=\sinh x\cdot\cosh y\pm\cosh x\cdot\sinh y$

(Ⅲ) $\tanh(x\pm y)=\dfrac{\tanh x\pm\tanh y}{1\pm\tanh x\cdot\tanh y}$ (符号はすべて複号同順)

双曲線関数の逆関数である逆双曲線関数の公式を，次に示す。

逆双曲線関数

(i) $\cosh^{-1}x=\log\left(x+\sqrt{x^2-1}\right)$ $(x\geqq 1)$ ← 演習問題 19 (P30)

(ii) $\sinh^{-1}x=\log\left(x+\sqrt{x^2+1}\right)$ ← 「微分積分キャンパス・ゼミ」

(iii) $\tanh^{-1}x=\dfrac{1}{2}\log\dfrac{1+x}{1-x}$ $(-1<x<1)$ ← 「微分積分キャンパス・ゼミ」

主要な曲線をグラフと共に示す。

主な曲線

1.　アステロイド曲線

$x^{\frac{2}{3}}+y^{\frac{2}{3}}=a^{\frac{2}{3}}$

または，

$$\begin{cases} x=a\cos^3\theta \\ y=a\sin^3\theta \quad (a>0) \end{cases}$$

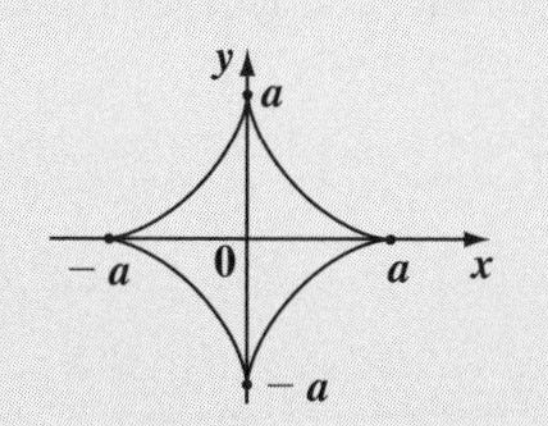

2.　放物線

$\sqrt{x}+\sqrt{y}=\sqrt{a}\quad(a>0)$

または，

$$\begin{cases} x=a\cos^4\theta \\ y=a\sin^4\theta \quad \left(0\leqq\theta\leqq\frac{\pi}{2}\right) \end{cases}$$

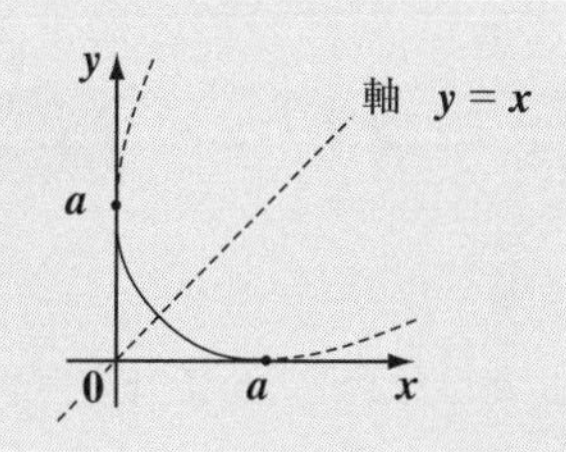

3.　サイクロイド曲線

$$\begin{cases} x=a(\theta-\sin\theta) \\ y=a(1-\cos\theta) \quad (a>0) \end{cases}$$

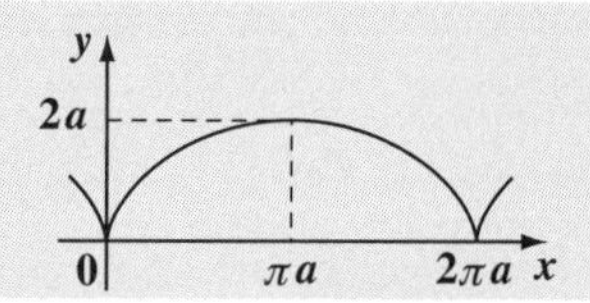

4.　らせん

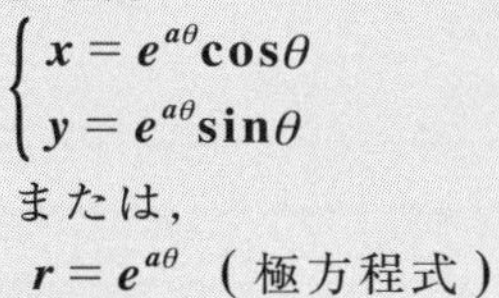

$$\begin{cases} x=e^{a\theta}\cos\theta \\ y=e^{a\theta}\sin\theta \end{cases}$$

または，

$r=e^{a\theta}$ (極方程式)

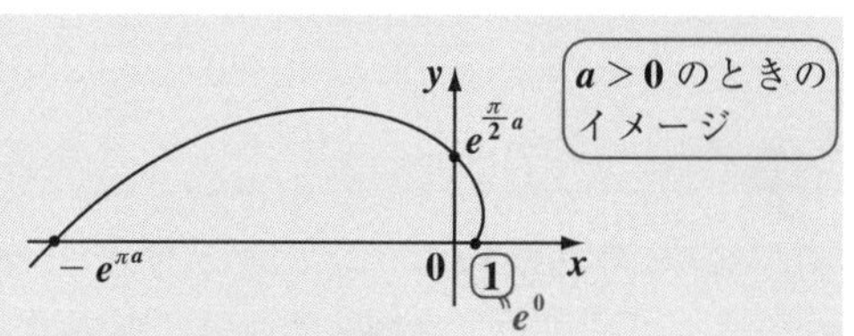

5.　極方程式

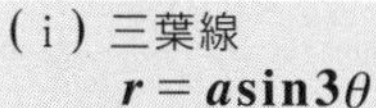

(i) 三葉線

$r=a\sin3\theta$

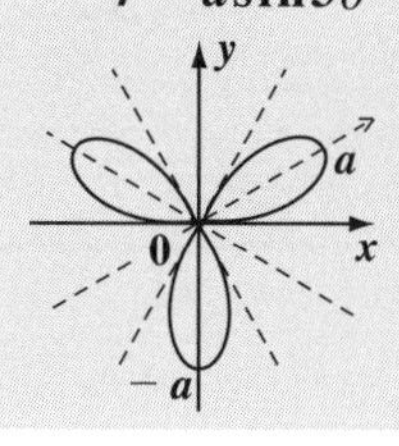

(ii) 四葉線

$r=a\cos2\theta$

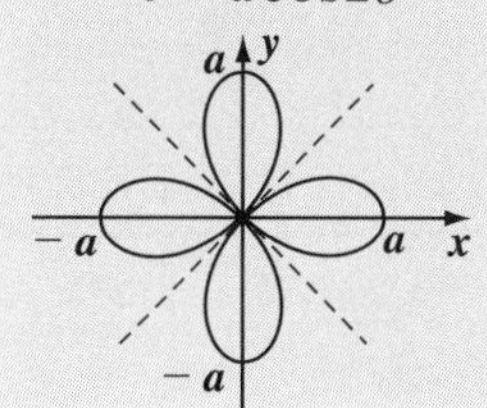

(iii) カージオイド(心臓形)

$r=a(1+\cos\theta)$

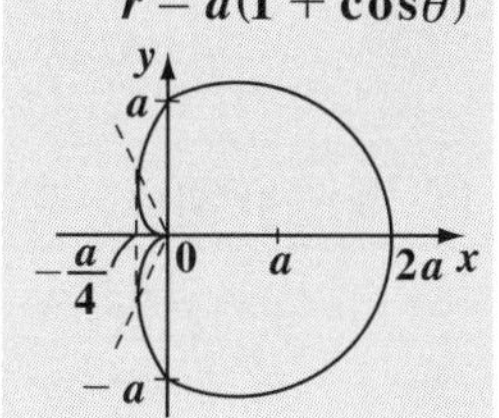

5．関数の極限と ε–δ 論法

変数 x が連続的に値を変化させながら∞になるとき，関数 $f(x)$ が P に収束する，すなわち $\lim_{x \to \infty} f(x) = P$ となることを厳密に示す“ε–δ **論法**”を，下に記す。

> 正の数 ε をどんなに小さくしても，ある正の数 δ が存在して，$x > \delta$ をみたすすべての x に対して，$|f(x) - P| < \varepsilon$ となるとき，$\lim_{x \to \infty} f(x) = P$ である。

この ε–δ 論法の論理記号を使った表現を，次に示す。

ε–δ 論法（Ⅰ）

$^{\forall}\varepsilon > 0,\ \ ^{\exists}\delta > 0 \quad \text{s.t.} \quad x > \delta \Rightarrow |f(x) - P| < \varepsilon$

このとき，$\lim_{x \to \infty} f(x) = P$ となる。

同様に，$x \to -\infty$ のとき，関数 $f(x)$ が P に収束する，すなわち $\lim_{x \to -\infty} f(x) = P$ となることを示す ε–δ 論法は，次のようになる。

> 正の数 ε をどんなに小さくしても，ある負の数 δ が存在して，$x < \delta$ をみたすすべての x に対して，$|f(x) - P| < \varepsilon$ となるとき，$\lim_{x \to -\infty} f(x) = P$ である。

これを論理記号を使って表したものを，下に示す。

ε–δ 論法（Ⅱ）

$^{\forall}\varepsilon > 0,\ \ ^{\exists}\delta < 0 \quad \text{s.t.} \quad x < \delta \Rightarrow |f(x) - P| < \varepsilon$

このとき，$\lim_{x \to -\infty} f(x) = P$ となる。

次に，x が連続的にある定数 a に限りなく近づいていくとき，
x が a に近づく方向には，次の **2** 通りがある。
(ⅰ)a より小さい側から a に近づく。(ⅱ)a より大きい側から a に近づく。
(ⅰ) を $\lim_{x \to a-0} f(x)$ で，(ⅱ) を $\lim_{x \to a+0} f(x)$ で表す。(ⅰ)(ⅱ) を区別しないときは，$\lim_{x \to a} f(x)$ と表す。

それでは，$\lim_{x \to a} f(x) = P$ を示す ε-δ 論法を示そう。

正の数 ε をどんなに小さくしても，ある正の数 δ が存在して，
$x \neq a$ かつ $a-\delta < x < a+\delta$ をみたすすべての x に対して，
（$x \neq a$：$0 < |x-a|$ と同じ）（$a-\delta < x < a+\delta$：$|x-a| < \delta$ と同じ）
$|f(x)-P| < \varepsilon$ となるとき，$\lim_{x \to a} f(x) = P$ である。

このことを論理記号を用いて表したものを，次に示す。

ε-δ 論法（Ⅲ）

$$^{\forall}\varepsilon > 0,\quad ^{\exists}\delta > 0 \quad \text{s.t.} \quad 0 < |x-a| < \delta \Rightarrow |f(x)-P| < \varepsilon$$

このとき，$\lim_{x \to a} f(x) = P$ となる。

次に，「関数 $f(x)$ が $x = a$ で連続」の定義を下に示す。

$x = a$ の点とその付近で定義されている関数
$y = f(x)$ が，$\lim_{x \to a} f(x) = f(a)$ をみたすとき，
$f(x)$ は $x = a$ で連続である。

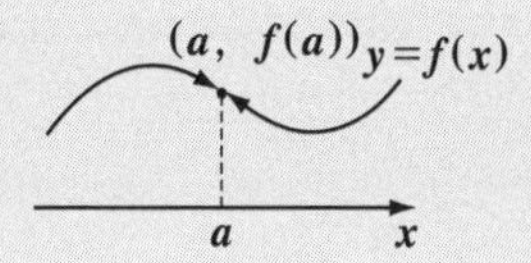

この関数の連続性を ε-δ 論法を使って表すと，次のようになる。

ε-δ 論法（Ⅳ）：連続性の定義

$$^{\forall}\varepsilon > 0,\quad ^{\exists}\delta > 0 \quad \text{s.t.} \quad |x-a| < \delta \Rightarrow |f(x)-f(a)| < \varepsilon$$

このとき，$\lim_{x \to a} f(x) = f(a)$ となって，$f(x)$ は $x = a$ で連続である。

最後に，関数の極限で使う 4 つの公式を示す。

関数の極限の 4 つの性質

$\lim_{x \to a} f(x) = \alpha$，$\lim_{x \to a} g(x) = \beta$ のとき，

（Ⅰ）$\lim_{x \to a} cf(x) = c\alpha$

（Ⅱ）$\lim_{x \to a} \{f(x) \pm g(x)\} = \alpha \pm \beta$

（Ⅲ）$\lim_{x \to a} f(x)g(x) = \alpha\beta$

（Ⅳ）$\lim_{x \to a} \dfrac{f(x)}{g(x)} = \dfrac{\alpha}{\beta}$ （c：実数定数）

演習問題 1　● 数列の極限：ε-N 論法 (Ⅰ) ●

数列 $\{a_n\}$ が，$a_n = \dfrac{2n^3-1}{n^3+1}$ $(n=1, 2, 3, \cdots)$ で与えられているとき，

$$\lim_{n\to\infty} a_n = 2$$

となることを，ε-N 論法を用いて示せ。

ヒント！ 正の数 ε をどんなに小さくしても，ある自然数 N が存在して，$n \geqq N$ のとき，$|a_n-2|<\varepsilon$ が成り立つことを示せばいい。

解答＆解説

$a_n = \dfrac{2n^3-1}{n^3+1}$ $(n=1, 2, 3, \cdots)$ について，

（これは，$n>N$ でもかまわない。）

$\forall \varepsilon > 0,\ \exists N > 0 \quad \text{s.t.} \quad n \geqq N \Longrightarrow |a_n-2|<\varepsilon$　となることを示す。

（「正の数 ε をどんなに小さくしても，ある自然数 N が存在して，$n \geqq N$ のとき，$|a_n-2|<\varepsilon$ となる」を論理記号で表したもの。）

（この式からスタートして，n を ε の不等式で表すのがコツだ。）

$|a_n-2|<\varepsilon$ に，$a_n = \dfrac{2n^3-1}{n^3+1}$ を代入して，

$\left|\dfrac{2n^3-1}{n^3+1}-2\right|<\varepsilon$　　これを変形して，$\dfrac{3}{n^3+1}<\varepsilon$

$\left|\dfrac{2n^3-1-2(n^3+1)}{n^3+1}\right| = \left|\dfrac{-3}{n^3+1}\right| = \dfrac{3}{n^3+1}$

$n^3+1 > \dfrac{3}{\varepsilon}$　　$n^3 > \dfrac{3}{\varepsilon}-1$

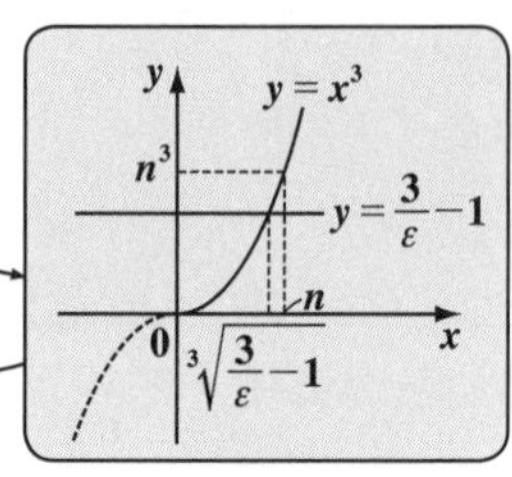

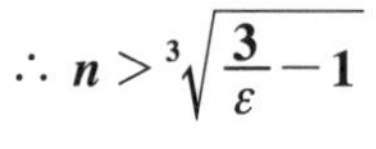

$\therefore\ n > \sqrt[3]{\dfrac{3}{\varepsilon}-1}$

よって，正の数 ε がどんなに小さな値をとっても，自然数 N を

$N > \sqrt[3]{\dfrac{3}{\varepsilon}-1}$ となるようにとると，$n \geqq N$ のとき，$|a_n-2|<\varepsilon$ となる。

$\therefore\ \lim_{n\to\infty} a_n = 2$ である。 ……………………………………(終)

演習問題 2　● 数列の極限：ε-N 論法（Ⅱ）●

数列 $\{a_n\}$ が，$a_n = \dfrac{3n^3+5}{n^3+2}$ $(n=1,\ 2,\ 3,\ \cdots)$ で与えられているとき，

$$\lim_{n\to\infty} a_n = 3$$

となることを，ε-N 論法を用いて示せ。

ヒント！ ε-N 論法で，$\lim_{n\to\infty} a_n = 3$ を示したかったら，まず，$|a_n-3|<\varepsilon$ の式から始めて，n を ε の不等式で表すことがコツだ。

解答＆解説

$a_n = \dfrac{3n^3+5}{n^3+2}$ $(n=1,\ 2,\ 3,\ \cdots)$ について，

(ア)［　　　　　　　　　　］となることを示す。

$|a_n-3|<\varepsilon$ に，(イ)［　　　　］を代入して，

$\left|\dfrac{3n^3+5}{n^3+2}-3\right|<\varepsilon$　　これを変形して，$\dfrac{1}{n^3+2}<\varepsilon$

$$\left|\frac{3n^3+5-3(n^3+2)}{n^3+2}\right| = \left|\frac{-1}{n^3+2}\right| = \frac{1}{n^3+2}$$

$n^3+2>\dfrac{1}{\varepsilon}$　　$n^3>\dfrac{1}{\varepsilon}-2$

$\therefore\ n>$ (ウ)［　　　　］

よって，正の数 ε がどんなに小さな値をとっても，自然数 N を

(エ)［　　　　　］となるようにとると，$n \geqq N$ のとき，$|a_n-3|<\varepsilon$ となる。

$\therefore\ \lim_{n\to\infty} a_n = 3$ である。 ……………………………………(終)

解答　(ア) $^\forall\varepsilon>0,\ ^\exists N>0$ s.t. $n \geqq N \Rightarrow |a_n-3|<\varepsilon$　　(イ) $a_n = \dfrac{3n^3+5}{n^3+2}$

(ウ) $\sqrt[3]{\dfrac{1}{\varepsilon}-2}$　　(エ) $N>\sqrt[3]{\dfrac{1}{\varepsilon}-2}$

演習問題 3　● 数列の極限：ε-N 論法 (Ⅲ) ●

数列 $\{a_n\}$ が，$a_n = \dfrac{2^{n+1}-3}{2^n+3}$ $(n=1,\ 2,\ 3,\ \cdots)$ で与えられているとき，$\displaystyle\lim_{n\to\infty} a_n = 2$ となることを，ε-N 論法を用いて示せ。

ヒント！ $|a_n-2|<\varepsilon$ の式から始める。今回は，対数関数も使う。

解答＆解説

$a_n = \dfrac{2^{n+1}-3}{2^n+3}$ $(n=1,\ 2,\ 3,\ \cdots)$ について，

$^\forall\varepsilon>0,\ ^\exists N>0$　s.t.　$n \geqq N \Longrightarrow |a_n-2|<\varepsilon$ となることを示す。

$|a_n-2|<\varepsilon$ に，$a_n=\dfrac{2^{n+1}-3}{2^n+3}$ を代入して，

$$\left|\frac{2^{n+1}-3}{2^n+3}-2\right|<\varepsilon \qquad \text{これを変形して，}\ \frac{9}{2^n+3}<\varepsilon$$

$\left|\dfrac{2^{n+1}-3-2\cdot(2^n+3)}{2^n+3}\right| = \left|\dfrac{-9}{2^n+3}\right| = \dfrac{9}{2^n+3}$

$$2^n+3>\frac{9}{\varepsilon} \qquad 2^n>\frac{9}{\varepsilon}-3$$

$2^n>\dfrac{9}{\varepsilon}-3$ (>0)
両辺の底 2 の対数をとって，
$\log_2 2^n > \log_2\left(\dfrac{9}{\varepsilon}-3\right)$ （$\log_2 2^n = n$，$\dfrac{9}{\varepsilon}-3$ は $\oplus$）

$$\therefore\ n>\log_2\left(\frac{9}{\varepsilon}-3\right)\quad (0<\varepsilon<3)$$

ε は限りなく 0 に近づく正の数だから，$\varepsilon<3$ の条件が付いても影響はない。

よって，3 より小さい正の数 ε がどんなに小さな値をとっても，自然数 N を $N>\log_2\left(\dfrac{9}{\varepsilon}-3\right)$ となるようにとると，$n \geqq N$ のとき，$|a_n-2|<\varepsilon$ が成り立つ。

$\therefore\ \displaystyle\lim_{n\to\infty} a_n = 2$ となる。 ……………………………………(終)

演習問題 4 ● 数列の極限：ε-N 論法 (Ⅳ) ●

数列 $\{a_n\}$ が，$a_n = \dfrac{2-4\cdot 3^n}{1+3^n}$ $(n=1, 2, 3, \cdots)$ で与えられているとき，$\lim_{n\to\infty} a_n = -4$ となることを，ε-N 論法を用いて示せ。

ヒント！ $|a_n-(-4)|<\varepsilon$ の式からスタートする。今回も，$\varepsilon<6$ の条件が付くが，ε は限りなく 0 に近づく正の数なので，この論証に影響することはない。

解答＆解説

$a_n = \dfrac{2-4\cdot 3^n}{1+3^n}$ $(n=1, 2, 3, \cdots)$ について，

(ア) ＿＿＿＿＿＿＿＿ となることを示す。

$|a_n+4|<\varepsilon$ に，(イ) ＿＿＿＿ を代入して，

$$\left|\frac{2-4\cdot 3^n}{1+3^n}+4\right|<\varepsilon \qquad \text{これを変形して，} \frac{6}{1+3^n}<\varepsilon$$

$$\left|\frac{2-4\cdot 3^n+4(1+3^n)}{1+3^n}\right| = \left|\frac{6}{1+3^n}\right| = \frac{6}{1+3^n}$$

$$1+3^n>\frac{6}{\varepsilon} \qquad 3^n>\frac{6}{\varepsilon}-1$$

$3^n>\dfrac{6}{\varepsilon}-1$ (>0)
両辺の底 3 の対数をとって，
$\log_3 3^n > \log_3\left(\dfrac{6}{\varepsilon}-1\right)$（$\log_3 3^n = n$，$\log_3\left(\dfrac{6}{\varepsilon}-1\right)$ は ⊕）

$\therefore n>$ (ウ) ＿＿＿＿ $(0<\varepsilon<6)$

よって，6 より小さい正の数 ε がどんなに小さな値をとっても，自然数 N を (エ) ＿＿＿＿ となるようにとると，$n\geqq N$ のとき，$|a_n+4|<\varepsilon$ が成り立つ。

$\therefore \lim_{n\to\infty} a_n = -4$ となる。 ……………………………………(終)

解答　(ア) $\forall\varepsilon>0,\ \exists N>0$ s.t. $n\geqq N \Rightarrow |a_n+4|<\varepsilon$　(イ) $a_n=\dfrac{2-4\cdot 3^n}{1+3^n}$
(ウ) $\log_3\left(\dfrac{6}{\varepsilon}-1\right)$　(エ) $N>\log_3\left(\dfrac{6}{\varepsilon}-1\right)$

演習問題 5　● 数列の極限：ε-N 論法 (V) ●

数列 $\{a_n\}$ が，$a_n = \sqrt[n]{\frac{1}{3}}$ $(n=2,\ 3,\ 4,\ \cdots)$ で与えられているとき，

$\lim_{n\to\infty} a_n = 1$ となることを，ε-N 論法を用いて示せ。

ヒント！ $|a_n - 1| < \varepsilon$ の式から始めよう。ここでも，対数関数を用いる。

解答＆解説

$a_n = \sqrt[n]{\frac{1}{3}}$ $(n=2,\ 3,\ 4,\ \cdots)$ について，

${}^\forall\varepsilon > 0,\ {}^\exists N > 0$　s.t.　$n \geqq N \Longrightarrow |a_n - 1| < \varepsilon$ となることを示す。

$|a_n - 1| < \varepsilon$ に，$a_n = \left(\frac{1}{3}\right)^{\frac{1}{n}}$ を代入して，

$$\left|\left(\frac{1}{3}\right)^{\frac{1}{n}} - 1\right| < \varepsilon$$

（$\left(\frac{1}{3}\right)^{\frac{1}{n}} - 1$ は $\ominus$）

$\frac{1}{3} < 1$ の両辺の n 乗根をとって，$\sqrt[n]{\frac{1}{3}} < \sqrt[n]{1} = 1$　$\therefore \sqrt[n]{\frac{1}{3}} < 1$ だね。

これを変形して，

$$-\left\{\left(\frac{1}{3}\right)^{\frac{1}{n}} - 1\right\} < \varepsilon,\qquad \left(\frac{1}{3}\right)^{\frac{1}{n}} > 1 - \varepsilon$$

$\left(\frac{1}{3}\right)^{\frac{1}{n}} > 1 - \varepsilon\ (>0)$

両辺の底 $\frac{1}{3}$ の対数をとって，

$\log_{\frac{1}{3}}\left(\frac{1}{3}\right)^{\frac{1}{n}} < \log_{\frac{1}{3}}(1-\varepsilon)$

（左辺 $= \frac{1}{n}$，$1-\varepsilon$ は $\oplus$，$\log_{\frac{1}{3}}(1-\varepsilon)$ は $\oplus$）

$$\therefore\ \frac{1}{n} < \log_{\frac{1}{3}}(1-\varepsilon)\quad (0 < \varepsilon < 1)$$

$$\therefore\ n > \frac{1}{\log_{\frac{1}{3}}(1-\varepsilon)}\quad (0 < \varepsilon < 1)$$

よって，1 より小さい正の数 ε がどんなに小さな値をとっても，自然数 N を $N > \frac{1}{\log_{\frac{1}{3}}(1-\varepsilon)}$ となるようにとると，$n \geqq N$ のとき，$|a_n - 1| < \varepsilon$ が成り立つ。

$\therefore \lim_{n\to\infty} a_n = 1$ となる。 ……………………………………(終)

演習問題 6　● 数列の極限：ε-N 論法 (Ⅵ) ●

数列 $\{a_n\}$ が，$a_n = \sqrt[n]{2}$ $(n = 2, 3, 4, \cdots)$ で与えられているとき，$\lim_{n\to\infty} a_n = 1$ となることを，ε-N 論法を用いて示せ。

ヒント！ $|a_n - 1| < \varepsilon$ の式から始めよう。今回も対数関数を使う。

解答＆解説

$a_n = \sqrt[n]{2}$ $(n = 2, 3, 4, \cdots)$ について，

(ア)　　　　　　　　　　　　 となることを示す。

$|a_n - 1| < \varepsilon$ に，(イ)　　　　 を代入して，

$\left|2^{\frac{1}{n}} - 1\right| < \varepsilon$　（$2^{\frac{1}{n}} - 1$ は ⊕）

$2 > 1$ の両辺の n 乗根をとって，$\sqrt[n]{2} > \sqrt[n]{1} = 1$　$\therefore \sqrt[n]{2} > 1$ だ。

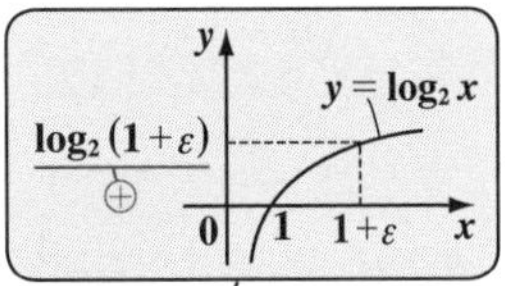

これを変形して，

$2^{\frac{1}{n}} - 1 < \varepsilon$　　$2^{\frac{1}{n}} < 1 + \varepsilon$

$2^{\frac{1}{n}} < 1 + \varepsilon$
両辺の底 2 の対数をとって，
$\log_2 2^{\frac{1}{n}} < \log_2(1+\varepsilon)$　（$\log_2 2^{\frac{1}{n}} = \frac{1}{n}$，$\log_2(1+\varepsilon)$ は ⊕）

$\therefore \frac{1}{n} <$ (ウ)

$\therefore n > \frac{1}{\log_2(1+\varepsilon)}$

よって，正の数 ε がどんな小さな値をとっても，自然数 N を

(エ)　　　　　　 となるようにとると，$n \geqq N$ のとき，$|a_n - 1| < \varepsilon$ が成り立つ。

$\therefore \lim_{n\to\infty} a_n = 1$ となる。 ……………………………………………(終)

解答　(ア) $\forall \varepsilon > 0,\ \exists N > 0$ s.t. $n \geqq N \Rightarrow |a_n - 1| < \varepsilon$　　(イ) $a_n = 2^{\frac{1}{n}}$ （または，$a_n = \sqrt[n]{2}$）

(ウ) $\log_2(1+\varepsilon)$　　(エ) $N > \frac{1}{\log_2(1+\varepsilon)}$

演習問題 7　● ダランベールの判定法 (I) ●

次の正項級数の収束・発散を判定せよ。

$$\sum_{n=1}^{\infty}\frac{(n+1)!}{3\cdot 6\cdot 9\cdot\cdots\cdot(3n)}$$

ヒント！　正項級数 $\sum_{n=1}^{\infty}a_n$ の収束・発散は，$\lim_{n\to\infty}\frac{a_{n+1}}{a_n}=r$ を求めて，(i) $0\leqq r<1$ ならば収束，(ii) $1<r$ ならば発散，と判定できる。

解答＆解説

正項級数 $\sum_{n=1}^{\infty}\frac{(n+1)!}{3\cdot 6\cdot 9\cdot\cdots\cdot(3n)}$ （a_n）について，

$a_n=\frac{(n+1)!}{3\cdot 6\cdot 9\cdot\cdots\cdot(3n)}$ $(n=1,\ 2,\ 3,\ \cdots)$ とおくと，

$$\lim_{n\to\infty}\frac{a_{n+1}}{a_n}=\lim_{n\to\infty}\frac{\dfrac{(n+2)!}{3\cdot 6\cdot 9\cdot\cdots\cdot(3n)\{3(n+1)\}}}{\dfrac{(n+1)!}{3\cdot 6\cdot 9\cdot\cdots\cdot(3n)}}$$

$$=\lim_{n\to\infty}\frac{(n+2)!}{(n+1)!}\cdot\frac{3\cdot 6\cdot 9\cdot\cdots\cdot(3n)}{3\cdot 6\cdot 9\cdot\cdots\cdot(3n)\{3(n+1)\}}$$

（$\frac{(n+2)!}{(n+1)!}=n+2$）

$$=\lim_{n\to\infty}\frac{n+2}{3(n+1)}=\lim_{n\to\infty}\frac{1+\frac{2}{n}}{3\left(1+\frac{1}{n}\right)}=\frac{1}{3}$$

（$\frac{2}{n}\to 0$，$\frac{1}{n}\to 0$，$\frac{1}{3}=r$）

特に指定がなければ，ε-N 論法を使う必要はない。

よって，$\lim_{n\to\infty}\frac{a_{n+1}}{a_n}=\frac{1}{3}$ となって，$0\leqq\frac{1}{3}<1$

ゆえに，ダランベールの判定法により，この正項級数は収束する。…(答)

演習問題 8　● ダランベールの判定法 (Ⅱ) ●

次の正項級数の収束・発散を判定せよ。

$$\sum_{n=1}^{\infty}\frac{n^5}{n!}$$

ヒント！ $a_n=\frac{n^5}{n!}$ とおいて，極限 $\lim_{n\to\infty}\frac{a_{n+1}}{a_n}$ を求める。

解答＆解説

正項級数 $\sum_{n=1}^{\infty}\frac{n^5}{n!}$ について，$a_n=\frac{n^5}{n!}$ $(n=1,\ 2,\ 3,\ \cdots)$ とおくと，

$$\lim_{n\to\infty}\boxed{(ア)\qquad}=\lim_{n\to\infty}\frac{\frac{(n+1)^5}{(n+1)!}}{\frac{n^5}{n!}}=\lim_{n\to\infty}\underbrace{\frac{(n+1)^5}{n^5}}_{\left(\frac{n+1}{n}\right)^5}\cdot\underbrace{\frac{n!}{(n+1)!}}_{\frac{1}{n+1}}$$

$$=\lim_{n\to\infty}\Bigl(1+\underbrace{\frac{1}{n}}_{\to 0}\Bigr)^5\cdot\underbrace{\frac{1}{n+1}}_{\to 0}=\boxed{(イ)}$$

よって，$\lim_{n\to\infty}\frac{a_{n+1}}{a_n}=\boxed{(イ)}$ となって，$\boxed{(ウ)}\leqq\boxed{(イ)}<\boxed{(エ)}$

ゆえに，ダランベールの判定法により，この正項級数は $\boxed{(オ)\qquad}$ する。

…(答)

解答　(ア) $\frac{a_{n+1}}{a_n}$　(イ) 0　(ウ) 0　(エ) 1　(オ) 収束

演習問題 9　● ダランベールの判定法 (Ⅲ) ●

次の正項級数の収束・発散を判定せよ。

$$\sum_{n=1}^{\infty} \frac{n^n}{n!}$$

ヒント！ $a_n = \frac{n^n}{n!}$ とおいて，$\lim_{n\to\infty} \frac{a_{n+1}}{a_n}$ を計算する。

ここでは，極限の公式：$\lim_{x\to\pm\infty}\left(1+\frac{1}{x}\right)^x = e$ を使う。

解答＆解説

正項級数 $\sum_{n=1}^{\infty} \frac{n^n}{n!}$ について，（$\frac{n^n}{n!} = a_n$）

$a_n = \frac{n^n}{n!}$ $(n = 1, 2, 3, \cdots)$ とおくと，

$$\lim_{n\to\infty}\frac{a_{n+1}}{a_n} = \lim_{n\to\infty}\frac{\frac{(n+1)^{n+1}}{(n+1)!}}{\frac{n^n}{n!}}$$

$$= \lim_{n\to\infty}\frac{(n+1)^{n+1}}{n^n}\cdot\frac{n!}{(n+1)!}$$

（$(n+1)^{n+1} = (n+1)(n+1)^n$，$\frac{n!}{(n+1)!} = \frac{1}{n+1}$）

$$= \lim_{n\to\infty}\frac{(n+1)^n}{n^n}\cdot(n+1)\cdot\frac{1}{n+1}$$

（$\frac{(n+1)^n}{n^n} = \left(\frac{n+1}{n}\right)^n$）

$$= \lim_{n\to\infty}\left(1+\frac{1}{n}\right)^n = e$$

（$e = r$）

公式：$\lim_{x\to\pm\infty}\left(1+\frac{1}{x}\right)^x = e$ より

よって，$\lim_{n\to\infty}\frac{a_{n+1}}{a_n} = e$ となって，$1 < e$（$e = 2.718\cdots$）

ゆえに，ダランベールの判定法により，この正項級数は発散する。…(答)

演習問題 10 ● ダランベールの判定法(Ⅳ) ●

次の正項級数の収束・発散を判定せよ。

$$\sum_{n=1}^{\infty} \frac{1 \cdot 5 \cdot 9 \cdot \cdots \cdot (4n-3)}{1 \cdot 2 \cdot 4 \cdot \cdots \cdot (2n)}$$

ヒント！ $a_n = \frac{1 \cdot 5 \cdot 9 \cdot \cdots \cdot (4n-3)}{1 \cdot 2 \cdot 4 \cdot \cdots \cdot (2n)}$ とおいて，$\frac{a_{n+1}}{a_n}$ を n の式で表し，$n \to \infty$ のときの極限 r を求めよう。(ⅰ) $0 \leqq r < 1$ なら収束し，(ⅱ) $1 < r$ なら発散する。

解答＆解説

正項級数 $\sum_{n=1}^{\infty} \frac{1 \cdot 5 \cdot 9 \cdot \cdots \cdot (4n-3)}{1 \cdot 2 \cdot 4 \cdot \cdots \cdot (2n)}$ について，$a_n = \frac{1 \cdot 5 \cdot \cdots \cdot (4n-3)}{1 \cdot 2 \cdot \cdots \cdot (2n)}$ とおくと，

$$\lim_{n\to\infty} \boxed{(ア)\qquad} = \lim_{n\to\infty} \frac{\dfrac{1 \cdot 5 \cdot \cdots \cdot (4n-3)\{4(n+1)-3\}}{1 \cdot 2 \cdot \cdots \cdot (2n)\{2(n+1)\}}}{\dfrac{1 \cdot 5 \cdot \cdots \cdot (4n-3)}{1 \cdot 2 \cdot \cdots \cdot (2n)}}$$

$$= \lim_{n\to\infty} \frac{\cancel{1 \cdot 5 \cdot \cdots \cdot (4n-3)}\{4(n+1)-3\}}{\cancel{1 \cdot 5 \cdot \cdots \cdot (4n-3)}} \cdot \frac{\cancel{1 \cdot 2 \cdot \cdots \cdot (2n)}}{\cancel{1 \cdot 2 \cdot \cdots \cdot (2n)}\{2(n+1)\}}$$

$$= \lim_{n\to\infty} \frac{4n+1}{2n+2} = \lim_{n\to\infty} \frac{4 + \overset{\to 0}{\frac{1}{n}}}{2 + \underset{\to 0}{\frac{2}{n}}} = \boxed{(イ)\quad}$$

よって，$\lim_{n\to\infty} \frac{a_{n+1}}{a_n} = \boxed{(イ)\quad}$ となって，$\boxed{(ウ)\quad} < \boxed{(イ)\quad}$

ゆえに，ダランベールの判定法により，この正項級数は $\boxed{(エ)\qquad}$ する。

…(答)

解答　(ア) $\frac{a_{n+1}}{a_n}$　(イ) 2　(ウ) 1　(エ) 発散

演習問題 11 ● 逆余弦関数 $\cos^{-1}x$ の性質 ●

$\cos^{-1}x + \cos^{-1}(-x) = \pi$ ……$(*)$ $(-1 \leqq x \leqq 1)$ が成り立つことを示せ。

ヒント！ $\cos^{-1}x = \alpha$ $(0 \leqq \alpha \leqq \pi)$ とおくと，$x = \cos\alpha$ より，$-x = -\cos\alpha$
ここで，公式 $\cos(\pi - \alpha) = -\cos\alpha$ を用いてみよう。

解答＆解説

$\cos^{-1}x + \cos^{-1}(-x) = \pi$ ……$(*)$ $(-1 \leqq x \leqq 1)$ を示す。

$\cos^{-1}x = \alpha$ ……① $(0 \leqq \alpha \leqq \pi)$ とおくと，

$x = \cos\alpha$

この両辺に -1 をかけて，

$-x = -\cos\alpha = \cos(\pi - \alpha)$

右図より，明らかに，
$-\cos\alpha = \cos(\pi - \alpha)$
となる。

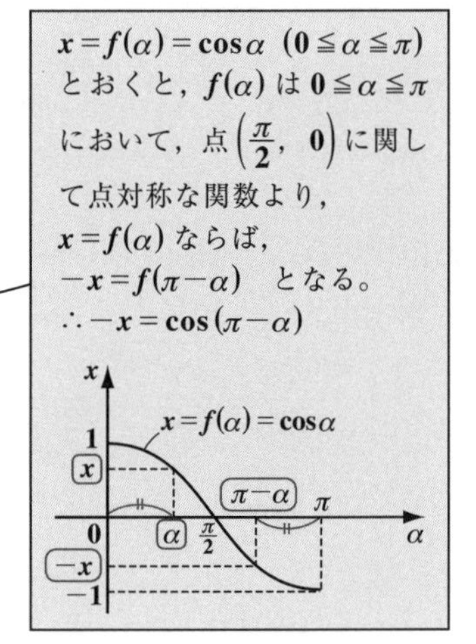

$\therefore -x = \cos(\pi - \alpha)$ $(0 \leqq \pi - \alpha \leqq \pi)$

よって，

$\cos^{-1}(-x) = \pi - \alpha$ ……②

以上，①＋②より，

$\cos^{-1}x + \cos^{-1}(-x) = \alpha + (\pi - \alpha) = \pi$

$\therefore \cos^{-1}x + \cos^{-1}(-x) = \pi$ ……$(*)$ は成り立つ。……………………(終)

演習問題 12 ● 逆正弦・逆余弦関数の性質 ●

$\sin^{-1}x + \cos^{-1}x = \frac{\pi}{2}$ ……(＊) が成り立つことを示せ。

ヒント！ $\sin^{-1}x = \alpha \left(-\frac{\pi}{2} \leqq \alpha \leqq \frac{\pi}{2}\right)$ とおくと，$x = \sin\alpha$ これに，公式：$\sin\alpha = \cos\left(\frac{\pi}{2} - \alpha\right)$ を代入すると，$x = \cos\left(\frac{\pi}{2} - \alpha\right)$ となる。ここで，$\frac{\pi}{2} - \alpha = \beta$ とおいて，β のとり得る値の範囲を押さえよう。

解答＆解説

$\sin^{-1}x = \alpha$ ……①　$\left(-\frac{\pi}{2} \leqq \alpha \leqq \frac{\pi}{2}\right)$

とおくと，

$x =$ (ア)［　　］ ……②

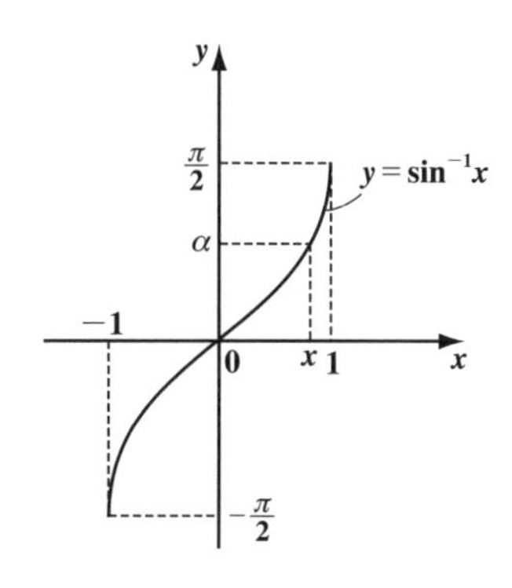

ここで，$\beta = \frac{\pi}{2} - \alpha$ とおくと，

$0 \leqq \beta \leqq \pi \left(\because -\frac{\pi}{2} \leqq \alpha \leqq \frac{\pi}{2}\right)$

そして，

公式：$\cos\left(\frac{\pi}{2} - \theta\right) = \sin\theta$

$\cos\beta = \cos\left(\frac{\pi}{2} - \alpha\right) =$ (イ)［　　］

よって，②より，$\cos\beta = x \ (0 \leqq \beta \leqq \pi)$

$\therefore \cos^{-1}x =$ (ウ)［　　］ ……③

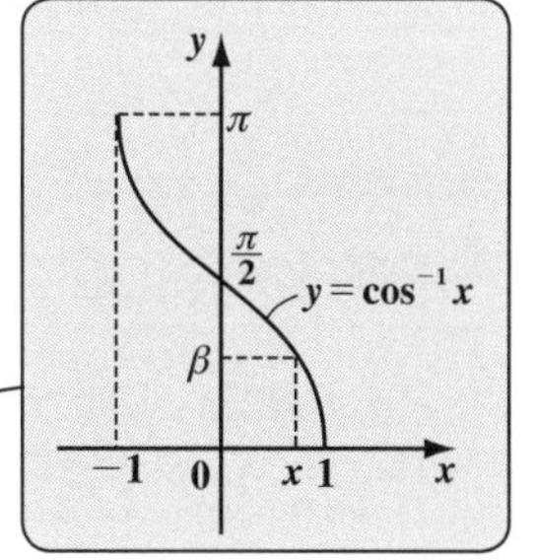

①＋③より，

$\sin^{-1}x + \cos^{-1}x = \alpha +$ (ウ)［　　］ $= \alpha + \left(\frac{\pi}{2} - \alpha\right) = \frac{\pi}{2}$

$\therefore \sin^{-1}x + \cos^{-1}x = \frac{\pi}{2}$ ……(＊) は成り立つ。……………………………(終)

解答 (ア) $\sin\alpha$　(イ) $\sin\alpha$　(ウ) β

演習問題 13	● 逆正接関数 $\tan^{-1}x$ の性質 (I) ●

$$\tan^{-1}x+\tan^{-1}\frac{1}{x}=\begin{cases}\dfrac{\pi}{2} & (0<x\text{ のとき})\\ -\dfrac{\pi}{2} & (x<0\text{ のとき})\end{cases}$$ ……(*) が成り立つことを示せ。

ヒント！ (i) $0<x$ のとき，$\tan^{-1}x=\alpha$ $\left(0<\alpha<\frac{\pi}{2}\right)$ とおくと，$x=\tan\alpha$ これと公式: $\frac{1}{\tan\alpha}=\tan\left(\frac{\pi}{2}-\alpha\right)$ を組み合せる。(ii) $x<0$ のとき，$x=-t$ $(t>0)$ とおく。$\tan^{-1}x$ が奇関数より，$\tan^{-1}(-x)=-\tan^{-1}x$ が利用できる。

解答＆解説

(i) $0<x$ のとき，$\tan^{-1}x=\alpha$ ……① $\left(0<\alpha<\frac{\pi}{2}\right)$

とおくと，$x=\tan\alpha$

$\therefore \frac{1}{x}=\frac{1}{\tan\alpha}=\tan\left(\frac{\pi}{2}-\alpha\right)$ より，　← 公式！

$$\frac{1}{x}=\tan\left(\frac{\pi}{2}-\alpha\right)\quad\left(0<\frac{\pi}{2}-\alpha<\frac{\pi}{2}\right)$$

$0<\alpha<\frac{\pi}{2}$ より，$-\frac{\pi}{2}<-\alpha<0$
$\therefore \frac{\pi}{2}-\frac{\pi}{2}<\frac{\pi}{2}-\alpha<\frac{\pi}{2}+0$

$\therefore \tan^{-1}\frac{1}{x}=\frac{\pi}{2}-\alpha$ ……②

①＋②より，$\tan^{-1}x+\tan^{-1}\frac{1}{x}=\alpha+\left(\frac{\pi}{2}-\alpha\right)=\frac{\pi}{2}$

(ii) $x<0$ のとき，$x=-t$ $(t>0)$ とおくと，$\tan^{-1}x$ が奇関数より，

$$\begin{cases}\cdot\ \tan^{-1}x=\tan^{-1}(-t)=-\tan^{-1}t & \cdots\cdots③\\ \cdot\ \tan^{-1}\dfrac{1}{x}=\tan^{-1}\left(-\dfrac{1}{t}\right)=-\tan^{-1}\left(\dfrac{1}{t}\right) & \cdots\cdots④\end{cases}$$

③＋④より，(i) の結果を用いて，

$$\tan^{-1}x+\tan^{-1}\frac{1}{x}=-\underbrace{\left(\tan^{-1}t+\tan^{-1}\frac{1}{t}\right)}_{=\frac{\pi}{2}\ (\because (\mathrm{i}))}=-\frac{\pi}{2}$$

以上 (i)(ii) より，(*) は成り立つ。 ……………………………………(終)

演習問題 14 ● 逆正接関数 $\tan^{-1}x$ の性質 (Ⅱ) ●

$\tan^{-1}x + \tan^{-1}(-x) = 0$ ……(＊)　$(-\infty < x < \infty)$ が成り立つことを示せ。

ヒント！ $\tan^{-1}x = \alpha$ $\left(-\frac{\pi}{2} < \alpha < \frac{\pi}{2}\right)$ とおくと，$x = \tan\alpha$，$-x = -\tan\alpha$ そして，$\tan\alpha$ は奇関数だから，$\tan(-\alpha) = -\tan\alpha$ だね。

解答＆解説

$\tan^{-1}x = \alpha$ ……①　$\left(-\frac{\pi}{2} < \alpha < \frac{\pi}{2}\right)$ とおくと，

①より，$x =$ (ア)

この両辺に -1 をかけて，

$-x = -\tan\alpha = \tan$ (イ)

右図より，明らかに，$-\tan\alpha = \tan$ (イ) となる。

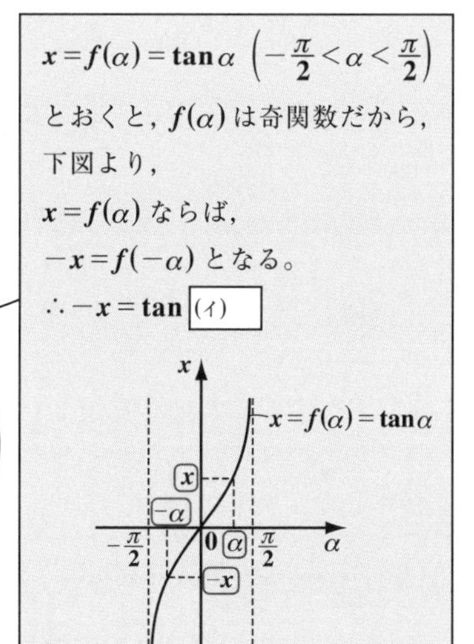

$\therefore -x = \tan$ (イ)　$\left(-\frac{\pi}{2} < -\alpha < \frac{\pi}{2}\right)$

よって，

$\tan^{-1}(-x) =$ (ウ) ……②

以上，①＋②より，

$\tan^{-1}x + \tan^{-1}(-x) = \alpha +$ (ウ) $=$ (エ)

$\therefore \tan^{-1}x + \tan^{-1}(-x) = 0$ ……(＊)　は成り立つ。……………………(終)

(＊)より，$\tan^{-1}(-x) = -\tan^{-1}x$ が成り立つので，$\tan^{-1}x$ は奇関数と言える。

解答　(ア) $\tan\alpha$　(イ) $(-\alpha)$　(ウ) $-\alpha$　(エ) 0

演習問題 15　● 逆正弦関数の和 ●

$\sin^{-1}\dfrac{3}{5}+\sin^{-1}\dfrac{4}{5}$ の値を求めよ。

ヒント！ $\sin^{-1}\dfrac{3}{5}=\alpha$，$\sin^{-1}\dfrac{4}{5}=\beta$ とおいて，$\cos(\alpha+\beta)$ の値を加法定理から求めるといい。

解答＆解説

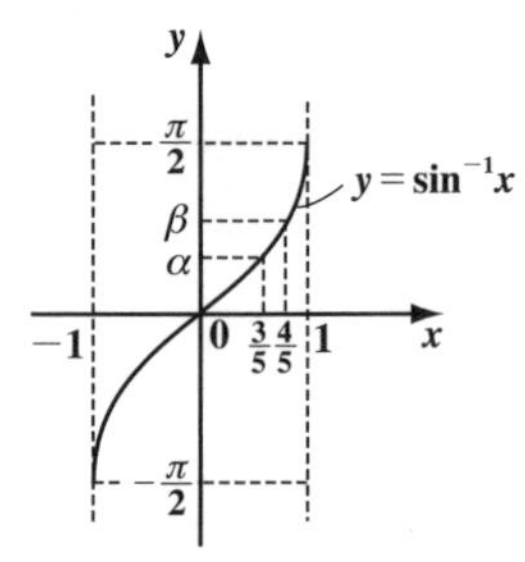

$\sin^{-1}\dfrac{3}{5}+\sin^{-1}\dfrac{4}{5}$ について，

$$\begin{cases}\sin^{-1}\dfrac{3}{5}=\alpha \quad \cdots\cdots① \quad \left(-\dfrac{\pi}{2}\leqq\alpha\leqq\dfrac{\pi}{2}\right)\\ \sin^{-1}\dfrac{4}{5}=\beta \quad \cdots\cdots② \quad \left(-\dfrac{\pi}{2}\leqq\beta\leqq\dfrac{\pi}{2}\right)\end{cases}$$ とおくと，

①より，$\sin\alpha=\dfrac{3}{5}$ ……①′ $\left(\sin\alpha>0 \text{ より，} 0<\alpha\leqq\dfrac{\pi}{2}\right)$

②より，$\sin\beta=\dfrac{4}{5}$ ……②′ $\left(\sin\beta>0 \text{ より，} 0<\beta\leqq\dfrac{\pi}{2}\right)$

①′より，$\cos\alpha=\sqrt{1-\sin^2\alpha}=\sqrt{1-\left(\dfrac{3}{5}\right)^2}=\sqrt{\dfrac{25-9}{25}}=\dfrac{4}{5}$ ……③

②′より，$\cos\beta=\sqrt{1-\sin^2\beta}=\sqrt{1-\left(\dfrac{4}{5}\right)^2}=\sqrt{\dfrac{25-16}{25}}=\dfrac{3}{5}$ ……④

よって，①′，②′，③，④より，

$$\cos(\alpha+\beta)=\cos\alpha\cos\beta-\sin\alpha\sin\beta=\frac{4}{5}\cdot\frac{3}{5}-\frac{3}{5}\cdot\frac{4}{5}=0$$

ここで，$0<\alpha\leqq\dfrac{\pi}{2}$，$0<\beta\leqq\dfrac{\pi}{2}$ より，$0<\alpha+\beta\leqq\pi$

以上より，$\cos(\alpha+\beta)=0 \quad (0<\alpha+\beta\leqq\pi)$

よって，$\alpha+\beta=\dfrac{\pi}{2}$ ……⑤

①，②を⑤に代入して，$\sin^{-1}\dfrac{3}{5}+\sin^{-1}\dfrac{4}{5}=\dfrac{\pi}{2}$ ……………………………(答)

演習問題 16　● 逆正接関数の和 ●

$\tan^{-1}\frac{2}{3}+\tan^{-1}\frac{1}{5}$ の値を求めよ。

ヒント！ $\tan^{-1}\frac{2}{3}=\alpha$，$\tan^{-1}\frac{1}{5}=\beta$ とおいて，$\tan(\alpha+\beta)$ の値を加法定理から求めるといい。

解答＆解説

$y=\tan^{-1}x$

$\tan^{-1}\frac{2}{3}+\tan^{-1}\frac{1}{5}$ について，

$$\begin{cases}\tan^{-1}\frac{2}{3}=\alpha \quad \cdots\cdots① \quad \left(-\frac{\pi}{2}<\alpha<\frac{\pi}{2}\right)\\ \tan^{-1}\frac{1}{5}=\beta \quad \cdots\cdots② \quad \left(-\frac{\pi}{2}<\beta<\frac{\pi}{2}\right)\end{cases}$$ とおくと，

①より，$\tan\alpha=\frac{2}{3}$ ……①′ $\left(\tan\alpha>0 \text{ より，} \boxed{(ア)\qquad}\right)$

②より，$\tan\beta=\frac{1}{5}$ ……②′ $\left(\tan\beta>0 \text{ より，} \boxed{(イ)\qquad}\right)$

ここで，

$$\tan(\alpha+\beta)=\frac{\tan\alpha+\tan\beta}{1-\tan\alpha\cdot\tan\beta}=\frac{\frac{2}{3}+\frac{1}{5}}{1-\frac{2}{3}\cdot\frac{1}{5}}=\boxed{(ウ)}$$

また，$0<\alpha<\frac{\pi}{2}$，$0<\beta<\frac{\pi}{2}$ より，$\boxed{(エ)\qquad}$

以上より，$\tan(\alpha+\beta)=1 \quad (0<\alpha+\beta<\pi)$

$\therefore \alpha+\beta=\frac{\pi}{4}$ ……③

①，②を③に代入して，$\tan^{-1}\frac{2}{3}+\tan^{-1}\frac{1}{5}=\boxed{(オ)}$ ……………………(答)

解答　(ア) $0<\alpha<\frac{\pi}{2}$　(イ) $0<\beta<\frac{\pi}{2}$　(ウ) 1　(エ) $0<\alpha+\beta<\pi$　(オ) $\frac{\pi}{4}$

演習問題 17　● 双曲線関数の加法定理 ●

次の双曲線関数の加法定理を証明せよ。

(1) $\cosh(x-y) = \cosh x \cdot \cosh y - \sinh x \cdot \sinh y$ ……(*1)

(2) $\sinh(x+y) = \sinh x \cdot \cosh y + \cosh x \cdot \sinh y$ ……(*2)

ヒント! 双曲線関数の定義式: $\cosh\theta = \frac{e^{\theta}+e^{-\theta}}{2}$, $\sinh\theta = \frac{e^{\theta}-e^{-\theta}}{2}$ を用いて，与式の右辺を計算し，左辺と一致することを示す。

解答＆解説

(1) (*1) の右辺 $= \underbrace{\cosh x}_{\frac{e^x+e^{-x}}{2}} \cdot \underbrace{\cosh y}_{\frac{e^y+e^{-y}}{2}} - \underbrace{\sinh x}_{\frac{e^x-e^{-x}}{2}} \cdot \underbrace{\sinh y}_{\frac{e^y-e^{-y}}{2}}$

$$= \frac{1}{4}\{(e^x+e^{-x})(e^y+e^{-y})-(e^x-e^{-x})(e^y-e^{-y})\}$$

$$= \frac{1}{4}\{e^{x+y}+e^{x-y}+e^{-x+y}+e^{-x-y}-(e^{x+y}-e^{x-y}-e^{-x+y}+e^{-x-y})\}$$

$$= \frac{1}{4}(2e^{x-y}+2e^{-x+y})$$

$$= \frac{e^{x-y}+e^{-(x-y)}}{2} = \cosh(x-y) = (*1) \text{ の左辺}$$

$\therefore \cosh(x-y) = \cosh x \cdot \cosh y - \sinh x \cdot \sinh y$ …(*1) は成り立つ。…(終)

同様に，$\cosh(x+y) = \cosh x \cdot \cosh y + \sinh x \cdot \sinh y$ も成り立つ。

(2) (*2) の右辺 $= \sinh x \cdot \cosh y + \cosh x \cdot \sinh y$

$$= \frac{1}{4}\{(e^x-e^{-x})(e^y+e^{-y})+(e^x+e^{-x})(e^y-e^{-y})\}$$

$$= \frac{1}{4}(e^{x+y}+e^{x-y}-e^{-x+y}-e^{-x-y}+e^{x+y}-e^{x-y}+e^{-x+y}-e^{-x-y})$$

$$= \frac{1}{4}(2e^{x+y}-2e^{-x-y})$$

$$= \frac{e^{x+y}-e^{-(x+y)}}{2} = \sinh(x+y) = (*2) \text{ の左辺}$$

$\therefore \sinh(x+y) = \sinh x \cdot \cosh y + \cosh x \cdot \sinh y$ …(*2) は成り立つ。…(終)

同様に，$\sinh(x-y) = \sinh x \cdot \cosh y - \cosh x \cdot \sinh y$ も成り立つ。

演習問題 18 ● 双曲線関数の性質 ●

次の公式を証明せよ。

(1) $\cosh^2 x - \sinh^2 x = 1$ ……(＊)　(2) $1 - \tanh^2 x = \dfrac{1}{\cosh^2 x}$ ……(＊＊)

ヒント！ (1)(＊)の左辺 $= \cosh x \cdot \cosh x - \sinh x \cdot \sinh x = \cosh(x - x) = \cosh 0$ だね。(2) $\tanh x = \dfrac{\sinh x}{\cosh x}\left[= \dfrac{e^x - e^{-x}}{e^x + e^{-x}}\right]$ を(＊＊)の左辺に代入して，右辺を導いてみよう。

解答＆解説

(1) 双曲線関数の加法定理：

$\cosh x \cdot \cosh y - \sinh x \cdot \sinh y =$ (ア)［　　　］ ← 演習問題 17 の (＊1)

の y に x を代入して，

$$\underbrace{\cosh x \cdot \cosh x}_{\cosh^2 x} - \underbrace{\sinh x \cdot \sinh x}_{\sinh^2 x} = \cosh(\underbrace{x - x}_{0})$$

$\cosh\theta = \dfrac{e^\theta + e^{-\theta}}{2}$ より

$$\therefore\ \cosh^2 x - \sinh^2 x = \text{(イ)［　　］} = \frac{\overset{1}{e^0} + \overset{1}{e^{-0}}}{2} = \frac{1+1}{2} = 1$$

$\therefore\ \cosh^2 x - \sinh^2 x = 1$ ……(＊) は成り立つ。 ……………………(終)

(2) (＊＊) の左辺 $= 1 - \underbrace{\tanh^2 x}_{\left(\frac{\sinh x}{\cosh x}\right)^2}$

$= 1 -$ (ウ)［　　　］

$= \dfrac{\overbrace{\cosh^2 x - \sinh^2 x}^{1\ (\because (＊))}}{\cosh^2 x}$

$= \dfrac{1}{\cosh^2 x} =$ (＊＊) の右辺

$\therefore\ 1 - \tanh^2 x = \dfrac{1}{\cosh^2 x}$ ……(＊＊) は成り立つ。 ……………………(終)

解答　(ア) $\cosh(x - y)$　(イ) $\cosh 0$　(ウ) $\dfrac{\sinh^2 x}{\cosh^2 x}$

演習問題 19　● 双曲線関数の逆関数 ●

双曲線関数 $\cosh x$ $(x \geqq 0)$ の逆関数 $\cosh^{-1} x$ は，
$\cosh^{-1} x = \log\left(x + \sqrt{x^2 - 1}\right)$ $(x \geqq 1)$ と表されることを示せ。

ヒント！ 1対1対応の関数 $y = \cosh x$（ただし，$x \geqq 0$）の x と y を入れ替えて，$x = \cosh y$　これを，$y = (x$ の式$)$ の形に変形すると，この $(x$ の式$)$ が，逆関数 $\cosh^{-1} x$ になる。このとき，$y = \cosh x$ $(x \geqq 0)$ と $y = \cosh^{-1} x$ $(x \geqq 1)$ は，直線 $y = x$ に関して対称なグラフになる。

解答＆解説

$$y = \cosh x = \frac{e^x + e^{-x}}{2} \quad (x \geqq 0,\ \ y \geqq 1) \quad \cdots\cdots ①$$

とおく。

①は1対1対応の関数より，

x と y を入れ替えて，

$$x = \frac{e^y + e^{-y}}{2} \quad (y \geqq 0,\ \ x \geqq 1)$$

$$2x = e^y + e^{-y}$$

ここで，$e^y = Y$ とおくと，$y \geqq 0$ より，$Y \geqq 1$

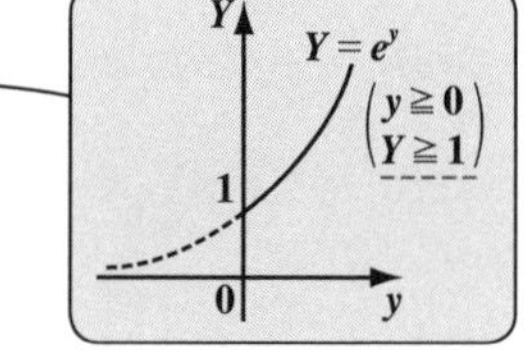

$$2x = Y + \frac{1}{Y}$$

両辺に Y をかけて，

$$2xY = Y^2 + 1 \qquad \underset{a}{1} \cdot Y^2 \underset{2b'}{-2x} Y + \underset{c}{1} = 0 \quad \cdots\cdots ② \quad (Y \geqq 1)$$

（これを Y の2次方程式とみる！）

$$Y = x \pm \sqrt{x^2 - 1} \quad \leftarrow \left(Y = \frac{-b' \pm \sqrt{b'^2 - ac}}{a} \text{ より} \right)$$

ここで，$Y = x + \sqrt{x^2 - 1}$ または $Y = x - \sqrt{x^2 - 1}$ のいずれかを，以下のように調べる。

$$f(Y) = Y^2 - 2xY + 1$$

とおくと，$f(Y) = 0$ の解が，$Y = x \pm \sqrt{x^2 - 1}$

また，$f(1)=1^2-2x\cdot 1+1=2(1-x)\leqq 0$ （$\because$ $x\geqq 1$）

よって，$Y\geqq 1$ かつ $Y^2-2xY+1=0$ ……②を

みたす Y は，

$Y=x+\sqrt{x^2-1}$　となる。

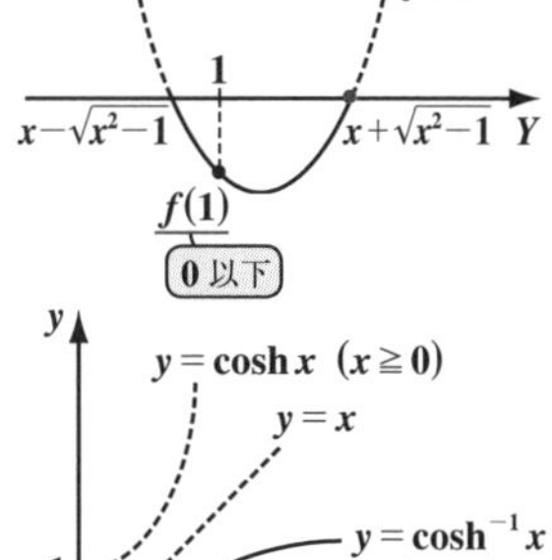

よって，$e^y=x+\sqrt{x^2-1}$　$(x\geqq 1)$

両辺は正より，この両辺の自然対数をとって，

$y=\log\left(x+\sqrt{x^2-1}\right)$ $(x\geqq 1)$

(y は $\log e^y$，右辺は $\cosh^{-1}x$)

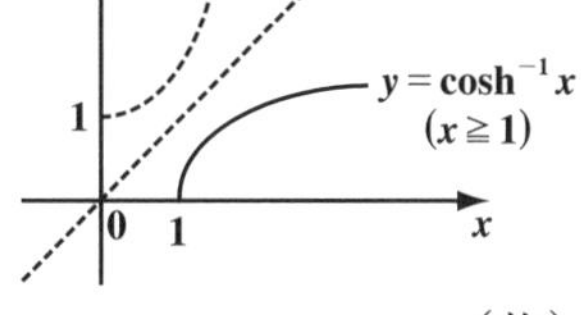

以上より，求める $\cosh x$ $(x\geqq 0)$ の逆関数

$\cosh^{-1}x$ は，

$\cosh^{-1}x=\log\left(x+\sqrt{x^2-1}\right)$ $(x\geqq 1)$ である。 ……………………………(終)

逆双曲線関数のまとめ

(i) $\cosh^{-1}x=\log\left(x+\sqrt{x^2-1}\right)$　$(x\geqq 1)$

(ii) $\sinh^{-1}x=\log\left(x+\sqrt{x^2+1}\right)$ ←「微分積分キャンパス・ゼミ」

(iii) $\tanh^{-1}x=\dfrac{1}{2}\log\dfrac{1+x}{1-x}$　$(-1<x<1)$ ←「微分積分キャンパス・ゼミ」

演習問題 20　● 関数の極限：ε-δ 論法（Ⅰ）●

関数 $f(x)$ が，$f(x)=\dfrac{2^{x+1}-3}{2^x+3}$ で与えられているとき，

$\displaystyle\lim_{x\to\infty}f(x)=2$ となることを，ε-δ 論法を用いて示せ。

ヒント！ 正の数 ε をどんなに小さくしても，ある正の数 δ が存在して，$x>\delta$ のとき，$|f(x)-2|<\varepsilon$ となることを示せばいいんだね。

解答＆解説

$f(x)=\dfrac{2^{x+1}-3}{2^x+3}$ について，

$^{\forall}\varepsilon>0$，$^{\exists}\delta>0$　s.t.　$x>\delta \Longrightarrow |f(x)-2|<\varepsilon$ となることを示す。

$|f(x)-2|<\varepsilon$ に，$f(x)=\dfrac{2^{x+1}-3}{2^x+3}$ を代入して，

$\left|\dfrac{2^{x+1}-3}{2^x+3}-2\right|<\varepsilon$　　これを変形して，$\dfrac{9}{2^x+3}<\varepsilon$

$\left|\dfrac{2^{x+1}-3-2(2^x+3)}{2^x+3}\right|=\left|\dfrac{-9}{2^x+3}\right|=\dfrac{9}{2^x+3}$

$2^x+3>\dfrac{9}{\varepsilon}$　　$2^x>\dfrac{9}{\varepsilon}-3$

$2^x>\dfrac{9}{\varepsilon}-3\ (>0)$
両辺の底 2 の対数をとって，
$\log_2 2^x>\log_2\left(\dfrac{9}{\varepsilon}-3\right)$（左辺 $=x$，右辺の真数 $\oplus$）

$\therefore\ x>\log_2\left(\dfrac{9}{\varepsilon}-3\right)\ (0<\varepsilon<3)$

ε は限りなく 0 に近づく正の数だから，$\varepsilon<3$ の条件が付いても影響はない。

よって，3 より小さい正の数 ε がどんなに小さな値をとっても，ある正の数 δ を，$\delta>\log_2\left(\dfrac{9}{\varepsilon}-3\right)$ となるようにとると，$x>\delta$ のとき，

$|f(x)-2|<\varepsilon$ が成り立つ。

$\therefore\ \displaystyle\lim_{x\to\infty}f(x)=2$ となる。 ……………………………………（終）

演習問題 21 ● 関数の極限：ε-δ 論法（Ⅱ）●

関数 $g(x)$ が，$g(x)=\dfrac{2x^3-1}{x^3+1}$ で与えられているとき，

$\displaystyle\lim_{x\to\infty}g(x)=2$ となることを，ε-δ 論法を用いて示せ。

ヒント！ まず，$|g(x)-2|<\varepsilon$ の式から始めて，x を ε の不等式で表そう。

解答＆解説

$g(x)=\dfrac{2x^3-1}{x^3+1}$ について，

(ア) ＿＿＿＿＿＿ となることを示す。

$|g(x)-2|<\varepsilon$ に，(イ) ＿＿＿ を代入して，

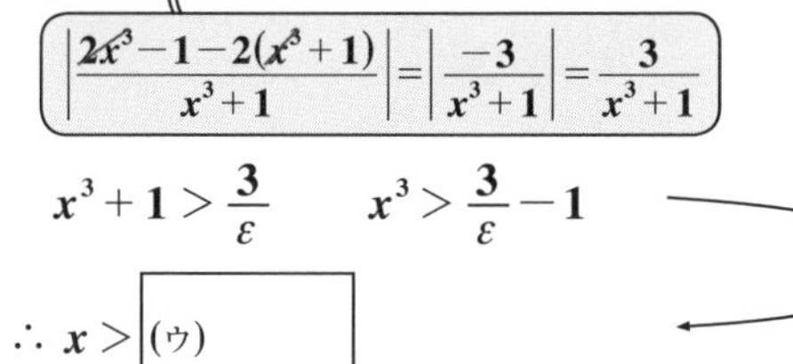

$\left|\dfrac{2x^3-1}{x^3+1}-2\right|<\varepsilon$ 　　これを変形して，$\dfrac{3}{x^3+1}<\varepsilon$

$\left|\dfrac{2x^3-1-2(x^3+1)}{x^3+1}\right|=\left|\dfrac{-3}{x^3+1}\right|=\dfrac{3}{x^3+1}$

$x^3+1>\dfrac{3}{\varepsilon}$ 　　$x^3>\dfrac{3}{\varepsilon}-1$

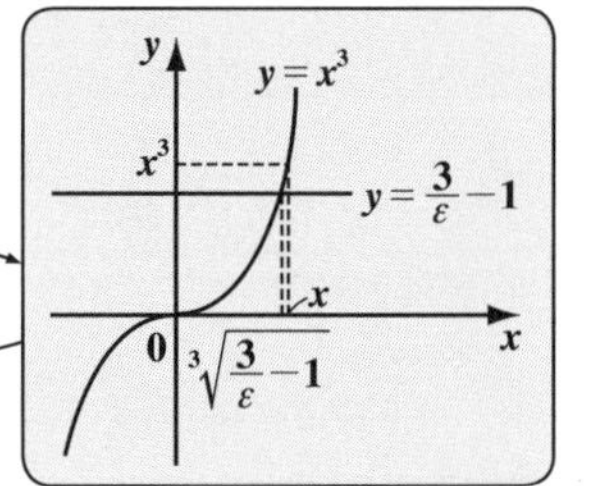

$\therefore\ x>$ (ウ) ＿＿＿

よって，正の数 ε がどんなに小さな値をとっても，ある正の数 δ を，

(エ) ＿＿＿ となるようにとると，$x>\delta$ のとき，$|g(x)-2|<\varepsilon$ が成り立つ。

$\therefore\ \displaystyle\lim_{x\to\infty}g(x)=2$ となる。……………………………………（終）

解答 (ア) $\forall\varepsilon>0,\ \exists\delta>0$ s.t. $x>\delta\Rightarrow|g(x)-2|<\varepsilon$ 　(イ) $g(x)=\dfrac{2x^3-1}{x^3+1}$

(ウ) $\sqrt[3]{\dfrac{3}{\varepsilon}-1}$ 　(エ) $\delta>\sqrt[3]{\dfrac{3}{\varepsilon}-1}$

演習問題 22　● 関数の極限：ε−δ 論法（Ⅲ）●

関数 $f(x)$ が，$f(x)=\dfrac{2-4\cdot 3^x}{1+3^x}$ で与えられているとき，

$\displaystyle\lim_{x\to-\infty} f(x)=2$ となることを，ε−δ 論法を用いて示せ。

ヒント！ 正の数 ε をどんなに小さくしても，ある負の数 δ が存在して，$x<\delta$ のとき，$|f(x)-2|<\varepsilon$ となることを示せばいいんだね。

解答＆解説

$f(x)=\dfrac{2-4\cdot 3^x}{1+3^x}$ について，

${}^\forall\varepsilon>0$，${}^\exists\delta<0$　s.t.　$x<\delta \Longrightarrow |f(x)-2|<\varepsilon$ となることを示す。

$|f(x)-2|<\varepsilon$ に，$f(x)=\dfrac{2-4\cdot 3^x}{1+3^x}$ を代入して，

$\left|\dfrac{2-4\cdot 3^x}{1+3^x}-2\right|<\varepsilon$　　これを変形して，$\dfrac{6\cdot 3^x}{1+3^x}<\varepsilon$　　両辺の逆数をとって，

$$\left|\frac{2-4\cdot 3^x-2(1+3^x)}{1+3^x}\right|=\left|\frac{-6\cdot 3^x}{1+3^x}\right|=\frac{6\cdot 3^x}{1+3^x}$$

$\dfrac{1+3^x}{6\cdot 3^x}>\dfrac{1}{\varepsilon}$，　$\dfrac{1}{6\cdot 3^x}+\dfrac{1}{6}>\dfrac{1}{\varepsilon}$，

$\dfrac{1}{6\cdot 3^x}>\dfrac{1}{\varepsilon}-\dfrac{1}{6}$，　$\dfrac{1}{3^x}>\dfrac{6}{\varepsilon}-1$　（両辺を 6 倍）

$\therefore\ 3^x<\dfrac{1}{\frac{6}{\varepsilon}-1}$　（ただし，$0<\varepsilon<3$）　（0 より大，1 より小）

$$0<\frac{1}{\frac{6}{\varepsilon}-1}<1$$
$$1<\frac{6}{\varepsilon}-1$$
$$2<\frac{6}{\varepsilon}$$
$$\varepsilon<3$$

両辺は正より，両辺の底 3 の対数をとって，

$x<\log_3\dfrac{1}{\frac{6}{\varepsilon}-1}$　（$x=\log_3 3^x$，右辺は $\ominus$）

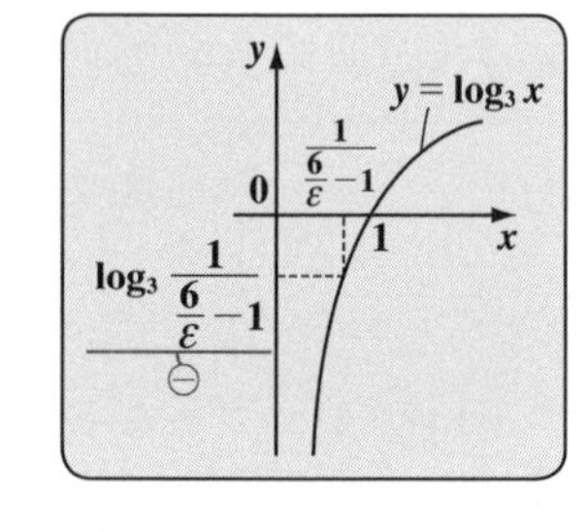

よって，3 より小さい正の数 ε がどんなに小さくなっても，ある負の数 δ を，

$\delta<\log_3\dfrac{1}{\frac{6}{\varepsilon}-1}$ となるようにとると，$x<\delta$ のとき，$|f(x)-2|<\varepsilon$ が成り立つ。

$\therefore\ \displaystyle\lim_{x\to-\infty}f(x)=2$ となる。……………………………………(終)

演習問題 23 ● 関数の極限：ε−δ 論法(Ⅳ) ●

関数 $g(x)$ が，$g(x)=\dfrac{3x^3+5}{x^3+2}$ $\left(x \neq \sqrt[3]{-2}\right)$ で与えられているとき，

$\displaystyle\lim_{x\to-\infty} g(x)=3$ となることを，ε−δ 論法を用いて示せ。

ヒント！ 分母 $\neq 0$ より，$x \neq \sqrt[3]{-2}$　よって，$x\to-\infty$ の極限を調べるので，x は $x<\sqrt[3]{-2}$ をみたすものについて，考えればいい。

解答＆解説

$g(x)=\dfrac{3x^3+5}{x^3+2}$ について，

(ア)　　　　　　　　　　となることを示す。

$x<\sqrt[3]{-2}$ のとき，$|g(x)-3|<\varepsilon$ に，(イ)　　　　を代入して，

$$\left|\frac{3x^3+5}{x^3+2}-3\right|<\varepsilon \qquad \text{これを変形して，}\quad \frac{-1}{x^3+2}<\varepsilon\ (\oplus)$$

$$\left|\frac{3x^3+5-3(x^3+2)}{x^3+2}\right|=\left|\frac{-1}{x^3+2}\right|=\frac{-1}{x^3+2}$$

$(x^3+2$ は $\ominus$）$(\because x<\sqrt[3]{-2})$

$$x^3+2<-\frac{1}{\varepsilon} \qquad x^3<-\left(\frac{1}{\varepsilon}+2\right)$$

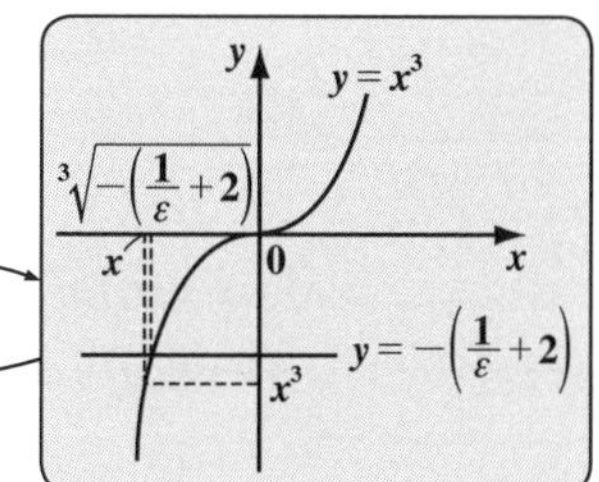

$\therefore\ x<$ (ウ)

よって，正の数 ε がどんなに小さな値をとっても，ある負の数 δ を，

(エ)　　　　　となるようにとると，$x<\delta$ のとき，$|g(x)-3|<\varepsilon$ が成り立つ。

$\therefore \displaystyle\lim_{x\to-\infty} g(x)=3$ となる。 ……………………………………(終)

解答 (ア) $\forall\varepsilon>0,\ \exists\delta<0$ s.t. $x<\delta \Rightarrow |g(x)-3|<\varepsilon$　(イ) $g(x)=\dfrac{3x^3+5}{x^3+2}$

(ウ) $\sqrt[3]{-\left(\dfrac{1}{\varepsilon}+2\right)}$　(エ) $\delta<\sqrt[3]{-\left(\dfrac{1}{\varepsilon}+2\right)}$

演習問題 24　● 関数の連続性：ε-δ 論法 (I) ●

関数 $f(x) = x^2 + 3x$ が $x = a$ (a：定数) で連続であることを，ε-δ 論法を用いて示せ。

ヒント！ $\lim_{x \to a} f(x) = f(a)$ を示すための ε-δ 論法は次の通りだね。
$^\forall\varepsilon > 0,\ ^\exists\delta > 0$ s.t. $|x-a| < \delta \Rightarrow |f(x) - f(a)| < \varepsilon$

解答&解説

$^\forall\varepsilon > 0,\ ^\exists\delta > 0$ s.t. $|x-a| < \delta \Longrightarrow |f(x)-f(a)| < \varepsilon$ ……$(*)$

このとき，$\lim_{x \to a} f(x) = f(a)$ となって，$f(x)$ は $x = a$ で連続と言える。

正の数 ε をどんなに小さくしても，ある正の数 δ が存在し，$|x-a| < \delta$ ならば $|f(x)-f(a)| < \varepsilon$ となるとき，$\lim_{x \to a} f(x) = f(a)$ が成り立つ。← 連続条件

よって，$(*)$ が成り立つことを示せばよい。

$|x-a| < \delta$ のとき，

$$|f(x) - f(a)| = |x^2 + 3x - a^2 - 3a| = |(x-a)(x+a+3)|$$
$$= |(x-a)\{(x-a) + (2a+3)\}|$$
$$= |(x-a)^2 + (2a+3)(x-a)|$$
$$\leqq |x-a|^2 + |2a+3||x-a|$$
$$< \delta^2 + |2a+3|\delta$$
$$(\because |x-a| < \delta)$$

($f(a) = a^2 + 3a$，$x^2 - a^2 + 3(x-a)$)

公式：$|A+B| \leqq |A| + |B|$ を使った！

$|f(x)-f(a)| < \delta^2 + |2a+3|\delta < \varepsilon$ をみたす正の数 δ の存在を示せばよい。
$\delta^2 + |2a+3|\delta - \varepsilon < 0$ をみたす δ の範囲を ε で表す。

ゆえに，正の数 ε がどんなに小さな値をとっても，$\delta^2 + |2a+3|\delta - \varepsilon < 0$ をみたす正の数 δ が存在することを示せばよい。この不等式を解いて，

$$\underbrace{\frac{-|2a+3| - \sqrt{(2a+3)^2 + 4\varepsilon}}{2}}_{\ominus} < \delta < \underbrace{\frac{-|2a+3| + \sqrt{(2a+3)^2 + 4\varepsilon}}{2}}_{\oplus}$$

δ の 2 次方程式：
$\delta^2 + |2a+3|\delta - \varepsilon = 0$ の解
$\delta = \frac{-|2a+3| \pm \sqrt{(2a+3)^2 + 4\varepsilon}}{2}$
を使った！

よって，どんなに小さな正の数 ε が与えられても，$\delta < \frac{-|2a+3| + \sqrt{(2a+3)^2 + 4\varepsilon}}{2}$ をみたす正の数 δ が存在するので，$(*)$ は成り立つ。

これで，$f(x)$ が $x = a$ で連続であることが示された。……………………(終)

演習問題 25 ● 関数の連続性：ε-δ 論法 (Ⅱ) ●

関数 $g(x) = -x^2 + x$ が $x = 1$ で連続であることを，ε-δ 論法を用いて示せ。

ヒント！ $^\forall\varepsilon > 0$, $^\exists\delta > 0$ s.t. $|x-1| < \delta \Rightarrow |g(x)-g(1)| < \varepsilon$
が成り立つことを示せばいい。

解答＆解説

$^\forall\varepsilon > 0$, $^\exists\delta > 0$ s.t. $|x-1| < \delta \Longrightarrow$ (ア) ……$(*)$

このとき，$\lim_{x \to 1} g(x) = g(1)$ となって，$g(x)$ は $x = 1$ で連続と言える。

よって，$(*)$ が成り立つことを示せばよい。

$|x-1| < \delta$ のとき，

$-1^2 + 1 = 0$ ← $g(1)$

$|A + B| \leqq |A| + |B|$

$$|g(x) - g(1)| = |-x^2 + x| = |-(x^2 - x)| = |(x-1)x|$$
$$= |(x-1)\{(x-1)+1\}|$$
$$= \text{(イ)}$$
$$\leqq |x-1|^2 + |x-1|$$
$$< \text{(ウ)} \quad (\because |x-1| < \delta)$$

$|g(x)-g(1)| < \delta^2 + \delta < \varepsilon$
をみたす正の数 δ の存在を示せばいい。
$\delta^2 + \delta - \varepsilon < 0$ をみたす δ の範囲を ε で表す。

ゆえに，正の数 ε がどんなに小さな値をとっても，$\delta^2 + \delta - \varepsilon < 0$ をみたす正の数 δ が存在することを示せばよい。この不等式を解いて，

$$\underbrace{\frac{-1-\sqrt{1+4\varepsilon}}{2}}_{\ominus} < \delta < \underbrace{\frac{-1+\sqrt{1+4\varepsilon}}{2}}_{\oplus}$$

δ の 2 次方程式 $\delta^2 + \delta - \varepsilon = 0$ の解 $\delta = \frac{-1 \pm \sqrt{1+4\varepsilon}}{2}$ を使った！

よって，どんなに小さな正の数 ε が与えられても，(エ) をみたす正の数 δ が存在するので，$(*)$ は成り立つ。

これで，$g(x)$ が $x = 1$ で連続であることが示された。 ……………………(終)

解答 (ア) $|g(x)-g(1)| < \varepsilon$　(イ) $|(x-1)^2 + (x-1)|$　(ウ) $\delta^2 + \delta$　(エ) $\delta < \frac{-1+\sqrt{1+4\varepsilon}}{2}$

演習問題 26　●三角・対数関数の極限●

次の関数の極限を求めよ。

(1) $\displaystyle\lim_{x\to\frac{\pi}{2}}(2\pi-4x)\tan x$　(2) $\displaystyle\lim_{x\to\frac{\pi}{2}}\frac{1-\sin x}{\sin^2(\cos x)}$　(3) $\displaystyle\lim_{x\to 0}\frac{\sin x}{\log(1+x)}$

ヒント！ (1) $2\pi-4x=t$ とおく。(2) 分子・分母に $\cos^2 x$ をかける。(3) 分子・分母に x をかける。

解答＆解説

(1) $2\pi-4x=t$ とおくと，$x\to\frac{\pi}{2}$ のとき，$t\to 0$

また，$x=\frac{\pi}{2}-\frac{t}{4}$

$$\therefore \lim_{x\to\frac{\pi}{2}}(2\pi-4x)\tan x=\lim_{t\to 0}t\cdot\tan\left(\frac{\pi}{2}-\frac{t}{4}\right) \quad \left(\tan\left(\frac{\pi}{2}-\frac{t}{4}\right)=\frac{1}{\tan\frac{t}{4}}\right)$$

$$=\lim_{\substack{t\to 0\\(\theta\to 0)}}\frac{\frac{t}{4}}{\tan\frac{t}{4}}\cdot 4 \quad \left(\frac{t}{4}=\theta,\ \frac{\frac{t}{4}}{\tan\frac{t}{4}}\to 1\right)$$

公式：$\displaystyle\lim_{\theta\to 0}\frac{\tan\theta}{\theta}=1$ より，

$$\lim_{\theta\to 0}\frac{\theta}{\tan\theta}=\lim_{\theta\to 0}\frac{1}{\frac{\tan\theta}{\theta}}=\frac{1}{1}=1 \quad \left(\frac{\tan\theta}{\theta}\to 1\right)$$

$=1\cdot 4=4$ ……………………………………………（答）

(2)
$$\lim_{x\to\frac{\pi}{2}}\frac{1-\sin x}{\sin^2(\cos x)}=\lim_{x\to\frac{\pi}{2}}\frac{1-\sin x}{\cos^2 x}\cdot\frac{\cos^2 x}{\sin^2(\cos x)} \quad \left(\cos^2 x=(1-\sin x)(1+\sin x)\right)$$

$$=\lim_{\substack{x\to\frac{\pi}{2}\\(\theta\to 0)}}\frac{1}{1+\sin x}\cdot\left\{\frac{\cos x}{\sin(\cos x)}\right\}^2 \quad \left(\sin x\to 1,\ \cos x=\theta,\ \frac{\cos x}{\sin(\cos x)}\to 1\right)$$

公式：$\displaystyle\lim_{\theta\to 0}\frac{\sin\theta}{\theta}=1$ より，

$$\lim_{\theta\to 0}\frac{\theta}{\sin\theta}=\lim_{\theta\to 0}\frac{1}{\frac{\sin\theta}{\theta}}=\frac{1}{1}=1 \quad \left(\frac{\sin\theta}{\theta}\to 1\right)$$

$=\dfrac{1}{1+1}\cdot 1^2=\dfrac{1}{2}$ ……………………………………（答）

(3)
$$\lim_{x\to 0}\frac{\sin x}{\log(1+x)}=\lim_{x\to 0}\frac{\sin x}{x}\cdot\frac{x}{\log(1+x)} \quad \left(\frac{\sin x}{x}\to 1,\ \frac{x}{\log(1+x)}\to 1\right)$$

$=1\cdot 1=1$ …………（答）

公式：$\displaystyle\lim_{x\to 0}\frac{\sin x}{x}=1$

また，公式：$\displaystyle\lim_{x\to 0}\frac{\log(1+x)}{x}=1$ より，

$$\lim_{x\to 0}\frac{x}{\log(1+x)}=\lim_{x\to 0}\frac{1}{\frac{\log(1+x)}{x}}=1 \quad \left(\frac{\log(1+x)}{x}\to 1\right)$$

演習問題 27　● 三角・指数関数の極限 ●

次の関数の極限を求めよ。

(1) $\lim_{x\to\infty} x\sin\dfrac{2}{x}$　　(2) $\lim_{x\to 0}\dfrac{\tan^2 x-\sin^2 x}{x^4}$　　(3) $\lim_{x\to\pm\infty}\left(1+\dfrac{3}{x}\right)^x$

ヒント！ (1) $\infty\times 0$ の不定形。$\lim_{\theta\to 0}\dfrac{\sin\theta}{\theta}$ の形にもち込む。(2) $\dfrac{0}{0}$ の不定形。まず，分子を因数分解する。(3) $\dfrac{3}{x}=t$ とおいてみよう。

解答＆解説

(1) $\lim_{x\to\infty} x\sin\dfrac{2}{x}=\lim_{\substack{x\to\infty\\(\theta\to 0)}}\dfrac{\sin\frac{2}{x}}{\frac{2}{x}}\cdot 2=1\cdot 2=2$ ……(答)　← 公式：$\lim_{\theta\to 0}\dfrac{\sin\theta}{\theta}=1$ より

(ここで $\dfrac{2}{x}=\theta$，$\dfrac{\sin\theta}{\theta}\to 1$)

(2) $\lim_{x\to 0}\dfrac{\tan^2 x-\sin^2 x}{x^4}=\lim_{x\to 0}\dfrac{(\tan x-\sin x)(\tan x+\sin x)}{x^4}$　($\tan x=\dfrac{\sin x}{\cos x}$)

$$=\lim_{x\to 0}\left(\frac{\sin x}{\cos x}-\sin x\right)\cdot\frac{1}{x^3}\cdot\frac{\tan x+\sin x}{x}$$

$$=\lim_{x\to 0}\frac{\sin x}{x}\cdot\left(\frac{1}{\cos x}-1\right)\cdot\frac{1}{x^2}\left(\frac{\tan x}{x}+\frac{\sin x}{x}\right)$$

$$=\lim_{x\to 0}\underbrace{\frac{\sin x}{x}}_{\to 1}\cdot\underbrace{\frac{1-\cos x}{x^2}}_{\to\frac{1}{2}}\cdot\frac{1}{\underbrace{\cos x}_{\to 1}}\left(\underbrace{\frac{\tan x}{x}}_{\to 1}+\underbrace{\frac{\sin x}{x}}_{\to 1}\right)$$

$$=1\cdot\frac{1}{2}\cdot\frac{1}{1}\cdot(1+1)=1$$ ……(答)

公式：$\lim_{x\to 0}\dfrac{\sin x}{x}=\lim_{x\to 0}\dfrac{\tan x}{x}=1$
$\lim_{x\to 0}\dfrac{1-\cos x}{x^2}=\dfrac{1}{2}$ より

(3) $\dfrac{3}{x}=t$ とおくと，$x=\dfrac{3}{t}$　　また，$x\to\pm\infty$ のとき，$t\to 0$

$$\therefore \lim_{x\to\pm\infty}\left(1+\frac{3}{x}\right)^x=\lim_{t\to 0}(1+t)^{\frac{3}{t}}$$

$$=\lim_{t\to 0}\left\{\underbrace{(1+t)^{\frac{1}{t}}}_{\to e}\right\}^3=e^3$$ ……(答)　← 公式：$\lim_{t\to 0}(1+t)^{\frac{1}{t}}=e$ より

演習問題 28　● 双曲線関数，逆三角関数の極限 (I) ●

次の関数の極限を求めよ。

(1) $\displaystyle\lim_{x\to 0}\frac{1-\cosh x}{x^2}$　　(2) $\displaystyle\lim_{x\to 0}\frac{\tan(\sin^{-1}2x)}{\sin(2\tan^{-1}x)}$

ヒント！ (1) 定義から，$\cosh x=\dfrac{e^x+e^{-x}}{2}$　(2) $\sin^{-1}2x=t$ とおくと，$2x=\sin t$ であり，$\tan^{-1}x=u$ とおくと，$x=\tan u$ となる。

解答＆解説

(1) $\displaystyle\lim_{x\to 0}\frac{1-\cosh x}{x^2}=\lim_{x\to 0}\frac{1}{x^2}\left(1-\frac{e^x+e^{-x}}{2}\right)=\lim_{x\to 0}\frac{1}{x^2}\cdot\frac{2-e^x-e^{-x}}{2}$

$\displaystyle=\lim_{x\to 0}\frac{-1}{x^2}\cdot\frac{e^x-2+e^{-x}}{2}=\lim_{x\to 0}\frac{-1}{2x^2}\left(e^{\frac{x}{2}}-e^{-\frac{x}{2}}\right)^2$

$\displaystyle=\lim_{x\to 0}\frac{-1}{2x^2}\left(\frac{e^x-1}{e^{\frac{x}{2}}}\right)^2=\lim_{x\to 0}\frac{-1}{2}\left(\frac{e^x-1}{x}\cdot\frac{1}{e^{\frac{x}{2}}}\right)^2$

$\displaystyle=\lim_{x\to 0}-\frac{1}{2}\cdot\left(\frac{e^x-1}{x}\right)^2\cdot\frac{1}{e^x}=-\frac{1}{2}\cdot 1^2\cdot\frac{1}{1}=-\frac{1}{2}$ ……(答)

$\dfrac{e^{\frac{x}{2}}-e^{-\frac{x}{2}}}{1}$ の分子・分母に $e^{\frac{x}{2}}$ をかけた！

公式：$\displaystyle\lim_{x\to 0}\frac{e^x-1}{x}=1$

$\displaystyle\lim_{x\to a}f(x)=\alpha$ のとき，$\displaystyle\lim_{x\to a}f(x)^2=\lim_{x\to a}f(x)f(x)=\alpha\cdot\alpha=\alpha^2$

$\displaystyle\lim_{x\to a}f=\alpha$，$\displaystyle\lim_{x\to a}g=\beta$ のとき，$\displaystyle\lim_{x\to a}f\cdot g=\alpha\cdot\beta$ で，今回は，$g=f$，$\beta=\alpha$ の場合

(2)・$\sin^{-1}2x=t$ とおくと，$2x=\sin t$

また，$x\to 0$ のとき，$t\to 0$　（$-1\leqq 2x\leqq 1$，$-\dfrac{\pi}{2}\leqq t\leqq\dfrac{\pi}{2}$ より）

$\displaystyle\therefore\lim_{x\to 0}\frac{\sin^{-1}2x}{2x}=\lim_{t\to 0}\frac{t}{\sin t}=1$　（$\displaystyle\lim_{t\to 0}\frac{t}{\sin t}=\lim_{t\to 0}\frac{1}{\frac{\sin t}{t}}=\frac{1}{1}=1$ より）

・$\tan^{-1}x=u$ とおくと，$x=\tan u$

また，$x\to 0$ のとき，$u\to 0$　（$-\infty<x<\infty$，$-\dfrac{\pi}{2}<u<\dfrac{\pi}{2}$ より）

$\displaystyle\therefore\lim_{x\to 0}\frac{x}{\tan^{-1}x}=\lim_{u\to 0}\frac{\tan u}{u}=1$

以上より，

$$\lim_{x\to 0}\frac{\tan(\sin^{-1}2x)}{\sin(2\tan^{-1}x)}=\lim_{\substack{x\to 0\\(t\to 0,\ 2u\to 0)}}\frac{\tan(\sin^{-1}2x)}{\sin^{-1}2x}\cdot\frac{\sin^{-1}2x}{2x}\cdot\frac{2x}{2\tan^{-1}x}\cdot\frac{2\tan^{-1}x}{\sin(2\tan^{-1}x)}$$

$=1\cdot 1\cdot 1\cdot 1=1$ ……(答)

演習問題 29 ● 双曲線関数，逆三角関数の極限（Ⅱ）●

次の関数の極限を求めよ。

(1) $\displaystyle\lim_{x\to\infty} x\sinh\frac{5}{x}$　(2) $\displaystyle\lim_{x\to 0}\frac{\sin^{-1}x}{\tan x}$　(3) $\displaystyle\lim_{x\to 1}\frac{\tanh(\cos^{-1}x)^2}{1-x}$

ヒント！ (1) $\sinh\frac{5}{x}=\frac{e^{\frac{5}{x}}-e^{-\frac{5}{x}}}{2}$　(2) $\sin^{-1}x=t$ とおくと，$x=\sin t$

(3) $\cos^{-1}x=t$ とおくと，$x=\cos t$ となる。そして，$\tanh t^2=\frac{e^{t^2}-e^{-t^2}}{e^{t^2}+e^{-t^2}}$ を使う。

解答＆解説

(1) $$\lim_{x\to\infty} x\boxed{\sinh\frac{5}{x}}=\lim_{x\to\infty} x\cdot\frac{e^{\frac{5}{x}}-e^{-\frac{5}{x}}}{2}=\lim_{x\to\infty}\frac{x}{2}\cdot\frac{e^{\frac{10}{x}}-1}{e^{\frac{5}{x}}}$$

← 分子・分母に $e^{\frac{5}{x}}$ をかけた！

$$=\lim_{\substack{x\to\infty\\(\theta\to 0)}}\frac{1}{2}\cdot\boxed{\frac{e^{\frac{10}{x}}-1}{\frac{10}{x}}}\cdot\frac{10}{e^{\frac{5}{x}}}=\frac{1}{2}\cdot 1\cdot\frac{10}{1}=5 \quad\cdots\cdots\cdots(答)$$

（$\frac{10}{x}=\theta$，$\frac{e^{\theta}-1}{\theta}\to 1$，$e^{\frac{5}{x}}\to e^0=1$）

(2) $\sin^{-1}x=t$ とおくと，$x=\sin t$

また，$x\to 0$ のとき，$t\to 0$　← $-1\leqq x\leqq 1$，$-\frac{\pi}{2}\leqq t\leqq\frac{\pi}{2}$ より

$$\therefore \lim_{x\to 0}\frac{\sin^{-1}x}{x}=\lim_{t\to 0}\frac{t}{\sin t}=1$$

$$\therefore \lim_{x\to 0}\frac{\sin^{-1}x}{\tan x}=\lim_{x\to 0}\boxed{\frac{\sin^{-1}x}{x}}\cdot\boxed{\frac{x}{\tan x}}=1\cdot 1=1 \quad\cdots\cdots\cdots\cdots\cdots\cdots\cdots(答)$$

(3) $\cos^{-1}x=t$ とおくと，$x=\cos t$

$x\to 1$ のとき，$t\to 0$　← $x:-1\to 1$ のとき，$t:\pi\to 0$ より

$$\therefore \lim_{x\to 1}\frac{\tanh(\cos^{-1}x)^2}{1-x}=\lim_{t\to 0}\frac{1}{1-\cos t}\cdot\boxed{\tanh t^2}$$

（$\tanh t^2=\frac{e^{t^2}-e^{-t^2}}{e^{t^2}+e^{-t^2}}$）

$$=\lim_{t\to 0}\frac{1}{1-\cos t}\cdot\frac{e^{t^2}-e^{-t^2}}{e^{t^2}+e^{-t^2}}=\lim_{t\to 0}\frac{1}{1-\cos t}\cdot\frac{e^{2t^2}-1}{e^{2t^2}+1}$$

← 分子・分母に e^{t^2} をかけた！

$\displaystyle\lim_{t\to 0}\frac{t^2}{1-\cos t}=\lim_{t\to 0}\frac{1}{\frac{1-\cos t}{t^2}}=\frac{1}{\frac{1}{2}}=2$ より　（$\frac{1-\cos t}{t^2}\to\frac{1}{2}$（公式））

$$=\lim_{\substack{t\to 0\\(\theta\to 0)}}\boxed{\frac{t^2}{1-\cos t}}\cdot 2\cdot\boxed{\frac{e^{2t^2}-1}{2t^2}}\cdot\frac{1}{e^{2t^2}+1}=2\cdot 2\cdot 1\cdot\frac{1}{1+1}=2\cdots(答)$$

（$2t^2=\theta$，$\frac{e^{\theta}-1}{\theta}\to 1$，$e^{2t^2}\to e^0=1$）

講 義 Lecture 2 微分法とその応用（1変数関数） ● methods & formulae

1. 微分係数と導関数

微分係数 $f'(a)$ の定義式を下に示す。

$$f'(a)=\lim_{h\to0}\frac{f(a+h)-f(a)}{h}$$

この右辺が，ある極限値に収束しないときもある。
その場合は，"**微分係数 $f'(a)$ は存在しない**"という。

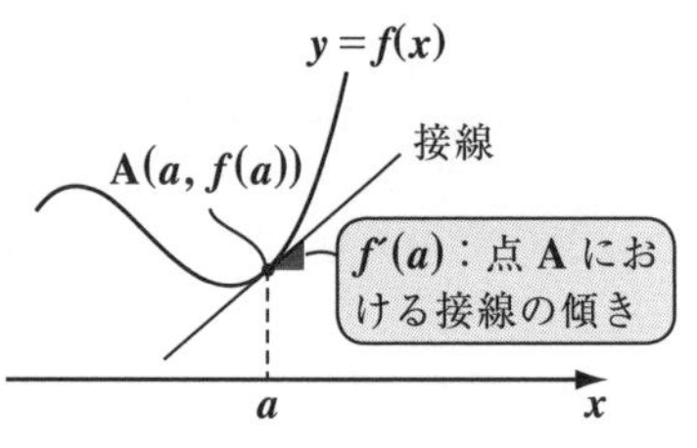

次に，導関数の極限を用いた定義を下に示す。

導関数 $f'(x)$ の定義式

$$f'(x)=\lim_{h\to0}\frac{f(x+h)-f(x)}{h}=\lim_{h\to0}\frac{f(x)-f(x-h)}{h}$$

右辺の極限が，ある x の関数に収束するとき，それを導関数 $f'(x)$ と定める。

ここで，微分計算に使う **18** の基本公式を下に示す。

微分計算の 18 の基本公式

(1) $(e^x)'=e^x$

(2) $(a^x)'=a^x\log a \quad (a>0)$

(3) $(\log x)'=\dfrac{1}{x} \quad (x>0)$

(4) $(\log_a x)'=\dfrac{1}{x\cdot\log a} \quad (x>0)$

(5) $\{\log f(x)\}'=\dfrac{f'(x)}{f(x)} \quad (f(x)>0)$

(6) $(x^\alpha)'=\alpha\cdot x^{\alpha-1} \quad$ (α：実数)

(7) $(\sin x)'=\cos x$

(8) $(\sin^{-1}x)'=\dfrac{1}{\sqrt{1-x^2}} \quad (-1<x<1)$

(9) $(\cos x)'=-\sin x$

(10) $(\cos^{-1}x)'=-\dfrac{1}{\sqrt{1-x^2}} \quad (-1<x<1)$

(11) $(\tan x)'=\dfrac{1}{\cos^2 x}$ （$\sec^2 x$）

(12) $(\tan^{-1}x)'=\dfrac{1}{1+x^2}$

(13) $(\cosh x)'=\sinh x$

(14) $(\cosh^{-1}x)'=\dfrac{1}{\sqrt{x^2-1}} \quad (x>1)$

(15) $(\sinh x)'=\cosh x$

(16) $(\sinh^{-1}x)'=\dfrac{1}{\sqrt{x^2+1}}$ ←「微分積分キャンパス・ゼミ」

(17) $(\tanh x)'=\dfrac{1}{\cosh^2 x}$

(18) $(\tanh^{-1}x)'=\dfrac{1}{1-x^2} \quad (-1<x<1)$

次に，微分計算に役立つ **3** つの重要公式も下に示す。

重要な 3 つの微分公式

・$f(x)$ と $g(x)$ が共に微分可能なとき，

(Ⅰ) $\{f(x)\cdot g(x)\}' = f'(x)\cdot g(x) + f(x)\cdot g'(x)$

(Ⅱ) $\left\{\dfrac{f(x)}{g(x)}\right\}' = \dfrac{f'(x)\cdot g(x) - f(x)\cdot g'(x)}{g(x)^2}$ （ただし，$g(x) \neq 0$）

$\left(\dfrac{分子}{分母}\right)'$ は $\dfrac{(分子)'\cdot 分母 - 分子\cdot(分母)'}{(分母)^2}$ と口ずさみながら覚えよう！

・$y = f(t)$，$t = g(x)$ が共に微分可能なとき，

合成関数 $y = f(g(x))$ も微分可能で，次式が成り立つ。

(Ⅲ) $y' = \dfrac{dy}{dx} = \dfrac{dy}{dt}\cdot\dfrac{dt}{dx}$

形式上，dt で割った分，dt をかける形になっている。

$y = f(x)$ の導関数 $f'(x)$ は，次のように表すことができる。

$$f'(x) = y' = \frac{dy}{dx} = \lim_{\Delta x \to 0}\frac{\Delta y}{\Delta x}$$ （Δx：x の変化分，Δy：y の変化分）

ここで，媒介変数(パラメータ)表示された曲線：

$x = f(\theta)$，$y = g(\theta)$ （θ：媒介変数）

の導関数 $\dfrac{dy}{dx}$ は，次のように求めることができる。

$$\frac{dy}{dx} = \frac{\dfrac{dy}{d\theta}}{\dfrac{dx}{d\theta}} \quad \left(\because \frac{dy}{dx} = \lim_{\Delta x \to 0}\frac{\Delta y}{\Delta x} = \lim_{\Delta\theta \to 0}\frac{\dfrac{\Delta y}{\Delta\theta}}{\dfrac{\Delta x}{\Delta\theta}}\right)$$

$\dfrac{dx}{d\theta}$ と $\dfrac{dy}{d\theta}$ を別々に求めて，商を作る。このとき，$\dfrac{dy}{dx}$ は θ の式となる。

陰関数については，そのまま両辺を x で微分して求める。

(ex) 円：$x^2 + y^2 = a^2$ $(a > 0)$ の微分では，この両辺を x で微分して，

$$(x^2)' + (y^2)' = (a^2)' = 0$$

$(x^2)' = 2x$

$(y^2)' = \dfrac{d(y^2)}{dy}\cdot\dfrac{dy}{dx} = 2y\cdot y'$ ← 合成関数の微分

$2x + 2y\cdot y' = 0$ 　　 $y' = -\dfrac{x}{y}$ （ただし，$y \neq 0$）

（“n 次導関数”ともいう。）

関数 $y=f(x)$ を x で n 回微分した関数を $f(x)$ の “n **階導関数**” といい，次のように表す。$n \geqq 2$ のとき，これを “**高階微分**” や “**高階導関数**” と呼ぶ。

n 階導関数

$$f^{(n)}(x)=y^{(n)}=\frac{d^n y}{dx^n} \quad (n=1,\ 2,\ 3,\ \cdots)$$

（$n \geqq 2$ のとき，これを “高次微分” や “高次導関数” とも呼ぶ。）

（これから，$f'(x)=f^{(1)}(x)$，$f''(x)=f^{(2)}(x)$ などと表してもよい。）

(ex1) $f(x)=x^n$ のとき，$f^{(1)}(x)=nx^{n-1}$，$f^{(2)}(x)=n(n-1)x^{n-2}$，以下同様に，

$f^{(n)}(x)=n(n-1)(n-2)\cdots 3\cdot 2\cdot 1\cdot x^0=n!$　$\therefore\ (x^n)^{(n)}=n!$

(ex2) $(\sin x)^{(n)}=\sin\left(x+\frac{n\pi}{2}\right) \quad (n=1,\ 2,\ 3,\ \cdots)$

(ex3) $(\cos x)^{(n)}=\cos\left(x+\frac{n\pi}{2}\right) \quad (n=1,\ 2,\ 3,\ \cdots)$

2 つの関数の積の高階微分には，次のライプニッツの微分公式が使える。

ライプニッツの微分公式

$$(f\cdot g)^{(n)}={}_nC_0f^{(n)}\cdot g+{}_nC_1f^{(n-1)}\cdot g^{(1)}+{}_nC_2f^{(n-2)}\cdot g^{(2)}+\cdots$$
$$\cdots+{}_nC_{n-1}f^{(1)}\cdot g^{(n-1)}+{}_nC_nf\cdot g^{(n)}$$

（二項定理と似ている。）

2. ロピタルの定理と関数の極限

関数の極限を求めるのに威力を発揮するのが “**ロピタルの定理**” だ。これを証明するのに使われる定理を順次示す。まず初めは，次の“**最大値・最小値の定理**”で，これは自明なこととして扱う。

最大値・最小値の定理

関数 $f(x)$ が，閉区間 $[a,\ b]$ で連続のとき，$f(x)$ が最大値 M をとる x と，最小値 m をとる x が，この区間内にそれぞれ少なくとも 1 つは存在する。

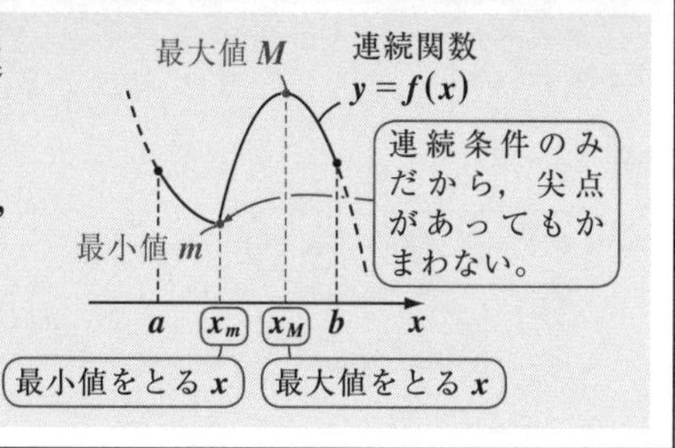

次に，“**ロルの定理**”をグラフと共に示す。

ロルの定理

関数$f(x)$が，閉区間$[a,\ b]$で連続，かつ開区間$(a,\ b)$で微分可能，さらに$f(a)=f(b)$であるとき，

$$f'(c)=0 \quad (a<c<b)$$

をみたすcが，少なくとも1つ存在する。

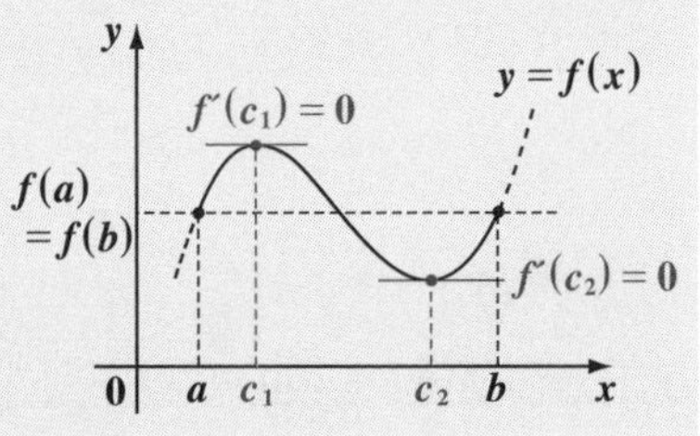

このロルの定理から，次の“**平均値の定理**”が導かれる。

平均値の定理

関数$f(x)$が，閉区間$[a,\ b]$で連続，かつ開区間$(a,\ b)$で微分可能であるとき，

$$\frac{f(b)-f(a)}{b-a}=f'(c) \quad (a<c<b)$$

をみたすcが，少なくとも1つ存在する。

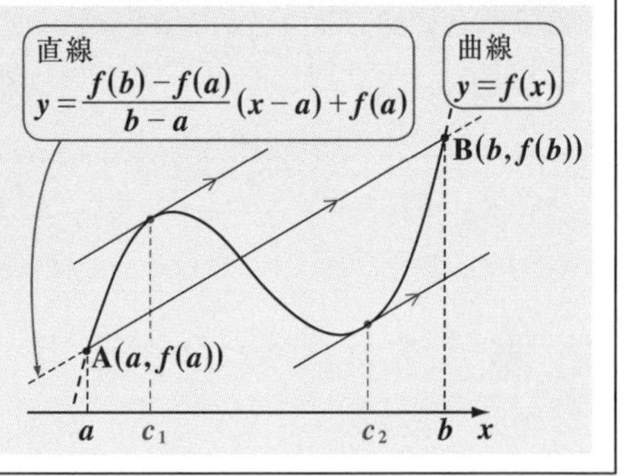

次の“**コーシーの平均値の定理**”も，ロルの定理から証明できる。

コーシーの平均値の定理

2つの関数$f(x)$，$g(x)$が，$[a,\ b]$で連続，$(a,\ b)$で微分可能，さらに$g(x)$が$(a,\ b)$で$g'(x)\neq 0$，かつ$g(a)\neq g(b)$とする。このとき，

$$\frac{f(b)-f(a)}{g(b)-g(a)}=\frac{f'(c)}{g'(c)} \quad (a<c<b)$$

をみたすcが，少なくとも1つ存在する。

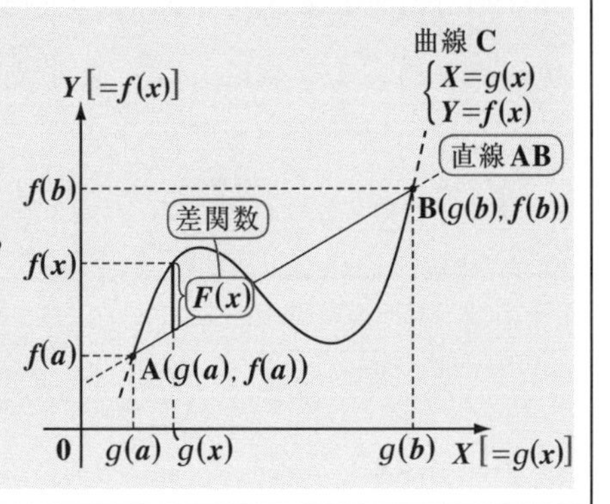

コーシーの平均値の定理を使って，役に立つ "**ロピタルの定理**" が示せる。

ロピタルの定理

(Ⅰ) $f(x)$, $g(x)$ は $x=a$ の近傍で微分可能で，$f(a)=g(a)=0$

とする。このとき，$\displaystyle\lim_{x\to a}\frac{f(x)}{g(x)}=\lim_{x\to a}\frac{f'(x)}{g'(x)}$ が成り立つ。

(Ⅱ) $f(x)$, $g(x)$ は，$x=a$ を除く $x=a$ の近傍で微分可能で，

$\displaystyle\lim_{x\to a}f(x)=\lim_{x\to a}g(x)=\pm\infty$ とする。

このとき，$\displaystyle\lim_{x\to a}\frac{f(x)}{g(x)}=\lim_{x\to a}\frac{f'(x)}{g'(x)}$ が成り立つ。

(ここで，a は，$\pm\infty$ でもかまわない。)

(ex1) $\displaystyle\lim_{x\to 0}\frac{1-\cos x}{x^2}=\lim_{x\to 0}\frac{(1-\cos x)'}{(x^2)'}=\lim_{x\to 0}\frac{1}{2}\frac{\sin x}{x}=\frac{1}{2}$ （$\frac{0}{0}$ の不定形，$\frac{\sin x}{x}\to 1$）

(ex2) $\displaystyle\lim_{x\to\infty}\frac{3x}{e^x}=\lim_{x\to\infty}\frac{(3x)'}{(e^x)'}=\lim_{x\to\infty}\frac{3}{e^x}=0$ （$\frac{\infty}{\infty}$ の不定形，$e^x\to\infty$）

3. 微分法と関数のグラフ

導関数 $f'(x)$ の正・負により，曲線 $y=f(x)$ の増減が分かる。

$f'(x)$ の正・負とグラフの増減

$f(x)$ が区間 (a, b) で微分可能のとき，この区間で，

(ⅰ) $f'(x)>0$ ならば，$f(x)$ は単調に増加する。

(ⅱ) $f'(x)<0$ ならば，$f(x)$ は単調に減少する。

これは，平均値の定理を用いて，次のようにして示せる。(ⅰ) について，
$a<x_1<x_2<b$ をみたす任意の x_1, x_2 をとると，平均値の定理より
$\dfrac{f(x_2)-f(x_1)}{x_2-x_1}=f'(c)$ $(x_1<c<x_2)$ となる c が存在する。（x_2-x_1：⊕，$f'(c)$：⊕）
$\therefore$ $f'(x)>0$ のとき，$f'(c)>0$ より，(左辺の分子)>0 よって，$f(x_2)>f(x_1)$ なので，$f(x)$ は単調に増加する。(ⅱ) も同様にして示せる。

次に，極大値と極小値の定義を示そう。

極大値と極小値

$x=a$ の近傍で連続な関数 $f(x)$ について，

（ⅰ）$f(a)>f(x)$　$(x \neq a)$ が成り立つとき，$f(x)$ は $x=a$ で "**極大である**" といい，$f(a)$ を "**極大値**" という。

（ⅱ）$f(a)<f(x)$　$(x \neq a)$ が成り立つとき，$f(x)$ は $x=a$ で "**極小である**" といい，$f(a)$ を "**極小値**" という。

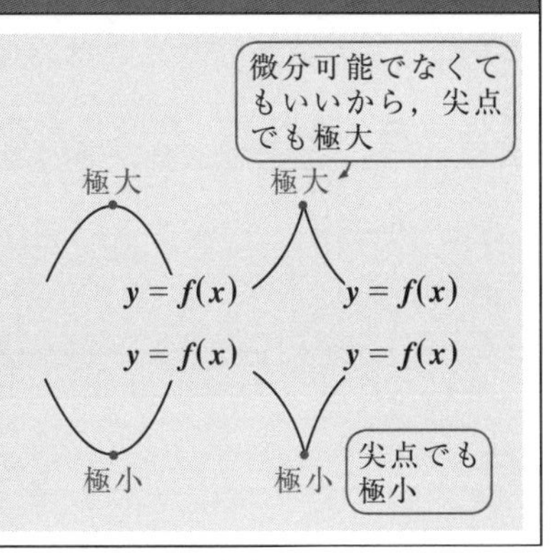

ここで，関数 $y=f(x)$ が微分可能な関数のとき，$y=f(x)$ が

（ⅰ）$x=c$ で極値（極大値または極小値）をとれば，$f'(c)=0$ となるが，

（ⅱ）$f'(c)=0$ だからといって，$x=c$ で極値をとるとは限らないことに注意しよう。

図1　$f'(c)=0$ と極値の関係

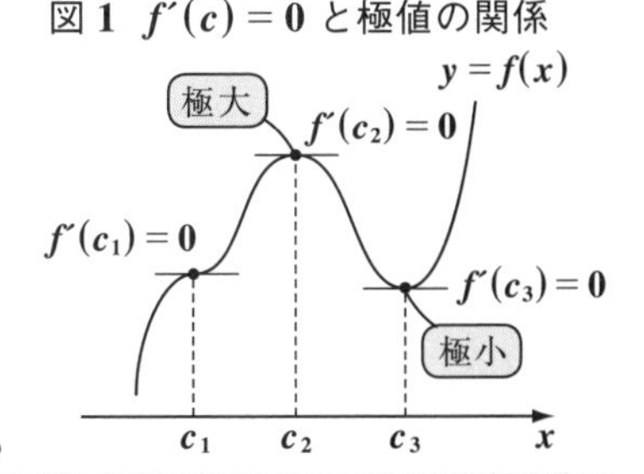

2 階導関数 $f''(x)$ の正・負により，$y=f(x)$ のグラフの凹凸が定まる。これを次に示す。

$f''(x)$ の正負とグラフの凹凸

$f(x)$ が 2 回微分可能な関数のとき

（ⅰ）$f''(x)>0$ のとき，$y=f(x)$ は下に凸なグラフになる。

（ⅱ）$f''(x)<0$ のとき，$y=f(x)$ は上に凸なグラフになる。

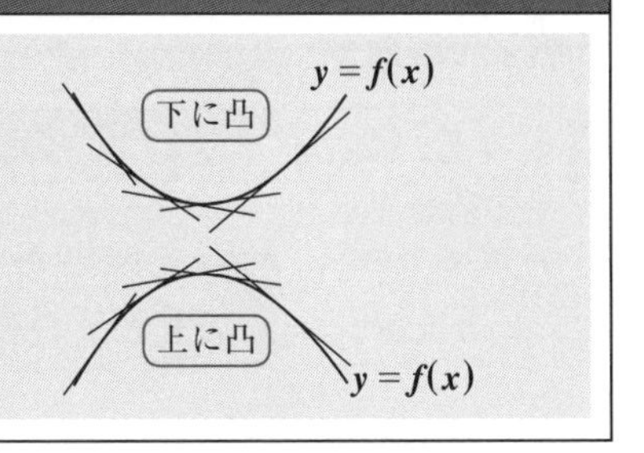

図 2 に示すように，2 回微分可能な関数 $y=f(x)$ について，$f''(c)=0$，かつその前後で $f''(x)$ の符号が変わるとき，点 $(c,\ f(c))$ を境にして凹凸が変化する。この点 $(c,\ f(c))$ を "**変曲点**" と呼ぶ。

図2　$y=f(x)$ の変曲点

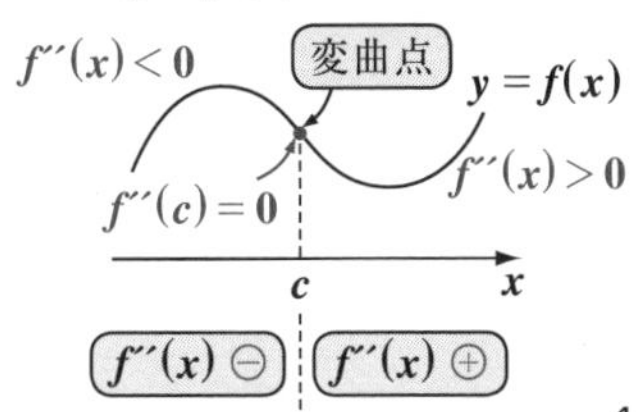

4. テイラー展開・マクローリン展開

与えられた関数$f(x)$を，$a_0+a_1x+a_2x^2+\cdots$の有理整級数で表すことを考える。この級数展開の基になる定理が，次の“**テイラーの定理**”である。

テイラーの定理

関数$f(x)$が，閉区間$[a, b]$で連続，開区間(a, b)において$n+1$回微分可能のとき，あるc $(a<c<b)$が存在して，次式が成り立つ。

$$f(b)=f(a)+\frac{f^{(1)}(a)}{1!}(b-a)+\frac{f^{(2)}(a)}{2!}(b-a)^2+\cdots+\frac{f^{(n)}(a)}{n!}(b-a)^n+R_{n+1}$$

$$\left(\text{ただし，}R_{n+1}=\frac{f^{(n+1)}(c)}{(n+1)!}(b-a)^{n+1}\right)$$

（R_{n+1}：ラグランジュの剰余項）

この最後のR_{n+1}は，左辺の$f(b)$と右辺の$f(a)+\frac{f^{(1)}(a)}{1!}(b-a)+\cdots+\frac{f^{(n)}(a)}{n!}(b-a)^n$との誤差で，“**ラグランジュの剰余項**”という。(このcを，$b-a=h$として，$c=a+\theta h$ $(0<\theta<1)$と書くこともある。)

さらにこのbに変数xを代入して，$n\to\infty$のとき$R_{n+1}\to 0$，すなわち$\lim_{n\to\infty}R_{n+1}=\lim_{n\to\infty}\frac{f^{(n+1)}(c)}{(n+1)!}(x-a)^{n+1}=0$が成り立つならば，$f(x)$を$f(a)$と$\frac{f^{(k)}(a)}{k!}(x-a)^k$ $(k=1, 2, 3, \cdots)$を項にもつ無限級数で表せる。これを“**テイラー展開**”と呼ぶ。

テイラー展開

関数$f(x)$が，$x=a$を含むある区間で何回でも微分可能であり，かつ，$\lim_{n\to\infty}R_{n+1}=0$のとき，$f(x)$は次のように表される。

$$f(x)=f(a)+\frac{f^{(1)}(a)}{1!}(x-a)+\frac{f^{(2)}(a)}{2!}(x-a)^2+\cdots+\frac{f^{(n)}(a)}{n!}(x-a)^n+\cdots$$

そして，テイラー展開のaが$a=0$の特殊な場合を“**マクローリン展開**”と呼ぶ。

マクローリン展開

関数 $f(x)$ が，$x=0$ を含むある区間で何回でも微分可能であり，かつ，$\lim_{n\to\infty} R_{n+1}=0$ のとき，$f(x)$ は次のように表される。

$$f(x)=f(0)+\frac{f^{(1)}(0)}{1!}x+\frac{f^{(2)}(0)}{2!}x^2+\cdots+\frac{f^{(n)}(0)}{n!}x^n+\cdots$$

マクローリン展開が可能なのは，ラグランジュの剰余項 R_{n+1} が，$\lim_{n\to\infty} R_{n+1}=0$ のときに限る。そして，これが成り立つ x のとり得る値の範囲は，$|x|<R$ であり，この R を“**ダランベールの収束半径**”と呼ぶ。収束半径 R は，$a_n=\frac{f^{(n)}(0)}{n!}$ とおくと，$R=\lim_{n\to\infty}\left|\frac{a_n}{a_{n+1}}\right|$ で計算される。以下にマクローリン展開の例を示す。

(ex1) $e^x=1+\frac{1}{1!}x+\frac{1}{2!}x^2+\frac{1}{3!}x^3+\cdots+\frac{1}{n!}x^n+\cdots$ ……① $(-\infty<x<\infty)$

（$f^{(1)}(0)$，$f^{(2)}(0)$，$f^{(3)}(0)$，$a_n=\frac{f^{(n)}(0)}{n!}$）

収束半径 $R=\lim_{n\to\infty}\left|\frac{a_n}{a_{n+1}}\right|=\lim_{n\to\infty}\frac{\frac{1}{n!}}{\frac{1}{(n+1)!}}=\lim_{n\to\infty}(n+1)=\infty$

(ex2) $\sin x=\frac{1}{1!}x-\frac{1}{3!}x^3+\frac{1}{5!}x^5-\cdots+\frac{(-1)^{n-1}}{(2n-1)!}x^{2n-1}+\cdots$ ……② $(-\infty<x<\infty)$

（b_n）

収束半径 R は，

$R^2=\lim_{n\to\infty}\left|\frac{b_n}{b_{n+1}}\right|=\lim_{n\to\infty}\left|\frac{\frac{(-1)^{n-1}}{(2n-1)!}}{\frac{(-1)^n}{(2n+1)!}}\right|=\lim_{n\to\infty}(2n+1)\cdot 2n=\infty$ より，$R=\infty$

注意

$\sum_{n=1}^{\infty} b_n x^{2n-1}=b_1x+b_2x^3+b_3x^5+\cdots$ のように，規則的に項が抜けていても，同様に $R^2=\lim_{n\to\infty}\left|\frac{b_n}{b_{n+1}}\right|$ となる。

（x^1，x^3，x^5，…と1つおきだ！）

（1つおきなら R^2，2つおきなら R^3 が求まる！）

演習問題 30　● 指数・対数関数の極限(Ⅰ) ●

次の関数の極限を求めよ。

(1) $\displaystyle\lim_{x\to+0} x^{\frac{1}{x}}$　　(2) $\displaystyle\lim_{x\to 0}\frac{4^x-2^x}{x}$　　(3) $\displaystyle\lim_{x\to 0}(1+x+3x^2)^{\frac{1}{x}}$

ヒント！ (1) $x^{\frac{1}{x}}=e^{\log x^{\frac{1}{x}}}=e^{\frac{1}{x}\log x}$ と変形する。(2) も同様に変形する。(3) は，指数 $\dfrac{1}{x}=\dfrac{1+3x}{x(1+3x)}=\dfrac{1}{x+3x^2}(1+3x)$ と変形する。

解答＆解説

(1) $\displaystyle\lim_{x\to+0}x^{\frac{1}{x}}=\lim_{x\to+0}e^{\log x^{\frac{1}{x}}}$ ← $a=e^{\log a}$

$\displaystyle=\lim_{x\to+0}e^{\frac{1}{x}\log x}$

$\displaystyle=\lim_{x\to+0}e^{\frac{\log x}{x}}=0$ …(答)　（$\log x\to-\infty$，$x\to+0$ より $\frac{\log x}{x}\to-\infty$）

$Y=e^X$
Y
X
1
0
+0
−∞

(2) $\displaystyle\lim_{x\to 0}\frac{4^x-2^x}{x}=\lim_{x\to 0}\frac{e^{\log 4^x}-e^{\log 2^x}}{x}$

$\displaystyle=\lim_{x\to 0}\frac{e^{x\log 4}-e^{x\log 2}}{x}=\lim_{x\to 0}\frac{e^{x\log 4}-1-(e^{x\log 2}-1)}{x}$

$\displaystyle=\lim_{\substack{x\to 0\\ (t\to 0)\\ (u\to 0)}}\left(\frac{e^{x\log 4}-1}{x\log 4}\cdot\log 4-\frac{e^{x\log 2}-1}{x\log 2}\cdot\log 2\right)$　（$x\log 4=t$，$x\log 2=u$，各分数 $\to 1$）

公式：$\displaystyle\lim_{t\to 0}\frac{e^t-1}{t}=1$

$\displaystyle=1\cdot\log 4-1\cdot\log 2=\log\frac{4}{2}=\log 2$ ……………………………(答)

(3) $\displaystyle\lim_{x\to 0}(1+x+3x^2)^{\frac{1}{x}}=\lim_{x\to 0}(1+x+3x^2)^{\frac{1+3x}{x(1+3x)}}$

公式：$\displaystyle\lim_{t\to 0}(1+t)^{\frac{1}{t}}=e$

$\displaystyle=\lim_{\substack{x\to 0\\ (t\to 0)}}\left\{(1+x+3x^2)^{\frac{1}{x+3x^2}}\right\}^{1+3x}=e$ ……………………………(答)　（$x+3x^2=t$，$\{\ \}\to e$，$1+3x\to 1$）

演習問題 31　● 指数・対数関数の極限（Ⅱ）●

次の関数の極限を求めよ。

(1) $\displaystyle\lim_{x\to 0}\frac{e^{3x}-e^{2x}}{x}$　　　(2) $\displaystyle\lim_{x\to\infty}x\left(2^{\frac{1}{x}}-1\right)$

ヒント！ (1) $\dfrac{e^{3x}-e^{2x}}{x}=\dfrac{e^{3x}-1-(e^{2x}-1)}{x}$ と変形する。(2) $2^{\frac{1}{x}}-1=t$ とおく。

解答＆解説

(1) $\displaystyle\lim_{x\to 0}\frac{e^{3x}-e^{2x}}{x}=\lim_{x\to 0}\frac{e^{3x}-1-(e^{2x}-1)}{x}$

$\displaystyle=\lim_{\substack{x\to 0\\(t\to 0,\ u\to 0)}}\left(\frac{e^{3x}-1}{3x}\cdot\text{(ア)}\boxed{}-\frac{e^{2x}-1}{2x}\cdot\text{(イ)}\boxed{}\right)$　（$3x=t$，$2x=u$，$\dfrac{e^{t}-1}{t}\to 1$，$\dfrac{e^{u}-1}{u}\to 1$）

公式：$\displaystyle\lim_{t\to 0}\frac{e^{t}-1}{t}=1$

$=1\cdot 3-1\cdot 2=1$ ……………………………………………………(答)

(2) $2^{\frac{1}{x}}-1=t$ とおくと，

$2^{\frac{1}{x}}=1+t$　　この両辺の自然対数をとって，

$\log 2^{\frac{1}{x}}=\log(1+t)$，　　$\dfrac{1}{x}\log 2=\log(1+t)$

$\therefore\ x=$ (ウ) $\boxed{}$

また，$x\to\infty$ のとき，$t=2^{\frac{1}{x}}-1\to$ (エ) $\boxed{}$　（$\frac{1}{x}\to 0$）

$\displaystyle\therefore\ \lim_{x\to\infty}x\left(2^{\frac{1}{x}}-1\right)=\lim_{t\to 0}\frac{\log 2}{\log(1+t)}\cdot t$

公式：$\displaystyle\lim_{t\to 0}\frac{\log(1+t)}{t}=1$

$\displaystyle=\lim_{t\to 0}\frac{\log 2}{\dfrac{\log(1+t)}{t}}=\log 2$ ……………………………………(答)　（$\dfrac{\log(1+t)}{t}\to 1$）

解答　(ア) 3　(イ) 2　(ウ) $\dfrac{\log 2}{\log(1+t)}$　(エ) 0

演習問題 32　●微分係数の定義(Ⅰ)●

関数 $f(x)=\begin{cases} x\cdot\tanh\frac{1}{x} & (x\neq 0 \text{ のとき}) \\ 0 & (x=0 \text{ のとき}) \end{cases}$ について，右側微分係数 $f_+'(0)=\lim_{h\to+0}\frac{f(0+h)-f(0)}{h}$ と左側微分係数 $f_-'(0)=\lim_{h\to-0}\frac{f(0+h)-f(0)}{h}$ が一致しないことを示すことにより，$f(x)$ が $x=0$ で微分不能であることを示せ。

ヒント！ 連続な関数 $f(x)$ について，微分係数 $f'(0)$ が定まるのは，右側微分係数 $f_+'(0)=\lim_{h\to+0}\frac{f(0+h)-f(0)}{h}$ と左側微分係数 $f_-'(0)=\lim_{h\to-0}\frac{f(0+h)-f(0)}{h}$ が一致するときに限る。このとき，$f(x)$ は $x=0$ で微分可能といい，$f_+'(0)\neq f_-'(0)$ のとき，微分不能というんだね。

解答＆解説

(i) $f_+'(0)=\lim_{h\to+0}\frac{f(0+h)-f(0)}{h}=\lim_{h\to+0}\frac{f(h)}{h}$　（$f(0)=0$，$f(h)=h\cdot\tanh\frac{1}{h}$）

$=\lim_{h\to+0}\frac{h\cdot\tanh\frac{1}{h}}{h}=\lim_{h\to+0}\tanh\frac{1}{h}$　（$\tanh x=\frac{e^x-e^{-x}}{e^x+e^{-x}}$）

$=\lim_{h\to+0}\frac{e^{\frac{1}{h}}-e^{-\frac{1}{h}}}{e^{\frac{1}{h}}+e^{-\frac{1}{h}}}$　（$\frac{\infty}{\infty}$ の不定形）

$=\lim_{h\to+0}\frac{1-\frac{e^{-\frac{1}{h}}}{e^{\frac{1}{h}}}}{1+\frac{e^{-\frac{1}{h}}}{e^{\frac{1}{h}}}}=\lim_{h\to+0}\frac{1-e^{-\frac{2}{h}}}{1+e^{-\frac{2}{h}}}=1$

(ii) $f_-'(0)=\lim_{h\to-0}\frac{f(0+h)-f(0)}{h}=\lim_{h\to-0}\frac{f(h)}{h}=\lim_{h\to-0}\tanh\frac{1}{h}$

$=\lim_{h\to-0}\frac{e^{\frac{1}{h}}-e^{-\frac{1}{h}}}{e^{\frac{1}{h}}+e^{-\frac{1}{h}}}$　（$\frac{-\infty}{\infty}$ の不定形）$=\lim_{h\to-0}\frac{e^{\frac{2}{h}}-1}{e^{\frac{2}{h}}+1}$　（分子・分母に $e^{\frac{1}{h}}$ をかけた。）

$=\frac{-1}{1}=-1$

以上(i)(ii)より，$f_+'(0)\neq f_-'(0)$ だから，$f(x)$ は $x=0$ で微分不能である。

…(終)

演習問題 33　● 微分係数の定義（Ⅱ）●

関数 $f(x)=\begin{cases} x\cdot\tan^{-1}\dfrac{1}{x} & (x\neq 0 \text{ のとき}) \\ 0 & (x=0 \text{ のとき}) \end{cases}$ について，$f_+'(0)\neq f_-'(0)$ を示すことにより，$f(x)$ が $x=0$ で微分不能であることを示せ。

ヒント！ 右側・左側微分係数の定義式に従って，$f_+'(0)\neq f_-'(0)$ を示す。

解答＆解説

（ⅰ）$f_+'(0)=\displaystyle\lim_{h\to+0}\frac{f(0+h)-f(0)}{h}=\lim_{h\to+0}$ (ア)　　　（$f(0)=0$）

$=\displaystyle\lim_{h\to+0}\frac{h\cdot\tan^{-1}\frac{1}{h}}{h}=\lim_{h\to+0}\tan^{-1}\frac{1}{h}$　　（$\frac{1}{h}\to\infty$，$\tan^{-1}\frac{1}{h}\to\frac{\pi}{2}$）

$=$ (イ)

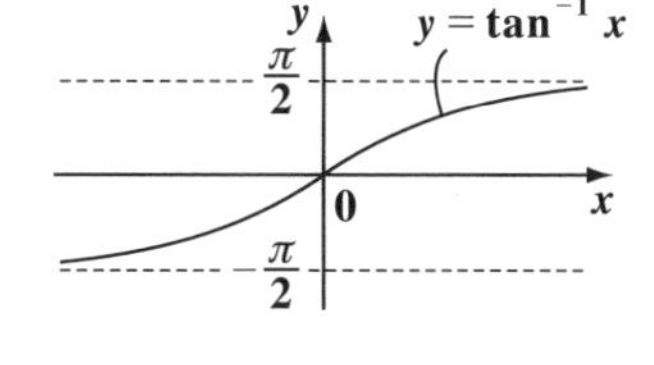

（ⅱ）$f_-'(0)=\displaystyle\lim_{h\to-0}\frac{f(0+h)-f(0)}{h}=\lim_{h\to-0}\frac{f(h)}{h}$　　　（$f(0)=0$）

$=\displaystyle\lim_{h\to-0}\frac{h\cdot\tan^{-1}\frac{1}{h}}{h}=\lim_{h\to-0}\tan^{-1}\frac{1}{h}$　　（$\frac{1}{h}\to-\infty$，$\tan^{-1}\frac{1}{h}\to-\frac{\pi}{2}$）

$=$ (ウ)

以上（ⅰ）（ⅱ）より，$f_+'(0)\neq f_-'(0)$ だから，$f(x)$ は $x=0$ で (エ) である。 ……………………（終）

解答　(ア) $\dfrac{f(h)}{h}$　　(イ) $\dfrac{\pi}{2}$　　(ウ) $-\dfrac{\pi}{2}$　　(エ) 微分不能

演習問題 34 ● 双曲線関数の微分 ●

次の関数を微分せよ。

(1) $\cosh x$ **(2)** $\sinh x$ **(3)** $\tanh x$

ヒント！ 双曲線関数の定義より，(1) $\cosh x = \frac{e^x + e^{-x}}{2}$，(2) $\sinh x = \frac{e^x - e^{-x}}{2}$，(3) $\tanh x = \frac{e^x - e^{-x}}{e^x + e^{-x}}\left[= \frac{\sinh x}{\cosh x}\right]$ だね。

解答＆解説

(1) $(\cosh x)' = \left(\frac{e^x + e^{-x}}{2}\right)' = \frac{1}{2}\{(e^x)' + (e^{-x})'\}$

（$-x = t$ とおくと，合成関数の微分，$e^{-x} = y$）

$$= \frac{1}{2}\{e^x + e^{-x}\cdot(-1)\} = \frac{e^x - e^{-x}}{2} = \sinh x$$

（$e^{-x} = \frac{dy}{dt}$，$-1 = \frac{dt}{dx}$）

$\therefore (\cosh x)' = \sinh x$ ……………………………………(答)

(2) $(\sinh x)' = \left(\frac{e^x - e^{-x}}{2}\right)' = \frac{1}{2}\{(e^x)' - (e^{-x})'\}$

$$= \frac{1}{2}\{e^x - e^{-x}\cdot(-1)\} = \frac{e^x + e^{-x}}{2} = \cosh x$$

$\therefore (\sinh x)' = \cosh x$ ……………………………………(答)

(3) $\tanh x = \frac{e^x - e^{-x}}{e^x + e^{-x}} = \frac{\frac{e^x - e^{-x}}{2}}{\frac{e^x + e^{-x}}{2}} = \frac{\sinh x}{\cosh x}$

（分母・分子を2で割った！ 分子 $= \sinh x$，分母 $= \cosh x$）

公式：$\left(\frac{f}{g}\right)' = \frac{f'\cdot g - f\cdot g'}{g^2}$

$\therefore (\tanh x)' = \left(\frac{\sinh x}{\cosh x}\right)' = \frac{(\sinh x)'\cdot\cosh x - \sinh x\cdot(\cosh x)'}{\cosh^2 x}$

（$(\sinh x)' = \cosh x$，$(\cosh x)' = \sinh x$）

$$= \frac{\cosh^2 x - \sinh^2 x}{\cosh^2 x} = \frac{1}{\cosh^2 x}$$

（公式：$\cosh^2 x - \sinh^2 x = 1$ (演習問題18 (P29)参照)）

$\therefore (\tanh x)' = \frac{1}{\cosh^2 x}$ ……………………………………(答)

演習問題 35 ● 微分計算(Ⅰ)●

次の関数を微分せよ。

(1) $(x^2+3x)\cdot\log 5x$　　(2) $\sin^{-1}6x$

(3) $\sinh^{-1}x$　　(4) $\sinh^{-1}3x$

ヒント! (1) は2つの関数の積の微分。(2) 逆三角関数の合成関数の微分。(3) $\sinh^{-1}x=\log\left(x+\sqrt{x^2+1}\right)$ に合成関数の微分を使う。(4) (3) の結果を使う。

解答&解説

公式:$(f\cdot g)'=f'\cdot g+f\cdot g'$

(1) $\{(x^2+3x)\cdot\log 5x\}'=(x^2+3x)'\cdot\log 5x+(x^2+3x)\cdot(\log 5x)'$

$$=(2x+3)\cdot\log 5x+(x^2+3x)\cdot\frac{5}{5x}=(2x+3)\cdot\log 5x+x+3\ \cdots\text{(答)}$$

(2) $(\sin^{-1}6x)'=\dfrac{1}{\sqrt{1-(6x)^2}}\cdot(6x)'=\dfrac{6}{\sqrt{1-36x^2}}$ ……(答)

$y=\sin^{-1}t$, $t=6x$ とおいて, $\dfrac{dy}{dx}=\dfrac{dy}{dt}\cdot\dfrac{dt}{dx}$ となる。

公式:$(\sin^{-1}t)'=\dfrac{1}{\sqrt{1-t^2}}$

(3) $\sinh^{-1}x=\log\left(x+\sqrt{x^2+1}\right)$ より,

$$(\sinh^{-1}x)'=\left\{\log\left(x+\sqrt{x^2+1}\right)\right\}'$$

$$=\frac{\left(x+\sqrt{x^2+1}\right)'}{x+\sqrt{x^2+1}}$$

公式:$(\log f)'=\dfrac{f'}{f}$ を使った。

$$=\frac{1+\frac{1}{2}(x^2+1)^{-\frac{1}{2}}\cdot 2x}{x+\sqrt{x^2+1}}$$

$$=\frac{\sqrt{x^2+1}+x}{\sqrt{x^2+1}\left(x+\sqrt{x^2+1}\right)}$$

分子・分母に $\sqrt{x^2+1}$ をかけた。

$\therefore\ (\sinh^{-1}x)'=\dfrac{1}{\sqrt{x^2+1}}$ ………(答)

公式として覚えよう。

(4) (3) より, $(\sinh^{-1}x)'=\dfrac{1}{\sqrt{x^2+1}}$ だから,

$(\sinh^{-1}3x)'=\dfrac{1}{\sqrt{(3x)^2+1}}(3x)'=\dfrac{3}{\sqrt{9x^2+1}}$ ……(答)

演習問題 36　●微分計算(Ⅱ)●

次の関数を微分せよ。

(1) $x^4\log_a 2x$　　(2) $\tan(\sin x)$

(3) $\cos^{-1}3x$　　(4) $\cosh^{-1}x\ \ (x>1)$

ヒント！ (1) 2つの関数の積の微分。(2) 合成関数の微分。(3) 逆三角関数の合成関数の微分。(4) $\cosh^{-1}x=\log\left(x+\sqrt{x^2-1}\right)\ (x>1)$ の微分。

解答＆解説

公式：$(fg)'=f'g+fg'$

(1) $(x^4\cdot\log_a 2x)'=(x^4)'\cdot\log_a 2x+x^4\cdot(\log_a 2x)'$

$$=4x^3\cdot\log_a 2x+x^4\cdot\frac{2}{2x\log a}=x^3\left(4\log_a 2x+\frac{1}{\log a}\right)\ \cdots\cdots(答)$$

(2) $$\{\tan(\sin x)\}'=\frac{1}{\cos^2(\sin x)}\cdot(\sin x)'=\frac{\cos x}{\cos^2(\sin x)}\ \cdots\cdots(答)$$

$y=\tan t$, $t=\sin x$ とおいて, $\dfrac{dy}{dx}=\dfrac{dy}{dt}\cdot\dfrac{dt}{dx}$ となる。

(3) $$(\cos^{-1}3x)'=-\frac{1}{\sqrt{1-(3x)^2}}\cdot(3x)'$$

公式：$(\cos^{-1}t)'=-\dfrac{1}{\sqrt{1-t^2}}$

$$=-\frac{3}{\sqrt{1-9x^2}}\ \cdots\cdots(答)$$

(4) $\cosh^{-1}x=\log\left(x+\sqrt{x^2-1}\right)\ \ (x>1)$ より，

演習問題19 (P30)参照

$$(\cosh^{-1}x)'=\left\{\log\left(x+\sqrt{x^2-1}\right)\right\}'$$

$$=\frac{\left\{x+(x^2-1)^{\frac{1}{2}}\right\}'}{x+\sqrt{x^2-1}}$$

$(\log f)'=\dfrac{f'}{f}\ (f>0)$ を使った。

$$=\frac{1+\frac{1}{2}(x^2-1)^{-\frac{1}{2}}\cdot 2x}{x+\sqrt{x^2-1}}$$

$$=\frac{\sqrt{x^2-1}+x}{\left(x+\sqrt{x^2-1}\right)\sqrt{x^2-1}}$$

分母・分子に $\sqrt{x^2-1}$ をかけた。

$$\therefore\ (\cosh^{-1}x)'=\frac{1}{\sqrt{x^2-1}}\ \cdots\cdots(答)$$

公式として覚えよう。

演習問題 37 ● 微分計算（Ⅲ）●

次の関数を微分せよ。

(1) x^2a^{-3x}　　(2) $\tan^{-1}e^x$

(3) $\tanh^{-1}x$　　(4) $\tanh^{-1}2x$ $\left(-\frac{1}{2}<x<\frac{1}{2}\right)$

ヒント！ (3) $\tanh^{-1}x=\frac{1}{2}\{\log(1+x)-\log(1-x)\}$ $(-1<x<1)$ だね。

解答＆解説

(1) $(x^2\cdot a^{-3x})'=(x^2)'\cdot a^{-3x}+x^2\cdot(a^{-3x})'$ ←公式：$(fg)'=f'g+fg'$

$=$ (ア) $=x(2-3x\cdot\log a)a^{-3x}$ ………（答）

(2) $(\tan^{-1}e^x)'=\frac{1}{1+(e^x)^2}\cdot(e^x)'=$ (イ) ……………………………（答）

$y=\tan^{-1}t$，$t=e^x$ とおいて，$\frac{dy}{dx}=\frac{dy}{dt}\cdot\frac{dt}{dx}$　　公式：$(\tan^{-1}t)'=\frac{1}{1+t^2}$

(3) $\tanh^{-1}x=\frac{1}{2}\{\log(1+x)-\log(1-x)\}$ $(-1<x<1)$ より，

$(\tanh^{-1}x)'=\frac{1}{2}\{\log(1+x)-\log(1-x)\}'$

$=$ (ウ)

$=\frac{1}{2}\cdot\frac{1-x+1+x}{(1+x)(1-x)}$

$\therefore(\tanh^{-1}x)'=\frac{1}{1-x^2}$ ……………………（答）←公式として覚えよう。

(4) $(\tanh^{-1}x)'=\frac{1}{1-x^2}$ より，$(\tanh^{-1}2x)'=\frac{1}{1-(2x)^2}\cdot(2x)'=$ (エ)

解答　(ア) $2x\cdot a^{-3x}+x^2\cdot a^{-3x}\cdot\log a\cdot(-3)$　　(イ) $\frac{e^x}{1+e^{2x}}$

(ウ) $\frac{1}{2}\left(\frac{1}{1+x}-\frac{-1}{1-x}\right)$ $\left(または，\frac{1}{2}\left(\frac{1}{1+x}+\frac{1}{1-x}\right)\right)$　　(エ) $\frac{2}{1-4x^2}$

演習問題 38 ● 微分計算 (Ⅳ) ●

次の関数を微分せよ。

(1) $2x\sin^{-1}2x+\sqrt{1-4x^2}$　(2) $\dfrac{x}{\sqrt{1-x^2}}\cos^{-1}x-\log\sqrt{1-x^2}$

(3) $\tan^{-1}\left(2\tan\dfrac{x}{3}\right)$　(4) $\tan^{-1}\left(\dfrac{\sin x+3\cos x}{\cos x-3\sin x}\right)$

ヒント！ (1)(2) 2 つの関数の積の微分。(3)(4) 合成関数の微分。

解答＆解説

tとおくと合成関数の微分

(1) $(2x\sin^{-1}2x+\sqrt{1-4x^2})'=(2x\sin^{-1}2x)'+\left\{(\underline{1-4x^2})^{\frac{1}{2}}\right\}'$

$$=(2x)'\cdot\sin^{-1}2x+2x\cdot(\sin^{-1}2x)'+\frac{1}{2}(1-4x^2)^{-\frac{1}{2}}\cdot(-8x)$$

$\left(\dfrac{dy}{dt}\right)$　$\left(\dfrac{dt}{dx}\right)$

$$=2\sin^{-1}2x+2x\cdot\frac{1}{\sqrt{1-(2x)^2}}\cdot(2x)'-\frac{4x}{\sqrt{1-4x^2}}$$

$y=\sin^{-1}t$, $t=2x$とおいて, $\dfrac{dy}{dx}=\dfrac{dy}{dt}\cdot\dfrac{dt}{dx}$となる。

$$=2\sin^{-1}2x+\frac{4x}{\sqrt{1-4x^2}}-\frac{4x}{\sqrt{1-4x^2}}=2\sin^{-1}2x$$ ……………………(答)

(2) $\left(\dfrac{x}{\sqrt{1-x^2}}\cos^{-1}x-\log\sqrt{1-x^2}\right)'=\left(\dfrac{x}{\sqrt{1-x^2}}\cos^{-1}x\right)'-(\log\sqrt{1-x^2})'$

$$=\left(\frac{x}{\sqrt{1-x^2}}\right)'\cdot\cos^{-1}x+\frac{x}{\sqrt{1-x^2}}\cdot(\cos^{-1}x)'-\frac{(\sqrt{1-x^2})'}{\sqrt{1-x^2}}$$

$\dfrac{1\cdot\sqrt{1-x^2}-x\cdot\frac{1}{2}(1-x^2)^{-\frac{1}{2}}\cdot(-2x)}{(\sqrt{1-x^2})^2}$　$-\dfrac{1}{\sqrt{1-x^2}}$ (公式)　$\dfrac{\frac{1}{2}(1-x^2)^{-\frac{1}{2}}\cdot(-2x)}{\sqrt{1-x^2}}$

$$=\frac{(1-x^2)+x^2}{(1-x^2)\sqrt{1-x^2}}\cdot\cos^{-1}x-\frac{x}{1-x^2}+\frac{x}{1-x^2}=\frac{\cos^{-1}x}{(1-x^2)\sqrt{1-x^2}}$$

……(答)

(3) $\left\{\tan^{-1}\left(2\tan\dfrac{x}{3}\right)\right\}' = \dfrac{1}{1+\left(2\tan\dfrac{x}{3}\right)^2}\cdot\left(2\tan\dfrac{x}{3}\right)'$ ← 公式：$(\tan^{-1}t)' = \dfrac{1}{1+t^2}$

$y = \tan^{-1}t$，$t = 2\tan\dfrac{x}{3}$ とおいて，$\dfrac{dy}{dx} = \dfrac{dy}{dt}\cdot\dfrac{dt}{dx}$ となる。

$$= \frac{1}{1+4\tan^2\dfrac{x}{3}}\cdot 2\cdot\frac{1}{\cos^2\dfrac{x}{3}}\cdot\left(\frac{x}{3}\right)'$$

$\tan^2\dfrac{x}{3} = \dfrac{1}{\cos^2\dfrac{x}{3}} - 1$

$y = \tan t$，$t = \dfrac{x}{3}$ とおいて，$\dfrac{dy}{dx} = \dfrac{dy}{dt}\cdot\dfrac{dt}{dx}$

$$= \frac{2}{3}\cdot\frac{1}{1+4\left(\dfrac{1}{\cos^2\dfrac{x}{3}}-1\right)}\cdot\frac{1}{\cos^2\dfrac{x}{3}}$$

$$= \frac{2}{3}\cdot\frac{1}{\cos^2\dfrac{x}{3}+4\left(1-\cos^2\dfrac{x}{3}\right)}$$

$$= \frac{2}{3}\cdot\frac{1}{4-3\cos^2\dfrac{x}{3}} = \frac{2}{12-9\cos^2\dfrac{x}{3}}$$ ……………………………(答)

公式：$(\tan^{-1}t)' = \dfrac{1}{1+t^2}$

(4) $\left\{\tan^{-1}\left(\dfrac{\sin x+3\cos x}{\cos x-3\sin x}\right)\right\}' = \dfrac{1}{1+\left(\dfrac{\sin x+3\cos x}{\cos x-3\sin x}\right)^2}\cdot\left(\dfrac{\sin x+3\cos x}{\cos x-3\sin x}\right)'$

$y = \tan^{-1}t$，$t = \dfrac{\sin x+3\cos x}{\cos x-3\sin x}$ とおいて，$\dfrac{dy}{dx} = \dfrac{dy}{dt}\cdot\dfrac{dt}{dx}$ となる。

$$= \frac{(\cos x-3\sin x)^2}{(\cos x-3\sin x)^2+(\sin x+3\cos x)^2}\cdot\frac{(\sin x+3\cos x)'(\cos x-3\sin x)-(\sin x+3\cos x)(\cos x-3\sin x)'}{(\cos x-3\sin x)^2}$$

$$= \frac{(\cos x-3\sin x)(\cos x-3\sin x)-(\sin x+3\cos x)(-\sin x-3\cos x)}{(\cos x-3\sin x)^2+(\sin x+3\cos x)^2}$$

$$= \frac{(\cos x-3\sin x)^2+(\sin x+3\cos x)^2}{(\cos x-3\sin x)^2+(\sin x+3\cos x)^2}$$

$= 1$ ……………………………………………………(答)

演習問題 39　●微分計算(Ⅴ)●

次の関数を微分せよ。

(1) $\cos^{-1}\dfrac{3}{x}$ $(x<-3,\ 3<x)$　　(2) $\sin^{-1}\sqrt{1-4x^2}$

(3) $\log\dfrac{\sqrt{x+3}-\sqrt{x}}{\sqrt{x+3}+\sqrt{x}}$

ヒント！ いずれも合成関数の微分の問題。

解答＆解説

(1) $\left(\cos^{-1}\dfrac{3}{x}\right)' =$ (ア) $\cdot \left(\dfrac{3}{x}\right)'$ 　← 公式：$(\cos^{-1}t)' = -\dfrac{1}{\sqrt{1-t^2}}$

$\left(\dfrac{3}{x}\right)' = (3\cdot x^{-1})'$

$y=\cos^{-1}t$, $t=\dfrac{3}{x}$ とおいて，$\dfrac{dy}{dx}=\dfrac{dy}{dt}\cdot\dfrac{dt}{dx}$ となる。

$$= -\frac{1}{\sqrt{1-\frac{9}{x^2}}}\cdot 3\cdot(-1)\cdot x^{-2}$$

$$= \frac{3}{x^2}\cdot\frac{1}{\sqrt{\frac{x^2-9}{x^2}}} = \frac{3}{x^2}\cdot\frac{1}{\frac{\sqrt{x^2-9}}{\sqrt{x^2}}}$$

$\sqrt{x^2} = |x|$

$$= \frac{3}{x^2}\cdot\frac{|x|}{\sqrt{x^2-9}} = \text{(イ)}\quad \cdots\cdots\text{(答)}$$

$x^2 = |x|^2$

(2) $(\sin^{-1}\sqrt{1-4x^2})' =$ (ウ) $\cdot \left\{(1-4x^2)^{\frac{1}{2}}\right\}'$ 　← 公式：$(\sin^{-1}t)' = \dfrac{1}{\sqrt{1-t^2}}$

$y=\sin^{-1}t$, $t=\sqrt{1-4x^2}$ とおいて，$\dfrac{dy}{dx}=\dfrac{dy}{dt}\cdot\dfrac{dt}{dx}$ となる。

$$= \frac{1}{\sqrt{1-(1-4x^2)}}\cdot\frac{1}{2}(1-4x^2)^{-\frac{1}{2}}\cdot(1-4x^2)'$$

$y=t^{\frac{1}{2}}$, $t=1-4x^2$ とおいて，$\dfrac{dy}{dx}=\dfrac{dy}{dt}\cdot\dfrac{dt}{dx}$ となる。

$$= \frac{1}{\sqrt{4x^2}} \cdot \frac{1}{\cancel{2}\sqrt{1-4x^2}} \cdot (-\overset{4}{\cancel{8}}x) = \frac{-4x}{2|x|\sqrt{1-4x^2}}$$

$2\sqrt{x^2} = 2|x|$

$= $ (エ) ……………………………………………………（答）

(3) $y = \log \dfrac{\sqrt{x+3} - \sqrt{x}}{\sqrt{x+3} + \sqrt{x}}$ とおくと，真数部分を変形して，

$$y = \log \frac{(\sqrt{x+3} - \sqrt{x})(\sqrt{x+3} - \sqrt{x})}{(\sqrt{x+3} + \sqrt{x})(\sqrt{x+3} - \sqrt{x})} = \log \frac{(\sqrt{x+3} - \sqrt{x})^2}{(\sqrt{x+3})^2 - (\sqrt{x})^2}$$

$(x+3) - x = 3$

$$= \log \frac{(\sqrt{x+3} - \sqrt{x})^2}{3}$$

$$= \log (\sqrt{x+3} - \sqrt{x})^2 - \log 3$$

$$= 2\log (\sqrt{x+3} - \sqrt{x}) - \log 3$$

$$\therefore y' = 2\{\log (\sqrt{x+3} - \sqrt{x})\}' - \overset{0}{\cancel{(\log 3)'}}$$

$$= 2 \cdot \text{(オ)} \cdot \left\{(x+3)^{\frac{1}{2}} - x^{\frac{1}{2}}\right\}'$$ ← 公式：$(\log f)' = \dfrac{f'}{f}$ より

$y = \log t$，$t = \sqrt{x+3} - \sqrt{x}$ とおいて，$\dfrac{dy}{dx} = \dfrac{dy}{dt} \cdot \dfrac{dt}{dx}$ となる。

$$= \frac{\cancel{2}}{\sqrt{x+3} - \sqrt{x}} \left(\frac{1}{\cancel{2}} \cdot \frac{1}{\sqrt{x+3}} - \frac{1}{\cancel{2}} \cdot \frac{1}{\sqrt{x}} \right)$$

$-(\sqrt{x+3} - \sqrt{x})$

$$= \frac{1}{\cancel{\sqrt{x+3} - \sqrt{x}}} \cdot \frac{\sqrt{x} - \sqrt{x+3}}{\sqrt{x+3} \cdot \sqrt{x}} = \text{(カ)}$$ …………（答）

解答
(ア) $-\dfrac{1}{\sqrt{1 - \left(\frac{3}{x}\right)^2}}$　(イ) $\dfrac{3}{|x|\sqrt{x^2-9}}$　(ウ) $\dfrac{1}{\sqrt{1 - (\sqrt{1-4x^2})^2}}$

(エ) $-\dfrac{2x}{|x|\sqrt{1-4x^2}}$　(オ) $\dfrac{1}{\sqrt{x+3} - \sqrt{x}}$　(カ) $-\dfrac{1}{\sqrt{x(x+3)}}$

演習問題 40 ● 媒介変数の微分法 ●

次の媒介変数表示された曲線の導関数 $\dfrac{dy}{dx}$ を求めよ。

(1) $\begin{cases} x = 2\cos^3\theta \\ y = 2\sin^3\theta \end{cases}$　　(2) $\begin{cases} x = 3(\theta - \sin\theta) \\ y = 3(1 - \cos\theta) \end{cases}$

ヒント！ (1) はアステロイド曲線，(2) はサイクロイド曲線を表す。公式通り求める。

解答＆解説

(1) ・$x = 2\cos^3\theta$ の両辺を θ で微分して，

$$\frac{dx}{d\theta} = 2\cdot 3\cos^2\theta \cdot \frac{d}{d\theta}(\cos\theta) = 6\cos^2\theta\cdot(-\sin\theta) = -6\sin\theta\cdot\cos^2\theta$$

$x = 2t^3$，$t = \cos\theta$ とおいて，$\dfrac{dx}{d\theta} = \dfrac{dx}{dt}\cdot\dfrac{dt}{d\theta}$ となる。

・$y = 2\sin^3\theta$ の両辺を θ で微分して，

$$\frac{dy}{d\theta} = 2\cdot 3\sin^2\theta \cdot \frac{d}{d\theta}(\sin\theta) = 6\sin^2\theta\cdot\cos\theta$$

$y = 2t^3$，$t = \sin\theta$ とおいて，$\dfrac{dy}{d\theta} = \dfrac{dy}{dt}\cdot\dfrac{dt}{d\theta}$ となる。

公式：$\dfrac{dy}{dx} = \dfrac{\frac{dy}{d\theta}}{\frac{dx}{d\theta}}$

$$\therefore \frac{dy}{dx} = \frac{\frac{dy}{d\theta}}{\frac{dx}{d\theta}} = \frac{6\sin^2\theta\cdot\cos\theta}{-6\sin\theta\cdot\cos^2\theta} = -\frac{\sin\theta}{\cos\theta} = -\tan\theta$$ …………(答)

(2) ・$x = 3(\theta - \sin\theta)$ の両辺を θ で微分して，

$$\frac{dx}{d\theta} = 3(1 - \cos\theta)$$

・$y = 3(1 - \cos\theta)$ の両辺を θ で微分して，

$$\frac{dy}{d\theta} = 3\sin\theta$$

$$\therefore \frac{dy}{dx} = \frac{\frac{dy}{d\theta}}{\frac{dx}{d\theta}} = \frac{3\sin\theta}{3(1-\cos\theta)} = \frac{\sin\theta}{1-\cos\theta}$$ …………(答)

演習問題 41　● 陰関数の微分法 ●

次の陰関数の導関数 $\dfrac{dy}{dx}$ を求めよ。

(1) $\sqrt{x}+\sqrt{y}=\sqrt{3}$　　　(2) $(x^2+y^2)^2=2(x^2-y^2)$

ヒント！ 陰関数は，そのまま両辺を微分する。

解答＆解説

(1) $x^{\frac{1}{2}}+y^{\frac{1}{2}}=\sqrt{3}$ の両辺を x で微分して，

$$(x^{\frac{1}{2}})'+(y^{\frac{1}{2}})'=(\sqrt{3})'$$

$(\sqrt{3})'=0$

$(x^{\frac{1}{2}})'=\dfrac{1}{2}x^{-\frac{1}{2}}$

$(y^{\frac{1}{2}})'=\dfrac{d(y^{\frac{1}{2}})}{dy}\cdot\dfrac{dy}{dx}=\dfrac{1}{2}y^{-\frac{1}{2}}\cdot y'$ ←合成関数の微分法

$$\frac{1}{2}\cdot\frac{1}{\sqrt{x}}+\frac{1}{2\sqrt{y}}\cdot y'=0$$

$$\therefore\ y'=-\frac{\boxed{(ア)}}{\sqrt{x}}$$ ……………………………………（答）

(2) $(x^2+y^2)^2=2(x^2-y^2)$ の両辺を x で微分して，

$$2(x^2+y^2)\cdot\{2x+(y^2)'\}=2\{2x-(y^2)'\}$$

・$u=t^2$，$t=x^2+y^2$ とおいて，$\dfrac{du}{dx}=\dfrac{du}{dt}\cdot\dfrac{dt}{dx}$

・$\dfrac{d(y^2)}{dx}=\dfrac{d(y^2)}{dy}\cdot\dfrac{dy}{dx}=2y\cdot y'$

$$(x^2+y^2)\cdot(2x+2yy')=\boxed{(イ)}$$

$$(x^2+y^2)\cdot(x+yy')=x-yy'$$

$$x(x^2+y^2)+y(x^2+y^2)y'=x-yy'$$

$$y(1+x^2+y^2)y'=x(1-x^2-y^2)$$

右辺は，y を残したままの形で求めてもいい。

$$\therefore\ y'=\boxed{(ウ)}\quad (y\neq 0)$$ ……………………………………（答）

解答　(ア) $\sqrt{y}$（または，$\sqrt{3}-\sqrt{x}$）　(イ) $2x-2yy'$　(ウ) $\dfrac{x(1-x^2-y^2)}{y(1+x^2+y^2)}$

演習問題 42　● 対数微分法と高階導関数 (I) ●

(1) $y = (\cos^{-1} x)^x$ $(-1 < x < 1)$ を微分せよ。

(2) $y = (1-x^2)\sin^{-1} x$ $(-1 < x < 1)$ の 3 階導関数を求めよ。

ヒント！ (1) 両辺の自然対数をとって微分する。(2) 高階導関数の問題。

解答&解説

$y = (x\text{ の式})^{x\text{ の式}}$ の微分

(1) $y = (\underline{\cos^{-1} x})^x$ $(-1 < x < 1)$ の両辺は正より，両辺の自然対数をとって，（$\cos^{-1} x$：⊕）

$\log y = \log(\cos^{-1} x)^x$ $\therefore \log y = x\log(\cos^{-1} x)$　両辺を x で微分して，

$$\frac{1}{y}\cdot y' = x'\cdot\log(\cos^{-1} x) + x\cdot\{\log(\cos^{-1} x)\}'$$

$$\left(\frac{1}{y}\cdot y' = \frac{d(\log y)}{dy}\cdot\frac{dy}{dx}\right) \qquad \left(\{\log(\cos^{-1} x)\}' = \frac{(\cos^{-1} x)'}{\cos^{-1} x} = \frac{1}{\cos^{-1} x}\cdot\frac{-1}{\sqrt{1-x^2}}\right)$$

$$\therefore y' = y\cdot\left\{\log(\cos^{-1} x) - \frac{x}{\cos^{-1} x\cdot\sqrt{1-x^2}}\right\}$$

$$= (\cos^{-1} x)^x\left\{\log(\cos^{-1} x) - \frac{x}{\cos^{-1} x\cdot\sqrt{1-x^2}}\right\}$$ ……………………(答)

(2) $y = (1-x^2)\sin^{-1} x$ を x で 3 回微分すると，

$$y' = (1-x^2)'\cdot\sin^{-1} x + (1-x^2)\cdot(\sin^{-1} x)' \quad \left((\sin^{-1} x)' = \frac{1}{\sqrt{1-x^2}}\right)$$

$$= -2x\sin^{-1} x + (1-x^2)\cdot\frac{1}{\sqrt{1-x^2}} = -2x\sin^{-1} x + (1-x^2)^{\frac{1}{2}}$$

$$y'' = -(2x)'\cdot\sin^{-1} x - 2x\cdot(\sin^{-1} x)' + \frac{1}{2}(1-x^2)^{-\frac{1}{2}}\cdot(-2x)$$

$$= -2\sin^{-1} x - 2x\cdot\frac{1}{\sqrt{1-x^2}} - \frac{x}{\sqrt{1-x^2}} = -2\sin^{-1} x - \frac{3x}{\sqrt{1-x^2}}$$

$$y''' = -2\cdot(\sin^{-1} x)' - 3\cdot\left(\frac{x}{\sqrt{1-x^2}}\right)'$$

$$= -\frac{2}{\sqrt{1-x^2}} - 3\cdot\frac{1\cdot\sqrt{1-x^2} - x\cdot\frac{1}{2}(1-x^2)^{-\frac{1}{2}}\cdot(-2x)}{1-x^2}$$

$$= -\frac{2}{\sqrt{1-x^2}} - 3\cdot\frac{1-x^2+x^2}{(1-x^2)\sqrt{1-x^2}} = -\frac{2(1-x^2)+3}{(1-x^2)\sqrt{1-x^2}}$$

$$= -\frac{-2x^2+5}{(1-x^2)\sqrt{1-x^2}} = \frac{2x^2-5}{(1-x^2)\sqrt{1-x^2}}$$ ……………………(答)

(2)の別解

ライプニッツの微分公式より，

$$y^{(3)}=\{(1-x^2)\sin^{-1}x\}^{(3)}$$

$$={}_3C_0(1-x^2)^{(3)}\sin^{-1}x+{}_3C_1(1-x^2)^{(2)}(\sin^{-1}x)^{(1)}$$

$$+{}_3C_2(1-x^2)^{(1)}(\sin^{-1}x)^{(2)}+{}_3C_3(1-x^2)(\sin^{-1}x)^{(3)}\quad\cdots①$$

（${}_3C_0=1$, $(1-x^2)^{(3)}=0$, ${}_3C_1=3$, ${}_3C_2=3$, ${}_3C_3=1$）

$$\left[(f\cdot g)^{(3)}={}_3C_0f^{(3)}\cdot g+{}_3C_1f^{(2)}\cdot g^{(1)}+{}_3C_2f^{(1)}\cdot g^{(2)}+{}_3C_3f\cdot g^{(3)}\right]$$

ここで，

・$(1-x^2)^{(1)}=-2x\quad\therefore(1-x^2)^{(2)}=(-2x)^{(1)}=-2$

$\therefore(1-x^2)^{(3)}=(-2)^{(1)}=0$

・$(\sin^{-1}x)^{(1)}=\dfrac{1}{\sqrt{1-x^2}}\quad\therefore(\sin^{-1}x)^{(2)}=\left\{(1-x^2)^{-\frac{1}{2}}\right\}^{(1)}$

$$=-\frac{1}{2}(1-x^2)^{-\frac{3}{2}}\cdot(-2x)=x(1-x^2)^{-\frac{3}{2}}$$

$$\therefore(\sin^{-1}x)^{(3)}=\left\{x(1-x^2)^{-\frac{3}{2}}\right\}^{(1)}$$

$$=(1-x^2)^{-\frac{3}{2}}+x\left(-\frac{3}{2}\right)(1-x^2)^{-\frac{5}{2}}\cdot(-2x)$$

$$=(1-x^2)^{-\frac{3}{2}}+3x^2(1-x^2)^{-\frac{5}{2}}$$

以上より，①は，

$$y^{(3)}=3\cdot(-2)\cdot\frac{1}{\sqrt{1-x^2}}+3\cdot(-2x)\cdot x(1-x^2)^{-\frac{3}{2}}$$

$$+(1-x^2)\left\{(1-x^2)^{-\frac{3}{2}}+3x^2(1-x^2)^{-\frac{5}{2}}\right\}$$

$$=-\frac{6}{\sqrt{1-x^2}}-\frac{6x^2}{(1-x^2)\sqrt{1-x^2}}+\frac{1}{\sqrt{1-x^2}}+\frac{3x^2}{(1-x^2)\sqrt{1-x^2}}$$

$$=-\frac{5}{\sqrt{1-x^2}}-\frac{3x^2}{(1-x^2)\sqrt{1-x^2}}=-\frac{5(1-x^2)+3x^2}{(1-x^2)\sqrt{1-x^2}}$$

$$=-\frac{-2x^2+5}{(1-x^2)\sqrt{1-x^2}}$$

$$=\frac{2x^2-5}{(1-x^2)\sqrt{1-x^2}}$$ ……………………………………………………（答）

演習問題 43　● 対数微分法と高階導関数 (Ⅱ) ●

(1) $y=(\tan^{-1}x)^{e^x}$ $(x>0)$ を微分せよ。

(2) $y=2x\cos^{-1}x$ $(-1<x<1)$ の 2 階導関数を求めよ。

ヒント！ (1) 対数微分法を用いる。(2) 高階導関数の問題。

解答＆解説

(1) $y=(\underbrace{\tan^{-1}x}_{\oplus})^{e^x}$ $(x>0)$ の両辺は正より，両辺の自然対数をとって，

$\log y=\log(\tan^{-1}x)^{e^x}$　　$\therefore \log y=$ (ア)

この両辺を x で微分して，

(イ) $=\underbrace{(e^x)'}_{e^x}\cdot\log(\tan^{-1}x)+e^x\cdot\underbrace{\{\log(\tan^{-1}x)\}'}_{\frac{(\tan^{-1}x)'}{\tan^{-1}x}=\frac{1}{\tan^{-1}x}\cdot\frac{1}{1+x^2}}$

$$\therefore y'=y\cdot\left\{e^x\log(\tan^{-1}x)+\frac{e^x}{(1+x^2)\tan^{-1}x}\right\}$$

$$=e^x\cdot(\tan^{-1}x)^{e^x}\left\{\log(\tan^{-1}x)+\frac{1}{(1+x^2)\tan^{-1}x}\right\}$$ …………(答)

(2) $y=2x\cos^{-1}x$ $(-1<x<1)$ を x で 2 回微分すると，

$y'=(2x)'\cdot\cos^{-1}x+2x\cdot(\cos^{-1}x)'=$ (ウ)

$$y''=2(\cos^{-1}x)'-2\cdot\left(\frac{x}{\sqrt{1-x^2}}\right)'$$

$$=-\frac{2}{\sqrt{1-x^2}}-2\cdot\frac{1\cdot\sqrt{1-x^2}-x\cdot\frac{1}{2}(1-x^2)^{-\frac{1}{2}}\cdot(-2x)}{1-x^2}$$

$$=-\frac{2}{\sqrt{1-x^2}}-2\cdot\frac{(1-x^2)+x^2}{(1-x^2)\sqrt{1-x^2}}=-\frac{2}{\sqrt{1-x^2}}-\frac{2}{(1-x^2)\sqrt{1-x^2}}$$

$$=-\frac{2(1-x^2)+2}{(1-x^2)\sqrt{1-x^2}}=$$ (エ) ………………………(答)

(2) の別解

ライプニッツの微分公式より，

$$y^{(2)} = (2x \cdot \cos^{-1}x)^{(2)}$$

$$= \underset{1}{{}_2C_0}\underset{0}{(2x)^{(2)}} \cdot \cos^{-1}x + \underset{2}{{}_2C_1}\boxed{(オ)\qquad\qquad} + \underset{1}{{}_2C_2}2x(\cos^{-1}x)^{(2)} \cdots ①$$

$$[(f \cdot g)^{(2)} = {}_2C_0 f^{(2)} \cdot g + {}_2C_1 f^{(1)} \cdot g^{(1)} + {}_2C_2 f \cdot g^{(2)}]$$

ここで，

・ $(2x)^{(1)} = 2 \quad \therefore (2x)^{(2)} = (2)^{(1)} = \boxed{(カ)}$

・ $(\cos^{-1}x)^{(1)} = -\dfrac{1}{\sqrt{1-x^2}} = -(1-x^2)^{-\frac{1}{2}}$

$$\therefore (\cos^{-1}x)^{(2)} = \boxed{(キ)\qquad\qquad}^{(1)} = -\left(-\frac{1}{2}\right)(1-x^2)^{-\frac{3}{2}} \cdot (-2x)$$

$$= -\frac{x}{(1-x^2)\sqrt{1-x^2}}$$

以上より，①は，

$$y^{(2)} = 2 \cdot 2 \cdot \left(-\frac{1}{\sqrt{1-x^2}}\right) + 2x \cdot \left\{-\frac{x}{(1-x^2)\sqrt{1-x^2}}\right\}$$

$$= -\frac{4}{\sqrt{1-x^2}} - \frac{2x^2}{(1-x^2)\sqrt{1-x^2}}$$

$$= -\frac{4(1-x^2)+2x^2}{(1-x^2)\sqrt{1-x^2}}$$

$$= -\frac{-2x^2+4}{(1-x^2)\sqrt{1-x^2}}$$

$$= \boxed{(ク)\qquad\qquad} \quad \cdots\cdots\cdots\cdots \text{(答)}$$

解答 (ア) $e^x \cdot \log(\tan^{-1}x)$ (イ) $\dfrac{1}{y} \cdot y'$ (ウ) $2\cos^{-1}x - \dfrac{2x}{\sqrt{1-x^2}}$

(エ) $\dfrac{2x^2-4}{(1-x^2)\sqrt{1-x^2}}$ (オ) $(2x)^{(1)}(\cos^{-1}x)^{(1)}$ (カ) 0

(キ) $\left\{-(1-x^2)^{-\frac{1}{2}}\right\}$ (ク) $\dfrac{2x^2-4}{(1-x^2)\sqrt{1-x^2}}$

演習問題 44　● 対数微分法と高階導関数 (Ⅲ) ●

(1) $y = x^{\frac{2}{x}}$ $(x > 0)$ を微分せよ。

(2) $y = x^2\cos x$ の n 階導関数を求めよ。(ただし，$n \geqq 2$ とする。)

ヒント！ (1) 両辺の対数をとって微分する。(2) ライプニッツの微分公式を使う。

解答&解説

(1) $y = x^{\frac{2}{x}}$ $(x > 0)$ の両辺は正より，両辺の自然対数をとって，

$\log y = \log x^{\frac{2}{x}}$　　$\therefore \log y = \dfrac{2}{x}\log x$　　この両辺を x で微分して，

$$\underbrace{\frac{1}{y}\cdot y'}_{\frac{d(\log y)}{dy}\cdot\frac{dy}{dx}} = \underbrace{(2x^{-1})'}_{2\cdot(-1)\cdot x^{-2}}\cdot\log x + \frac{2}{x}\cdot(\log x)' = -\frac{2}{x^2}\log x + \frac{2}{x^2} = \frac{2}{x^2}(1-\log x)$$

$$\therefore y' = y\cdot\frac{2}{x^2}(1-\log x) = x^{\frac{2}{x}}\cdot\underbrace{\frac{2}{x^2}}_{2x^{-2}}(1-\log x) = 2x^{\frac{2}{x}-2}\cdot(1-\log x) \cdots (答)$$

(2) ライプニッツの微分公式より，

$$y^{(n)} = \{(\cos x)x^2\}^{(n)}$$
$$= \underbrace{{}_n\mathrm{C}_0}_{1}(\cos x)^{(n)}x^2 + {}_n\mathrm{C}_1(\cos x)^{(n-1)}(x^2)^{(1)} + {}_n\mathrm{C}_2(\cos x)^{(n-2)}(x^2)^{(2)}$$
$$+ {}_n\mathrm{C}_3(\cos x)^{(n-3)}\underbrace{(x^2)^{(3)}}_{0} + {}_n\mathrm{C}_4(\cos x)^{(n-4)}\underbrace{(x^2)^{(4)}}_{0}$$
$$+ \cdots + {}_n\mathrm{C}_n(\cos x)\underbrace{(x^2)^{(n)}}_{0} \cdots ①$$

・ $(x^2)^{(1)} = 2x$，$(x^2)^{(2)} = (2x)^{(1)} = 2$，$(x^2)^{(3)} = (2)^{(1)} = 0$

$\therefore (x^2)^{(4)} = (x^2)^{(5)} = \cdots = (x^2)^{(n)} = 0$

以上より，①は，

公式：$(\cos x)^{(n)} = \cos\left(x + \dfrac{n\pi}{2}\right)$ $(n = 1, 2, \cdots)$

$$y^{(n)} = (x^2\cos x)^{(n)}$$
$$= (\cos x)^{(n)}\cdot x^2 + n\cdot(\cos x)^{(n-1)}\cdot 2x + \frac{n(n-1)}{2}\cdot(\cos x)^{(n-2)}\cdot 2$$
$$= x^2\cos\left(x + \frac{n\pi}{2}\right) + 2nx\cdot\cos\left(x + \frac{n-1}{2}\pi\right) + n(n-1)\cos\left(x + \frac{n-2}{2}\pi\right)$$

…………(答)

演習問題 45	● 対数微分法と高階導関数（Ⅳ）●

(1) $y = x^{\cos^{-1}x}$ $(0 < x < 1)$ を微分せよ。

(2) $y = x^2 \sin x$ の n 階導関数を求めよ。（ただし，$n \geqq 2$ とする。）

ヒント！ (1) 両辺の自然対数をとる。(2) ライプニッツの微分公式を使う。

解答＆解説

(1) $y = x^{\cos^{-1}x}$ $(0 < x < 1)$ の両辺は正より，両辺の自然対数をとって，

$\log y = \log x^{\cos^{-1}x}$ $\therefore \log y =$ (ア)［　　　］ $\log x$ 両辺を x で微分して，

$$\frac{1}{y} \cdot y' = (\cos^{-1}x)' \cdot \log x + \cos^{-1}x \cdot (\log x)' = -\frac{1}{\sqrt{1-x^2}}\log x + \cos^{-1}x \cdot \frac{1}{x}$$

$$\therefore y' = y \cdot \left(-\frac{\log x}{\sqrt{1-x^2}} + \frac{\cos^{-1}x}{x}\right) = \text{(イ)［　　　］} \quad \cdots\cdots(\text{答})$$

(2) ライプニッツの微分公式より，

$$y^{(n)} = \{(\sin x)x^2\}^{(n)}$$
$$= \underset{1}{\underline{{}_nC_0}}(\sin x)^{(n)}x^2 + {}_nC_1(\sin x)^{(n-1)}(x^2)^{(1)} + \text{(ウ)［　　　］}$$
$$+ \cancel{{}_nC_3(\sin x)^{(n-3)}\underset{0}{\underline{(x^2)^{(3)}}}} + \cdots + \cancel{{}_nC_n(\sin x)\underset{0}{\underline{(x^2)^{(n)}}}} \cdots ①$$

・ $(x^2)^{(1)} = 2x$，$(x^2)^{(2)} = (2x)^{(1)} = 2$，$(x^2)^{(3)} = (2)^{(1)} = 0$

$\therefore (x^2)^{(4)} = (x^2)^{(5)} = \cdots = (x^2)^{(n)} = 0$

以上より，①は，

公式：$(\sin x)^{(n)} = \sin\left(x + \frac{n\pi}{2}\right)$ $(n = 1,\ 2,\ \cdots)$

$$y^{(n)} = (x^2 \sin x)^{(n)}$$
$$= (\sin x)^{(n)} \cdot x^2 + n \cdot (\sin x)^{(n-1)} \cdot 2x + \frac{n(n-1)}{2} \cdot (\sin x)^{(n-2)} \cdot 2$$
$$= x^2\,\text{(エ)［　　　］} + 2nx\,\text{(オ)［　　　］} + n(n-1)\,\text{(カ)［　　　］}$$

…………(答)

解答 (ア) $\cos^{-1}x$　(イ) $x^{\cos^{-1}x}\left(\frac{\cos^{-1}x}{x} - \frac{\log x}{\sqrt{1-x^2}}\right)$　(ウ) ${}_nC_2(\sin x)^{(n-2)}(x^2)^{(2)}$

(エ) $\sin\left(x + \frac{n\pi}{2}\right)$　(オ) $\sin\left(x + \frac{n-1}{2}\pi\right)$　(カ) $\sin\left(x + \frac{n-2}{2}\pi\right)$

演習問題 46 ● 関数の極限とロピタルの定理(Ⅰ) ●

次の関数の極限を求めよ。

(1) $\displaystyle\lim_{x\to0}\frac{2^x-3^x}{x}$　(2) $\displaystyle\lim_{x\to0}\frac{x-\sin x}{x^2}$　(3) $\displaystyle\lim_{x\to-\frac{\pi}{2}+0}\left(\frac{1}{\cos x}+\tan x\right)$

ヒント！ (1)(2) は $\frac{0}{0}$ の不定形，(3) は $\infty-\infty$ の不定形となる。いずれもロピタルの定理を利用して，その極限を求めることができる。

解答＆解説

(1) $\displaystyle\lim_{x\to0}\frac{2^x-3^x}{x}$ ← $\frac{0}{0}$ の不定形

$\displaystyle=\lim_{x\to0}\frac{(2^x-3^x)'}{x'}$ ← ロピタルの定理を使う！

$\displaystyle=\lim_{x\to0}\frac{2^x\cdot\log2-3^x\cdot\log3}{1}=\log2-\log3=\log\frac{2}{3}$ ……………(答)

（$2^0=1$，$3^0=1$）

(2) $\displaystyle\lim_{x\to0}\frac{x-\sin x}{x^2}$ ← $\frac{0}{0}$ の不定形

$\displaystyle=\lim_{x\to0}\frac{(x-\sin x)'}{(x^2)'}=\lim_{x\to0}\frac{1-\cos x}{2x}$ ← $\frac{0}{0}$ の不定形

$\displaystyle=\lim_{x\to0}\frac{(1-\cos x)'}{(2x)'}=\lim_{x\to0}\frac{\sin x}{2}=0$ ……………(答)

（$\sin x\to0$）

(3) $\displaystyle\lim_{x\to-\frac{\pi}{2}+0}\left(\frac{1}{\cos x}+\tan x\right)$ ← $\infty-\infty$ の不定形

$\displaystyle=\lim_{x\to-\frac{\pi}{2}+0}\left(\frac{1}{\cos x}+\frac{\sin x}{\cos x}\right)=\lim_{x\to-\frac{\pi}{2}+0}\frac{1+\sin x}{\cos x}$ ← $\frac{0}{0}$ の不定形の形にもち込んだ！

$\displaystyle=\lim_{x\to-\frac{\pi}{2}+0}\frac{(1+\sin x)'}{(\cos x)'}=\lim_{x\to-\frac{\pi}{2}+0}\frac{\cos x}{-\sin x}=0$ ……………(答)

（$\cos x\to0$，$\sin x\to-1$）

演習問題 47　● 関数の極限とロピタルの定理（Ⅱ）●

次の関数の極限を求めよ。

(1) $\displaystyle\lim_{x\to 0}\frac{\tan x}{e^x-e^{-x}}$　　(2) $\displaystyle\lim_{x\to +0}x\log(\tan x)$

ヒント！ (1) は $\frac{0}{0}$，(2) は $0\cdot(-\infty)$ の不定形だね。(2) は $\frac{-\infty}{\infty}$ の形に変形してからロピタルの定理を使う。

解答＆解説

(1) $\displaystyle\lim_{x\to 0}\frac{\tan x}{e^x-e^{-x}}$ ← $\frac{0}{0}$ の不定形

$\displaystyle=\lim_{x\to 0}\frac{(\tan x)'}{(e^x-e^{-x})'}$ ← ロピタルの定理！ $\displaystyle=\lim_{x\to 0}\frac{\boxed{(ア)\qquad}}{\boxed{(イ)\qquad}}$

$\displaystyle=\lim_{x\to 0}\frac{1}{\cos^2x\cdot(e^x+e^{-x})}=\boxed{(ウ)\quad}$ ……………………………………(答)

(2) $\displaystyle\lim_{x\to +0}x\log(\tan x)$ ← $0\cdot(-\infty)$ の不定形

$\displaystyle=\lim_{x\to +0}\frac{\boxed{(エ)\qquad}}{\boxed{(オ)\quad}}$ ← $\frac{-\infty}{\infty}$ の不定形の形にもち込んだ！

$\displaystyle=\lim_{x\to +0}\frac{\{\log(\tan x)\}'}{(x^{-1})'}=\lim_{x\to +0}\frac{\frac{1}{\tan x}\cdot\frac{1}{\cos^2x}}{-\frac{1}{x^2}}$ ← 分子は合成関数の微分法

$\displaystyle=\lim_{x\to +0}(-x^2)\cdot\frac{\cos x}{\sin x}\cdot\frac{1}{\cos^2x}=\lim_{x\to +0}(-1)\cdot\frac{x}{\sin x}\cdot\frac{x}{\cos x}=\boxed{(カ)\quad}$ ……(答)

（$\frac{x}{\sin x}\to 1$，$x\to 0$，$\cos x\to 1$）

……………………………………………………………………………………

解答 (ア) $\frac{1}{\cos^2x}$　(イ) e^x+e^{-x}　(ウ) $\frac{1}{2}$　(エ) $\log(\tan x)$　(オ) $\frac{1}{x}$　(カ) 0

演習問題 48 ● 関数の極限とロピタルの定理(Ⅲ) ●

次の関数の極限を求めよ。

(1) $\lim_{x\to\infty} x\tan^{-1}\frac{1}{x}$　　(2) $\lim_{x\to+0}(1-x)^{\frac{1}{x}}$　$(0 < x < 1)$

ヒント！ (1) $\frac{1}{x}=u$ とおくと，$\lim_{u\to+0}\frac{\tan^{-1}u}{u}$ となる。これは，$\frac{0}{0}$ の不定形より，ロピタルを使う。(2) 自然対数をとって，ロピタルの定理を用いる。

解答＆解説

(1) $\frac{1}{x}=u$ とおくと，$x=\frac{1}{u}$　また，$x\to\infty$ のとき，$u\to 0$

$$\therefore \lim_{x\to\infty} \underset{\frac{1}{u}}{x}\cdot\tan^{-1}\underset{u}{\frac{1}{x}} = \lim_{u\to+0}\frac{\tan^{-1}u}{u} \leftarrow \frac{0}{0}\text{の不定形}$$

$$=\lim_{u\to+0}\frac{(\tan^{-1}u)'}{u'}=\lim_{u\to+0}\frac{\frac{1}{1+u^2}}{1}\quad(u^2\to 0)$$

$$=1 \quad\cdots\cdots(\text{答})$$

(2) $0 < x < 1$ より，$(1-x)^{\frac{1}{x}} > 0$ 　[$(x\text{の式})^{(x\text{の式})}$]　$(1-x)^{\frac{1}{x}}$ の自然対数をとって，

$x\to+0$ とすると，

$$\lim_{x\to+0}\log(1-x)^{\frac{1}{x}}=\lim_{x\to+0}\frac{1}{x}\log(1-x)=\lim_{x\to+0}\frac{\log(1-x)}{x} \leftarrow \frac{0}{0}\text{の不定形}$$

$$=\lim_{x\to+0}\frac{\{\log(1-x)\}'}{x'}=\lim_{x\to+0}\frac{\frac{-1}{1-x}}{1}=\lim_{x\to+0}\frac{1}{x-1}=-1$$

$$\therefore \lim_{x\to+0}\log\boxed{(1-x)^{\frac{1}{x}}}=-1=\log\boxed{e^{-1}}$$ より，$\lim_{x\to+0}(1-x)^{\frac{1}{x}}=e^{-1}$ ……(答)

演習問題 49　● 関数の極限とロピタルの定理（Ⅳ）●

次の関数の極限を求めよ。

(1) $\displaystyle\lim_{x\to 0}\frac{\sin^{-1}x-x}{x^2}$　　(2) $\displaystyle\lim_{x\to +0}\left(\frac{2}{\pi}\cos^{-1}x\right)^{\frac{1}{x}}$　$(0<x<1)$

ヒント！ (1) $\sin^{-1}x=\theta$ とおくと，$x=\sin\theta$。また，$x\to 0$ のとき，$\theta\to 0$ となる。(2) 自然対数をとって，ロピタルの定理を使う。

解答＆解説

(1) $\displaystyle\lim_{x\to 0}\frac{\sin^{-1}x-x}{x^2}$ について，$\sin^{-1}x=\theta\ \left(-\frac{\pi}{2}\leqq\theta\leqq\frac{\pi}{2}\right)$ とおくと，（$\frac{0}{0}$ の不定形）

$x=\sin\theta$　　また，$x\to 0$ のとき，$\theta\to 0$

$$\therefore\ \lim_{x\to 0}\frac{\sin^{-1}x-x}{x^2}=\lim_{\theta\to 0}\frac{\theta-\sin\theta}{\sin^2\theta}=\lim_{\theta\to 0}\frac{(\theta-\sin\theta)'}{(\sin^2\theta)'}$$

（$\frac{0}{0}$ の不定形）

$$=\lim_{\theta\to 0}\frac{1-\cos\theta}{2\sin\theta\cdot\cos\theta}=\lim_{\theta\to 0}\frac{1-\cos\theta}{\sin 2\theta}$$

（$\frac{0}{0}$ の不定形）

$$=\lim_{\theta\to 0}\frac{(1-\cos\theta)'}{(\sin 2\theta)'}=\lim_{\theta\to 0}\frac{\sin\theta}{2\cos 2\theta}=0$$

（$\sin\theta\to 0$，$\cos 2\theta\to 1$）　……………………………(答)

(2) $0<x<1$ より，$\left(\frac{2}{\pi}\cos^{-1}x\right)^{\frac{1}{x}}>0$　　$\left(\frac{2}{\pi}\cos^{-1}x\right)^{\frac{1}{x}}$ の自然対数をとって，

$x\to +0$ とすると，

$$\lim_{x\to +0}\log\left(\frac{2}{\pi}\cos^{-1}x\right)^{\frac{1}{x}}=\lim_{x\to +0}\frac{1}{x}\log\left(\frac{2}{\pi}\cos^{-1}x\right)=\lim_{x\to +0}\frac{\log\left(\frac{2}{\pi}\cos^{-1}x\right)}{x}$$

（$\cos^{-1}x\to\frac{\pi}{2}$，$\frac{0}{0}$ の不定形）

$$=\lim_{x\to +0}\frac{\left\{\log\left(\frac{2}{\pi}\cos^{-1}x\right)\right\}'}{x'}=\lim_{x\to +0}\frac{\left(\frac{2}{\pi}\cos^{-1}x\right)'}{\frac{2}{\pi}\cos^{-1}x}=\lim_{x\to +0}\frac{\frac{2}{\pi}\cdot\frac{-1}{\sqrt{1-x^2}}}{\frac{2}{\pi}\cos^{-1}x}$$

（$x'=1$）

$$=\lim_{x\to +0}\frac{-1}{\cos^{-1}x\sqrt{1-x^2}}=\frac{-1}{\frac{\pi}{2}\cdot\sqrt{1-0^2}}=-\frac{2}{\pi}$$

（$\cos^{-1}x\to\frac{\pi}{2}$，$x^2\to 0^2$）

$$\therefore\ \lim_{x\to +0}\log\left(\frac{2}{\pi}\cos^{-1}x\right)^{\frac{1}{x}}=-\frac{2}{\pi}=\log e^{-\frac{2}{\pi}}$$ より，

$$\lim_{x\to +0}\left(\frac{2}{\pi}\cos^{-1}x\right)^{\frac{1}{x}}=e^{-\frac{2}{\pi}}$$ ……………………………(答)

演習問題 50 ●関数の極限とロピタルの定理(V)●

次の関数の極限を求めよ。

(1) $\displaystyle\lim_{x\to-1+0}\left\{\frac{1}{(x+1)(x+2)}-\frac{\log(x+2)}{(x+1)^2}\right\}$ (2) $\displaystyle\lim_{x\to+0}x^{\sin x}$

ヒント！ (1) 通分してから，ロピタルの定理を使う。(2) 対数をとって，$\frac{-\infty}{\infty}$の形にもち込んでから，ロピタルの定理を使おう。

解答＆解説

(1) $\displaystyle\lim_{x\to-1+0}\left\{\frac{1}{(x+1)(x+2)}-\frac{\log(x+2)}{(x+1)^2}\right\}$ （第1項 → ∞，第2項は $\frac{0}{0}$ の不定形）

$$=\lim_{x\to-1+0}\frac{(x+1)-(x+2)\log(x+2)}{(x+1)^2(x+2)}$$ ← $\frac{0}{0}$ の不定形

$$=\lim_{x\to-1+0}\frac{\{(x+1)-(x+2)\log(x+2)\}'}{\{(x+1)^2(x+2)\}'}$$

$$=\lim_{x\to-1+0}\frac{1-1\cdot\log(x+2)-(x+2)\cdot\frac{1}{x+2}}{2(x+1)(x+2)+(x+1)^2}=\lim_{x\to-1+0}\frac{-\log(x+2)}{(x+1)(3x+5)}$$ ← $\frac{0}{0}$ の不定形

$$=\lim_{x\to-1+0}\frac{\{-\log(x+2)\}'}{(3x^2+8x+5)'}$$ ← ロピタル2連発！

$$=\lim_{x\to-1+0}\frac{-\frac{1}{x+2}}{6x+8}=-\frac{1}{2}$$ （分子 → -1，分母 → 2） ……………………(答)

(2) $x^{\sin x}$ $(x>0)$ の自然対数をとって，$x\to+0$ とすると，

$$\lim_{x\to+0}\log x^{\sin x}=\lim_{x\to+0}(\sin x)\cdot\log x=\lim_{x\to+0}\frac{\log x}{\frac{1}{\sin x}}$$ （$0\cdot(-\infty)$ の不定形 → $\frac{-\infty}{\infty}$ の不定形にもち込む！）

$$=\lim_{x\to+0}\frac{(\log x)'}{\{(\sin x)^{-1}\}'}=\lim_{x\to+0}\frac{\frac{1}{x}}{-\frac{\cos x}{\sin^2 x}}=\lim_{x\to+0}(-1)\cdot\frac{\sin^2 x}{x\cdot\cos x}$$

$$=\lim_{x\to+0}(-1)\cdot\frac{\sin x}{x}\cdot\frac{\sin x}{\cos x}=0$$ （$\frac{\sin x}{x}\to1$，$\frac{\sin x}{\cos x}\to0$）

$\therefore\ \displaystyle\lim_{x\to+0}\log\boxed{x^{\sin x}}=0=\log\boxed{1}$ より，$\displaystyle\lim_{x\to+0}x^{\sin x}=1$ ……………………(答)

演習問題 51 ● 関数の極限とロピタルの定理 (Ⅵ) ●

次の関数の極限を求めよ。

(1) $\displaystyle\lim_{x \to \frac{\pi}{6}-0} \frac{\tan\left(x+\frac{\pi}{3}\right)}{\tan 3x}$ (2) $\displaystyle\lim_{x\to\infty}(1-\tanh x)^{\frac{1}{x}}$

ヒント！ (1) ロピタルの定理を2回使う。(2) 自然対数をとって，$\frac{-\infty}{\infty}$の形にもち込む。

解答＆解説

(1) $\displaystyle\lim_{x \to \frac{\pi}{6}-0} \frac{\tan\left(x+\frac{\pi}{3}\right)}{\tan 3x} = \lim_{x \to \frac{\pi}{6}-0} \frac{\left\{\tan\left(x+\frac{\pi}{3}\right)\right\}'}{(\tan 3x)'} = \lim_{x \to \frac{\pi}{6}-0} \frac{\frac{1}{\cos^2\left(x+\frac{\pi}{3}\right)}}{3\cdot\frac{1}{\cos^2 3x}}$ ← $\frac{\infty}{\infty}$の不定形

$\displaystyle = \lim_{x \to \frac{\pi}{6}-0} \frac{1}{3}\left\{\frac{\cos 3x}{\cos\left(x+\frac{\pi}{3}\right)}\right\}^2$ ……………①　← $\frac{0}{0}$の不定形

ここで，$\displaystyle\lim_{x \to \frac{\pi}{6}-0} \frac{\cos 3x}{\cos\left(x+\frac{\pi}{3}\right)} = \lim_{x \to \frac{\pi}{6}-0} \frac{(\cos 3x)'}{\left\{\cos\left(x+\frac{\pi}{3}\right)\right\}'} = \lim_{x \to \frac{\pi}{6}-0} \frac{-3\sin 3x}{-\sin\left(x+\frac{\pi}{3}\right)} = 3$　← $\frac{0}{0}$の不定形（$\sin 3x \to 1$，$\sin\left(x+\frac{\pi}{3}\right) \to 1$）

∴①より，与式 $\displaystyle = \lim_{x \to \frac{\pi}{6}-0} \frac{1}{3}\left\{\frac{\cos 3x}{\cos\left(x+\frac{\pi}{3}\right)}\right\}^2 = \frac{1}{3}\times 3^2 = 3$ ……………(答)（$\frac{\cos 3x}{\cos\left(x+\frac{\pi}{3}\right)} \to 3$）

(2) $(1-\tanh x)^{\frac{1}{x}}$ の自然対数をとって，$x\to\infty$とすると，

$\displaystyle\lim_{x\to\infty}\log(1-\tanh x)^{\frac{1}{x}} = \lim_{x\to\infty}\frac{\log(1-\tanh x)}{x}$ ← $\frac{-\infty}{\infty}$の不定形

$\displaystyle = \lim_{x\to\infty}\frac{\{\log(1-\tanh x)\}'}{x'} = \lim_{x\to\infty}\frac{(1-\tanh x)'}{1-\tanh x}$

$\displaystyle = \lim_{x\to\infty}\frac{-\frac{1}{\cosh^2 x}}{1-\tanh x}$ ← 公式：$(\tanh x)' = \frac{1}{\cosh^2 x}$（$\frac{1}{\cosh^2 x} = 1-\tanh^2 x$）

$\displaystyle = \lim_{x\to\infty}\frac{-(1-\tanh^2 x)}{1-\tanh x}$ ← 公式：$1-\tanh^2 x = \frac{1}{\cosh^2 x}$

$\displaystyle = \lim_{x\to\infty} -(1+\tanh x) = -2$（$\tanh x \to 1$）

$\displaystyle\therefore \lim_{x\to\infty}\log\boxed{(1-\tanh x)^{\frac{1}{x}}} = -2 = \log\boxed{e^{-2}}$ より，

$\displaystyle\lim_{x\to\infty}(1-\tanh x)^{\frac{1}{x}} = e^{-2}$ ……………………………………………(答)

演習問題 52　● グラフの概形 (Ⅰ) ●

関数 $y=\dfrac{1}{\sqrt{a^2-x^2}}$ $(-a<x<a,\ a>0)$ の増減・凹凸を調べて，グラフの概形を描け。

ヒント！ $y=f(x)=\dfrac{1}{\sqrt{a^2-x^2}}$ とおいて，まず，$f(-x)=f(x)$ を確認しよう。

解答&解説

$y=f(x)=\dfrac{1}{\sqrt{a^2-x^2}}$ とおく。$f(-x)=\dfrac{1}{\sqrt{a^2-(-x)^2}}=\dfrac{1}{\sqrt{a^2-x^2}}=f(x)$ より，

$y=f(x)$ は偶関数。 ← y 軸に関して対称なグラフ

よって，まず $0\leqq x<a$ についてのみ調べる。

$$f'(x)=\left\{(a^2-x^2)^{-\frac{1}{2}}\right\}'=-\frac{1}{2}(a^2-x^2)^{-\frac{3}{2}}\cdot(-2x)$$

$$=\frac{x}{(a^2-x^2)^{\frac{3}{2}}}\geqq 0$$ より，$f(x)$ $(0\leqq x<a)$ は単調に増加する。

（分子 x：0 以上，分母：⊕）

$f'(x)=0$ のとき，$x=0$

$$f''(x)=\frac{1\cdot(a^2-x^2)^{\frac{3}{2}}-x\cdot\frac{3}{2}(a^2-x^2)^{\frac{1}{2}}\cdot(-2x)}{(a^2-x^2)^3}$$

$$=\frac{(a^2-x^2)+3x^2}{(a^2-x^2)^{\frac{5}{2}}}$$ ← 分子・分母を $(a^2-x^2)^{\frac{1}{2}}$ で割った。

$$=\frac{a^2+2x^2}{(a^2-x^2)^{\frac{5}{2}}}>0$$

より，$f(x)$ は下に凸である。

増減・凹凸表 $(x\geqq 0)$

x	0	
$f'(x)$	0	$+$
$f''(x)$	$+$	$+$
$f(x)$	極小	↗（下に凸）

・極小値 $f(0)=\dfrac{1}{\sqrt{a^2}}=\dfrac{1}{a}$

・$\displaystyle\lim_{x\to a-0}f(x)=\lim_{x\to a-0}\frac{1}{\sqrt{a^2-x^2}}=\infty$ ← 直線 $x=\pm a$ は，$y=f(x)$ の漸近線

（分母 → $+0$）

$y=f(x)$ が y 軸に関して対称であることを考慮して，$y=f(x)$ のグラフの概形を右図に示す。 …………(答)

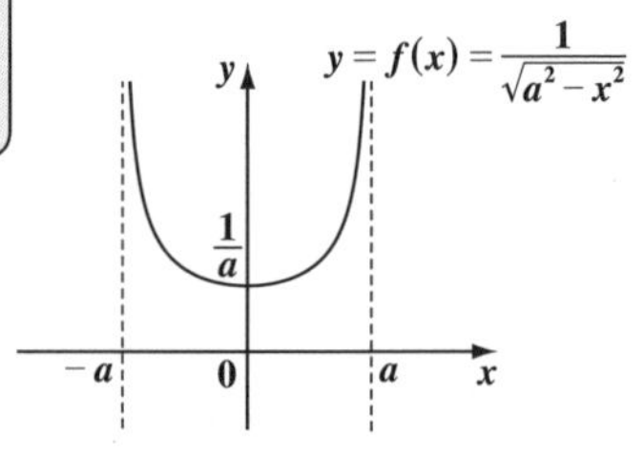

演習問題 53　● グラフの概形（Ⅱ）●

関数 $y=\dfrac{1}{a^2+x^2}$ $(a>0)$ の増減・凹凸を調べて，グラフの概形を描け。

ヒント！ $f(x)=\dfrac{1}{a^2+x^2}$ とおくと，$f(-x)=f(x)$ より，$f(x)$ は偶関数。

解答＆解説

$y=f(x)=\dfrac{1}{a^2+x^2}$ とおく。　$f(-x)=\dfrac{1}{a^2+(-x)^2}=\dfrac{1}{a^2+x^2}=f(x)$ より，

$y=f(x)$ は偶関数。←（y 軸に関して対称なグラフ）

よって，まず $x\geqq 0$ についてのみ調べる。

$f'(x)=\{(a^2+x^2)^{-1}\}'=-(a^2+x^2)^{-2}\cdot 2x=-\dfrac{2x}{(a^2+x^2)^2}\leqq 0$ （x：0以上，$(a^2+x^2)^2$：⊕）

より，$f(x)$ $(x\geqq 0)$ は単調に減少する。

$$f''(x)=-\frac{2(a^2+x^2)^2-2x\cdot 2(a^2+x^2)\cdot 2x}{(a^2+x^2)^4}$$

$$=-\frac{2(a^2+x^2)-8x^2}{(a^2+x^2)^3}$$

$$=\frac{2(3x^2-a^2)}{(a^2+x^2)^3}=\frac{2(\sqrt{3}x+a)(\sqrt{3}x-a)}{(a^2+x^2)^3}$$

（$2(\sqrt{3}x+a)$ と $(a^2+x^2)^3$：⊕，$\sqrt{3}x-a$：$\widetilde{f''(x)}$）

（$f''(x)$ の符号に関する本質的な部分）

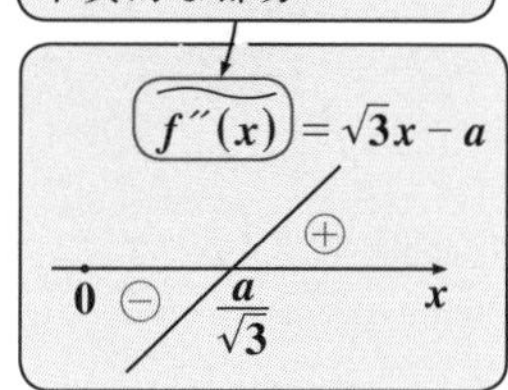

$f''(x)=0$ のとき，$\sqrt{3}x-a=0$　　$\therefore x=\dfrac{a}{\sqrt{3}}$

・極大値 $f(0)=\dfrac{1}{a^2}$

・$f\left(\dfrac{a}{\sqrt{3}}\right)=\dfrac{1}{a^2+\dfrac{a^2}{3}}=\dfrac{3}{4a^2}$

・$\displaystyle\lim_{x\to\infty}f(x)=\lim_{x\to\infty}\frac{1}{a^2+x^2}=0$ （$a^2+x^2\to\infty$）

増減・凹凸表 $(x\geqq 0)$

x	0		$\frac{a}{\sqrt{3}}$	
$f'(x)$	0	−	−	−
$f''(x)$	−	−	0	+
$f(x)$	極大	↘	変曲点	↘

$y=f(x)$ が y 軸に関して対称であることを考慮して，$y=f(x)$ のグラフの概形を右に示す。 ……………(答)

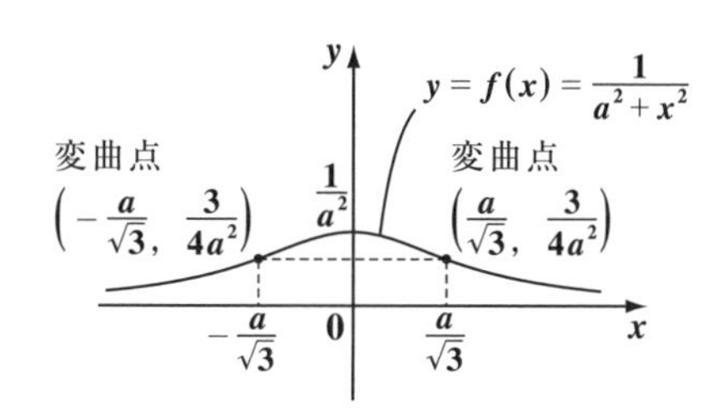

演習問題 54　●グラフの概形(Ⅲ)●

関数 $y=\tanh^{-1}x=\frac{1}{2}\log\frac{1+x}{1-x}$ $(-1<x<1)$ の増減・凹凸を調べて，グラフの概形を描け。

ヒント！ $y=f(x)=\tanh^{-1}x=$ とおいて，まず，$f(-x)=-f(x)$ を確認する。

解答＆解説

$y=f(x)=\tanh^{-1}x=\frac{1}{2}\{\log(1+x)-\log(1-x)\}$ $(-1<x<1)$ とおく。

$f(-x)=\frac{1}{2}\{\log(1-x)-\log(1+x)\}=-\frac{1}{2}\{\log(1+x)-\log(1-x)\}=-f(x)$

$\therefore f(-x)=-f(x)$ より，$y=f(x)$ は奇関数。← 原点に関して対称なグラフ

よって，$0\leqq x<1$ についてのみ調べる。

$$f'(x)=\frac{1}{2}\left\{\frac{(1+x)'}{1+x}-\frac{(1-x)'}{1-x}\right\}$$
$$=\frac{1}{2}\left(\frac{1}{1+x}+\frac{1}{1-x}\right)=\frac{1}{2}\cdot\frac{2}{1-x^2}=\frac{1}{1-x^2}>0$$

- $\cosh^{-1}x=\log\left(x+\sqrt{x^2-1}\right)$
- $\sinh^{-1}x=\log\left(x+\sqrt{x^2+1}\right)$
- $\tanh^{-1}x=\frac{1}{2}\log\frac{1+x}{1-x}$

より，$f(x)$ は単調に増加する。

$$f''(x)=-(1-x^2)^{-2}\cdot(-2x)=\frac{2x}{(1-x^2)^2}\geqq 0$$

（x：0以上，$(1-x^2)^2$：⊕）

より，$f(x)$ $(0\leqq x<1)$ は下に凸である。

- $f'(0)=\frac{1}{1-0}=1$ ← 原点における接線は，直線 $y=x$
- $\lim_{x\to 1-0}f(x)=\lim_{x\to 1-0}\tanh^{-1}x$
$$=\lim_{x\to 1-0}\frac{1}{2}\log\frac{1+x}{1-x}=\infty$$
（$1+x\to 2$，$1-x\to +0$，$\frac{1+x}{1-x}\to\infty$）

増減・凹凸表 $(x\geqq 0)$

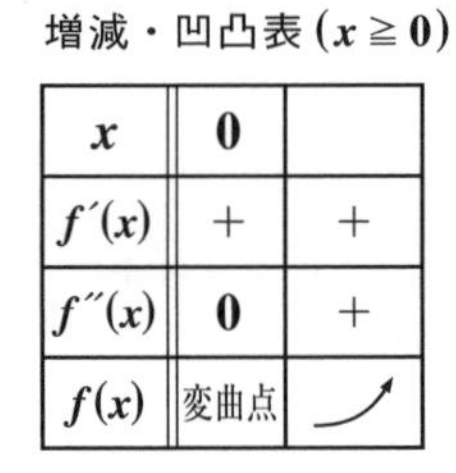

x	0	
$f'(x)$	$+$	$+$
$f''(x)$	0	$+$
$f(x)$	変曲点	↗（下に凸）

$y=f(x)$ が原点に関して対称であることを考慮して，$y=f(x)$ のグラフの概形を右に示す。……………(答)

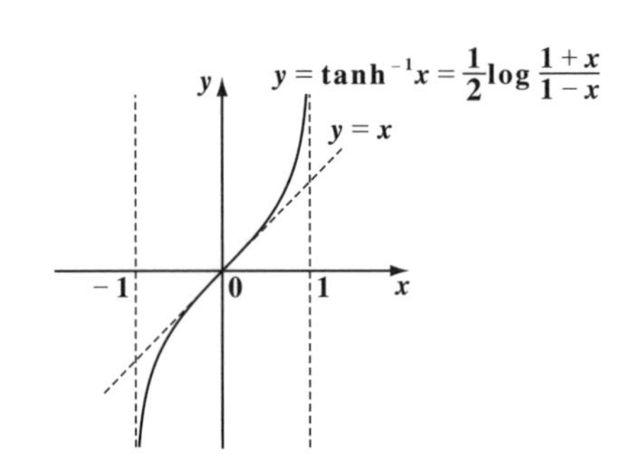

演習問題 55　● グラフの概形（Ⅳ）●

関数 $y = \sinh^{-1}x = \log(x + \sqrt{x^2+1})$ の増減・凹凸を調べて，グラフの概形を描け。

ヒント！ $y = f(x) = \sinh^{-1}x$ とおくと，$f(-x) = -f(x)$ となる。

解答＆解説

$y = f(x) = \sinh^{-1}x = \log(x + \sqrt{x^2+1})$ とおく。

$$f(-x) = \sinh^{-1}(-x) = \log\{-x + \sqrt{(-x)^2+1}\}$$

$$= \log(\sqrt{x^2+1} - x) = \log\frac{(x^2+1) - x^2}{\sqrt{x^2+1}+x}$$

（真数の分子・分母に $\sqrt{x^2+1}+x$ をかけた。）

$$= \log(\sqrt{x^2+1}+x)^{-1} = \text{(ア)}\qquad$$ より，

$y = f(x)$ は奇関数。←（原点に関して対称なグラフ）

よって，$x \geqq 0$ についてのみ調べる。

$$f'(x) = \frac{\left\{x + (x^2+1)^{\frac{1}{2}}\right\}'}{x + \sqrt{x^2+1}} = \frac{1 + \frac{1}{2}(x^2+1)^{-\frac{1}{2}}\cdot 2x}{x + \sqrt{x^2+1}} = \frac{\text{(イ)}}{\sqrt{x^2+1}(x + \sqrt{x^2+1})}$$

（分子・分母に $\sqrt{x^2+1}$ をかけた。）

$$= \frac{1}{\sqrt{x^2+1}} > 0$$ ←（$(\sinh^{-1}x)' = \dfrac{1}{\sqrt{x^2+1}}$ は公式）

より，$f(x)$ は (ウ)　　　。

$$f''(x) = -\frac{1}{2}(x^2+1)^{-\frac{3}{2}}\cdot 2x = -\frac{x}{(x^2+1)^{\frac{3}{2}}} \leqq 0$$

（x：0以上，$(x^2+1)^{\frac{3}{2}}$：⊕）

より，$f(x)$ $(x \geqq 0)$ は上に凸である。

増減・凹凸表 $(x \geqq 0)$

x	0	
$f'(x)$	+	+
$f''(x)$	0	−
$f(x)$	変曲点	↗

・$f'(0) = \dfrac{1}{\sqrt{0^2+1}} = 1$ ←（原点における接線は，直線 $y = x$）

・$\displaystyle\lim_{x\to\infty} f(x) = \lim_{x\to\infty}\log(x + \sqrt{x^2+1}) = \infty$　（$x + \sqrt{x^2+1} \to \infty$）

$y = f(x)$ が原点に関して対称であることを考慮して，$y = f(x)$ のグラフの概形を右に示す。 ……………………(答)

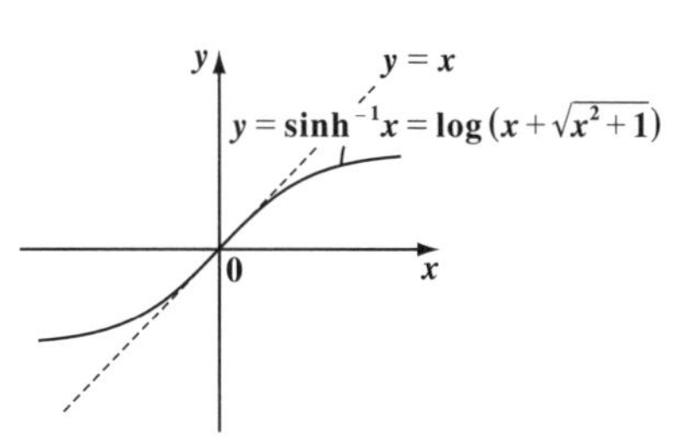

解答　(ア) $-\log(\sqrt{x^2+1}+x) = -f(x)$　(イ) $\sqrt{x^2+1}+x$　(ウ) 単調に増加する

演習問題 56 ● 関数のマクローリン展開(Ⅰ)●

(1) $f(x) = \frac{1}{1+x}$ のマクローリン展開を求めよ。

(2) (1) の結果を使って，$g(x) = \frac{1}{1-x^2}$ のマクローリン展開を求めよ。

ヒント！ (1) 公式通り求める。(2) (1) の x に $-x^2$ を代入する。

解答&解説

(1) $f(x) = (1+x)^{-1}$ より，

$f^{(1)}(x) = -\underset{1!}{1}\cdot(1+x)^{-2}$，$f^{(2)}(x) = \underset{2!}{2}\cdot(1+x)^{-3}$，$f^{(3)}(x) = -3!\cdot(1+x)^{-4}$，… より，

$f^{(1)}(0) = -1!$，$f^{(2)}(0) = 2!$，$f^{(3)}(0) = -3!$，$f^{(4)}(0) = 4!$，…

$$\therefore \frac{1}{1+x} = \underset{1}{f(0)} + \frac{\overset{-1!}{f^{(1)}(0)}}{1!}x + \frac{\overset{2!}{f^{(2)}(0)}}{2!}x^2 + \frac{\overset{-3!}{f^{(3)}(0)}}{3!}x^3 + \cdots + \frac{\overset{(-1)^n\cdot n!}{f^{(n)}(0)}}{n!}x^n + \cdots$$

$$= 1 - 1\cdot x + 1\cdot x^2 - 1\cdot x^3 + \cdots + \underset{a_n}{(-1)^n\cdot 1}\cdot x^n + \cdots$$

$\left(\text{ダランベールの収束半径 } R = \lim_{n\to\infty}\left|\frac{a_n}{a_{n+1}}\right| = \lim_{n\to\infty}\left|\frac{(-1)^n\cdot 1}{(-1)^{n+1}\cdot 1}\right| = 1\right)$

$$\therefore f(x) = \frac{1}{1+x} = 1 - x + x^2 - x^3 + \cdots + (-1)^n x^n + \cdots \quad (-1 < x < 1) \cdots(\text{答})$$

(2) (1) の結果より，

$$\frac{1}{1+t} = 1 - t + t^2 - t^3 + \cdots + (-1)^n t^n + \cdots \quad (-1 < t < 1)$$

ここで，$t = -x^2$ を代入すると，

$$\frac{1}{1+(-x^2)} = 1 - (-x^2) + (-x^2)^2 - (-x^2)^3 + \cdots + (-1)^n(-x^2)^n + \cdots$$

$(\underline{-1 < -x^2 < 1})$

$$\therefore g(x) = \frac{1}{1-x^2} = 1 + x^2 + x^4 + x^6 + \cdots + x^{2n} + \cdots \cdots(\text{答})$$

$(\underline{-1 < x < 1})$

$-1 < -x^2 < 1$ より，
$x^2 < 1$
$(x+1)(x-1) < 0$
$\therefore -1 < x < 1$

演習問題 57　● 関数のマクローリン展開（Ⅱ）●

$h(x)=\dfrac{1}{1-x}$ のマクローリン展開と，演習問題 **56(1)** の結果を利用して，$g(x)=\dfrac{1}{1-x^2}$ のマクローリン展開を求めよ。

ヒント！ (1) 公式通り求める。(2) $g(x)$ を部分分数に分解しよう。

解答＆解説

$h(x)=(1-x)^{-1}$ より，

$h^{(1)}(x)=\boxed{1}\cdot(1-x)^{-2}$, $h^{(2)}(x)=\boxed{2}\cdot(1-x)^{-3}$, $h^{(3)}(x)=3!\cdot(1-x)^{-4}$, … より，
（1 = 1!，2 = 2!）

$h^{(1)}(0)=1!$, $h^{(2)}(0)=2!$, $h^{(3)}(0)=3!$, $h^{(4)}(0)=4!$, …

$$\therefore\ \frac{1}{1-x}=h(0)+\frac{h^{(1)}(0)}{1!}x+\frac{h^{(2)}(0)}{2!}x^2+\frac{h^{(3)}(0)}{3!}x^3+\cdots+\frac{h^{(n)}(0)}{n!}x^n+\cdots$$
（$h(0)=1$，$h^{(1)}(0)=1!$，$h^{(2)}(0)=2!$，$h^{(3)}(0)=3!$，$h^{(n)}(0)=n!$）

$$=1+1\cdot x+1\cdot x^2+1\cdot x^3+\cdots+\boxed{1}\cdot x^n+\cdots$$
（$a_n=1$）

$\left(\text{ダランベールの収束半径 } R=\lim_{n\to\infty}\left|\dfrac{a_n}{a_{n+1}}\right|=\lim_{n\to\infty}\left|\dfrac{1}{1}\right|=1\right)$

$$\therefore\ h(x)=\frac{1}{1-x}=1+x+x^2+x^3+x^4+x^5+\cdots\ \cdots①\quad(-1<x<1)$$

また，前問 (1) の結果より，

$$\frac{1}{1+x}=1-x+x^2-x^3+x^4-x^5+\cdots\ \cdots②\quad(-1<x<1)$$

①＋②より，

$$\frac{1}{1-x}+\frac{1}{1+x}=2+2x^2+2x^4+2x^6+\cdots$$
← 両辺を 2 で割った！

$$\therefore\ \frac{1}{2}\left(\frac{1}{1-x}+\frac{1}{1+x}\right)=1+x^2+x^4+x^6+\cdots+x^{2n}+\cdots\ \cdots③$$

ここで，$\dfrac{1}{1-x^2}=\dfrac{1}{(1-x)(1+x)}=\dfrac{1}{2}\left(\dfrac{1}{1-x}+\dfrac{1}{1+x}\right)$ ← 部分分数分解！

これに③を代入して，

$$g(x)=\frac{1}{1-x^2}=1+x^2+x^4+x^6+\cdots+x^{2n}+\cdots\quad(-1<x<1)$$
…………(答)

演習問題 58　● 関数のマクローリン展開(Ⅲ) ●

$\frac{1}{1+x} = 1 - x + x^2 - x^3 + \cdots + (-1)^n x^n + \cdots$ $(-1 < x < 1)$ を使って，$\tan^{-1}x$ $(-1 < x < 1)$ をマクローリン展開せよ。

ヒント！ $(\tan^{-1}x)^{(1)} = \frac{1}{1+x^2}$ より，$\frac{1}{1+x} = \sum_{n=0}^{\infty}(-1)^n x^n$ の x に x^2 を代入する。

解答&解説

$f(x) = \tan^{-1}x$ とおくと，

$$f^{(1)}(x) = \frac{1}{1+x^2}$$

ここで，

$$\frac{1}{1+x} = 1 - x + x^2 - x^3 + \cdots + (-1)^n x^n + \cdots \quad (\underline{-1 < x < 1})$$

の x に x^2 を代入すれば，

$-1 < x^2 < 1$ より，$x^2 < 1$
$(x+1)(x-1) < 0$ $\therefore -1 < x < 1$

$$f^{(1)}(x) = \frac{1}{1+x^2} = 1 - x^2 + x^4 - x^6 + x^8 - x^{10} + \cdots \quad (\underline{-1 < x < 1})$$

これを順次 x で微分して，

$$f^{(2)}(x) = -2x + 4x^3 - 6x^5 + 8x^7 - 10x^9 + \cdots$$

$$f^{(3)}(x) = -2 + 12x^2 - 30x^4 + 56x^6 - 90x^8 + \cdots$$

$$f^{(4)}(x) = 24x - 120x^3 + 336x^5 - 720x^7 + \cdots$$

$$f^{(5)}(x) = 24 - 360x^2 + 1680x^4 - 5040x^6 + \cdots$$

………………

$$\therefore f^{(1)}(0) = 1,\ f^{(2)}(0) = 0,\ f^{(3)}(0) = \underset{-2!}{-2},\ f^{(4)}(0) = 0,\ f^{(5)}(0) = \underset{4!}{24},\ \cdots$$

以上より，求める $f(x) = \tan^{-1}x$ $(-1 < x < 1)$ のマクローリン展開は，

$$\tan^{-1}x = \underbrace{f(0)}_{0} + \underbrace{\frac{f^{(1)}(0)}{1!}}_{1}x + \underbrace{\frac{f^{(2)}(0)}{2!}}_{0}x^2 + \underbrace{\frac{f^{(3)}(0)}{3!}}_{-2!}x^3 + \underbrace{\frac{f^{(4)}(0)}{4!}}_{0}x^4 + \underbrace{\frac{f^{(5)}(0)}{5!}}_{4!}x^5 + \cdots$$

$$= x - \frac{1}{3}x^3 + \frac{1}{5}x^5 - \frac{1}{7}x^7 + \cdots \quad (-1 < x < 1) \quad \cdots\cdots\cdots(答)$$

演習問題 59　● 関数のマクローリン展開（Ⅳ）●

(1) $\log(1+x)=x-\frac{1}{2}x^2+\frac{1}{3}x^3-\frac{1}{4}x^4+\cdots+\frac{(-1)^{n-1}}{n}x^n+\cdots$ …① $(-1<x\leqq 1)$

を使って，$\log\frac{1+x}{1-x}$ をマクローリン展開せよ。

(2) $\sin x=\frac{x}{1!}-\frac{x^3}{3!}+\frac{x^5}{5!}-\frac{x^7}{7!}+\cdots+\frac{(-1)^{n-1}\cdot x^{2n-1}}{(2n-1)!}+\cdots$ …② $(-\infty<x<\infty)$

を使って，$\sin x\cos x$ をマクローリン展開せよ。

ヒント！ (1) は，$\log\frac{1+x}{1-x}=\log(1+x)-\log(1-x)$，(2) は，$\sin x\cos x=\frac{1}{2}\sin 2x$ と変形し，右辺の各項をマクローリン展開する。

解答＆解説

(1) $\log(1+x)=x-\frac{1}{2}x^2+\frac{1}{3}x^3-\frac{1}{4}x^4+\cdots$ …① $(-1<x\leqq 1)$

①の x に $-x$ を代入して，　（$-1<-x\leqq 1$ より）

$\log(1-x)=$ (ア)＿＿＿＿ …②　((イ)＿＿＿＿)

①－②より，$\log(1+x)-\log(1-x)=2\left(x+\frac{1}{3}x^3+\frac{1}{5}x^5+\cdots\right)$　（$-1<x\leqq 1$ かつ $-1\leqq x<1$ より）

$\therefore \log\frac{1+x}{1-x}=2\left(x+\frac{1}{3}x^3+\frac{1}{5}x^5+\frac{1}{7}x^7+\cdots\right)$ ((ウ)＿＿＿＿) …………(答)

(2) $\sin x=\frac{x}{1!}-\frac{x^3}{3!}+\frac{x^5}{5!}-\frac{x^7}{7!}+\cdots$ …③ $(-\infty<x<\infty)$

③の x に $2x$ を代入して，　（$-\infty<2x<\infty$ より）

$\sin 2x=\frac{2x}{1!}-\frac{(2x)^3}{3!}+\frac{(2x)^5}{5!}-\frac{(2x)^7}{7!}+\cdots$ ((エ)＿＿＿＿)

$\therefore \sin x\cos x=\frac{1}{2}\sin 2x=\frac{1}{2}\left\{\frac{2x}{1!}-\frac{(2x)^3}{3!}+\frac{(2x)^5}{5!}-\frac{(2x)^7}{7!}+\cdots\right\}$

$(-\infty<x<\infty)$ ……(答)

解答　(ア) $-x-\frac{1}{2}x^2-\frac{1}{3}x^3-\frac{1}{4}x^4-\cdots$　(イ) $-1\leqq x<1$　(ウ) $-1<x<1$　(エ) $-\infty<x<\infty$

演習問題 60　●マクローリン展開と関数の極限(Ⅰ)●

$\cos x = 1 - \dfrac{x^2}{2!} + \dfrac{x^4}{4!} - \dfrac{x^6}{6!} + \cdots + \dfrac{(-1)^n \cdot x^{2n}}{(2n)!} + \cdots$ ……① $(-\infty < x < \infty)$ と

$\tan^{-1}x = x - \dfrac{x^3}{3} + \dfrac{x^5}{5} - \dfrac{x^7}{7} + \cdots + \dfrac{(-1)^{n-1}x^{2n-1}}{2n-1} + \cdots$ ……② $(-1 < x < 1)$

を使って，極限 $\displaystyle\lim_{x \to 0} \frac{\cos x \cdot \tan^{-1}x - x}{x^3}$ を求めよ。

ヒント！ $\cos x$ と $\tan^{-1}x$ のマクローリン展開を極限の式に代入して，計算する。

解答＆解説

①と②より，

$$\cos x \cdot \tan^{-1}x = \left(1 - \frac{x^2}{2!} + \frac{x^4}{4!} - \frac{x^6}{6!} + \cdots\right) \cdot \left(x - \frac{x^3}{3} + \frac{x^5}{5} - \frac{x^7}{7} + \cdots\right)$$

$$= x - \frac{x^3}{3} + \frac{x^5}{5} - \frac{x^7}{7} + \cdots$$

$$- \frac{x^3}{2!} + \frac{x^5}{2! \cdot 3} - \frac{x^7}{2! \cdot 5} + \frac{x^9}{2! \cdot 7} - \cdots$$

$$+ \frac{x^5}{4!} - \frac{x^7}{4! \cdot 3} + \frac{x^9}{4! \cdot 5} - \frac{x^{11}}{4! \cdot 7} + \cdots$$

$$- \frac{x^7}{6!} + \frac{x^9}{6! \cdot 3} - \frac{x^{11}}{6! \cdot 5} + \frac{x^{13}}{6! \cdot 7} - \cdots$$

………………………………………

$$= x - \left(\frac{1}{3} + \frac{1}{2}\right)x^3 + \left(\frac{1}{5} + \frac{1}{2! \cdot 3} + \frac{1}{4!}\right)x^5 - \left(\frac{1}{7} + \frac{1}{2! \cdot 5} + \frac{1}{4! \cdot 3} + \frac{1}{6!}\right)x^7 + \cdots$$

$$= x - \frac{5}{6}x^3 + \frac{49}{120}x^5 - \frac{1301}{5040}x^7 + \cdots$$

$$\therefore \cos x \cdot \tan^{-1}x - x = -\frac{5}{6}x^3 + \frac{49}{120}x^5 - \frac{1301}{5040}x^7 + \cdots \quad (-1 < x < 1)$$

この両辺を x^3 $(-1 < x < 0,\ 0 < x < 1)$ で割って，

$$\frac{\cos x \cdot \tan^{-1}x - x}{x^3} = -\frac{5}{6} + \frac{49}{120}x^2 - \frac{1301}{5040}x^4 + \cdots$$

$$\therefore \lim_{x \to 0} \frac{\cos x \cdot \tan^{-1}x - x}{x^3} = \lim_{x \to 0}\left(-\frac{5}{6} + \underbrace{\frac{49}{120}x^2}_{\to 0} - \underbrace{\frac{1301}{5040}x^4}_{\to 0} + \underbrace{\cdots}_{\to 0}\right) = -\frac{5}{6} \quad \cdots(\text{答})$$

演習問題 61 ● マクローリン展開と関数の極限（Ⅱ）●

$e^x = 1 + \frac{x}{1!} + \frac{x^2}{2!} + \frac{x^3}{3!} + \cdots + \frac{x^n}{n!} + \cdots$ …① $(-\infty < x < \infty)$ と

$\sin x = \frac{x}{1!} - \frac{x^3}{3!} + \frac{x^5}{5!} - \frac{x^7}{7!} + \cdots + \frac{(-1)^{n-1} \cdot x^{2n-1}}{(2n-1)!} + \cdots$ …② $(-\infty < x < \infty)$

を使って，極限 $\lim_{x \to 0} \frac{e^x + \sin x - 1 - 2x}{x^2}$ を求めよ。

ヒント！ e^x と $\sin x$ のマクローリン展開を与式に代入する。

解答＆解説

①と②より，

$$e^x + \sin x = \left(1 + \frac{x}{1!} + \frac{x^2}{2!} + \frac{x^3}{3!} + \frac{x^4}{4!} + \frac{x^5}{5!} + \frac{x^6}{6!} + \frac{x^7}{7!} + \cdots\right)$$
$$+ \left(\frac{x}{1!} - \frac{x^3}{3!} + \frac{x^5}{5!} - \frac{x^7}{7!} + \cdots\right)$$
$$= 1 + 2x + \frac{x^2}{2} + \frac{x^4}{24} + \frac{x^5}{60} + \frac{x^6}{720} + \cdots$$

$\therefore\ e^x + \sin x - 1 - 2x =$ (ア) $(-\infty < x < \infty)$

この両辺を x^2 $(x \neq 0)$ で割って，

$\frac{e^x + \sin x - 1 - 2x}{x^2} =$ (イ)

$$\therefore \lim_{x \to 0} \frac{e^x + \sin x - 1 - 2x}{x^2} = \lim_{x \to 0}\left(\frac{1}{2} + \frac{1}{24}x^2 + \frac{1}{60}x^3 + \frac{1}{720}x^4 + \cdots\right)$$

（各項 → 0）

$=$ (ウ) ……………………………………（答）

解答 (ア) $\frac{1}{2}x^2 + \frac{1}{24}x^4 + \frac{1}{60}x^5 + \frac{1}{720}x^6 + \cdots$ (イ) $\frac{1}{2} + \frac{1}{24}x^2 + \frac{1}{60}x^3 + \frac{1}{720}x^4 + \cdots$ (ウ) $\frac{1}{2}$

講義 Lecture 3 積分法とその応用 (1変数関数)

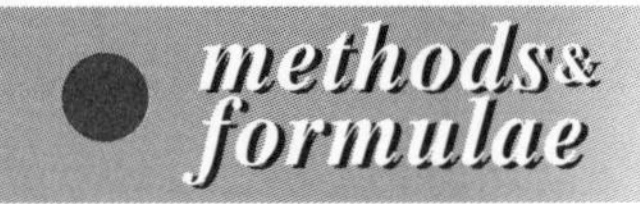

1. 不定積分

$f(x)$ の不定積分を次式で定義する。

$$\int f(x)dx = F(x) + C$$ ($F(x)$: 原始関数, C: 積分定数)

ここで，不定積分の線形性の公式を示す。

不定積分の線形性

(1) $\int kf(x)dx = k\int f(x)dx$　(2) $\int \{f(x) \pm g(x)\}dx = \int f(x)dx \pm \int g(x)dx$

次に，積分計算によく使う 16 の基本公式を下に示す。

積分計算の 16 の基本公式

(1) $\int x^{\alpha}dx = \frac{1}{\alpha+1}x^{\alpha+1}$ $(\alpha \neq -1)$

(2) $\int e^x dx = e^x$

(3) $\int a^x dx = \frac{a^x}{\log a}$ $(a > 0)$

(4) $\int \frac{1}{x}dx = \log|x|$ $(x \neq 0)$

(5) $\int \frac{f'(x)}{f(x)}dx = \log|f(x)|$ $(f(x) \neq 0)$

(6) $\int \sin x\,dx = -\cos x$

(7) $\int \cos x\,dx = \sin x$

(8) $\int \sec^2 x\,dx = \tan x$　($\sec^2 x = \frac{1}{\cos^2 x}$)

(9) $\int \frac{1}{\sqrt{1-x^2}}dx = \sin^{-1}x$ $(x \neq \pm 1)$

(10) $\int \frac{1}{1+x^2}dx = \tan^{-1}x$

(11) $\int \sinh x\,dx = \cosh x$

(12) $\int \cosh x\,dx = \sinh x$

(13) $\int \frac{1}{\cosh^2 x}dx = \tanh x$

(14) $\int \frac{1}{\sqrt{x^2-1}}dx = \cosh^{-1}x$

(15) $\int \frac{1}{\sqrt{x^2+1}}dx = \sinh^{-1}x$

(16) $\int \frac{1}{1-x^2}dx = \tanh^{-1}x$ $(-1 < x < 1)$

(ただし，積分定数 C を省略して示した。)

さらに，頻出の積分の応用公式を下に紹介する。

積分計算の応用公式

(Ⅰ) $\int \frac{1}{a^2+x^2}dx = \frac{1}{a}\tan^{-1}\frac{x}{a}$　$(a \neq 0)$

(Ⅱ) $\int \frac{1}{\sqrt{a^2-x^2}}dx = \sin^{-1}\frac{x}{a}$　$(-a < x < a$，a：正の定数$)$

(Ⅲ) $\int \sqrt{a^2-x^2}dx = \frac{1}{2}\left(x\sqrt{a^2-x^2} + a^2\sin^{-1}\frac{x}{a}\right)$ ← 演習問題 **66** (**P98**) を参照

$(-a < x < a$，a: 正の定数$)$

(Ⅳ) $\int \frac{1}{\sqrt{x^2+\alpha}}dx = \log\left|x+\sqrt{x^2+\alpha}\right|$　$(\alpha \neq 0)$　$(x^2+\alpha > 0)$

$\alpha = 1$ のとき，**P86** の公式 (**15**) になる。$(\because \sinh^{-1}x = \log(x+\sqrt{x^2+1}))$

(Ⅴ) $\int \sqrt{x^2+\alpha}dx = \frac{1}{2}\left(x\sqrt{x^2+\alpha} + \alpha\log\left|x+\sqrt{x^2+\alpha}\right|\right)$　$(x^2+\alpha \geqq 0)$

(積分定数 C は省略した。α は負でもよい)

合成関数 $f(g(x))$ について，$g(x) = t$ とおいて積分する**置換積分法**を示す。

置換積分の公式

$\int f(g(x)) \cdot g'(x)dx = \int f(t)dt$　(ここで，$g(x) = t$ と置換した。)

$(ex)\int \frac{x}{1+x^4}dx$　について，$x^2 = t$ と，変数を x から t に置換する。

この置換積分のステップは次の **2** つである。

(ⅰ) $x^2 = t$　……①　とおく。

(ⅱ) dx と dt の関係式を求める。

そのためには，

①の左辺 $= x^2$ を x で微分して，dx をかける。
①の右辺 $= t$ を t で微分して，dt をかける。

$2x \cdot dx = 1 \cdot dt$　　$xdx = \frac{1}{2}dt$

($2x$：x の式を x で微分)　(1：t の式を t で微分)

以上 (i)(ii) のステップから，

$$\int \frac{x}{1+x^4}dx = \int \frac{1}{1+x^4}xdx = \int \frac{1}{1+t^2}\cdot\frac{1}{2}dt = \frac{1}{2}\int \frac{1}{1+t^2}dt$$

($x^4 = t^2$)

公式：$\int \frac{1}{1+t^2}dt = \tan^{-1}t$

$$= \frac{1}{2}\tan^{-1}t + C = \frac{1}{2}\tan^{-1}x^2 + C$$ と計算できる。

次に，典型的な置換積分のパターンを示す。

置換積分の典型的な置き換えパターン

(Ⅰ) $\int f(\sin x)\cdot\cos x dx$ の場合，$\sin x = t$ とおく。

(Ⅱ) $\int f(\cos x)\cdot\sin x dx$ の場合，$\cos x = t$ とおく。

(Ⅲ) $\int \sqrt{a^2 - x^2}dx$ の場合，$x = a\sin\theta$(または $a\cos\theta$) とおく。

(Ⅳ) $\int f(\sin x, \cos x)dx$ の場合，$\tan\frac{x}{2} = t$ とおく。

（$f(\sin x, \cos x)$：$\sin x$ と $\cos x$ の関数のこと）

特に，(Ⅳ) について，$\tan\frac{x}{2} = t$ ……① とおくと，

$$\sin x = \frac{2t}{1+t^2} \qquad \cos x = \frac{1-t^2}{1+t^2}$$ と変形できる。← 公式！

また，①から，dx と dt の関係は，

$$\left(\sec^2\frac{x}{2}\right)\cdot\left(\frac{x}{2}\right)'\cdot dx = 1\cdot dt \qquad \frac{1}{2}\left(1+\tan^2\frac{x}{2}\right)dx = dt$$

（$\sec^2\frac{x}{2} = 1+\tan^2\frac{x}{2}$，$\tan^2\frac{x}{2} = t^2$）

左辺：$\tan\frac{x}{2}$ を x で微分して dx をかけた。

右辺：t を t で微分して dt をかけた。

$$\therefore\ dx = \frac{2}{1+t^2}dt$$

以上より，$\int f(\sin x,\ \cos x)dx = \int f\left(\frac{2t}{1+t^2},\ \frac{1-t^2}{1+t^2}\right)\frac{2}{1+t^2}dt$

と，t の有理関数の積分にもち込める。

2 つの関数の積の積分に役立つのが，次の**部分積分法**である。

部分積分法

(Ⅰ) $\int f'(x)\cdot g(x)dx = f(x)\cdot g(x) - \underline{\int f(x)\cdot g'(x)dx}$ ←簡単化

(Ⅱ) $\int f(x)\cdot g'(x)dx = f(x)\cdot g(x) - \underline{\int f'(x)\cdot g(x)dx}$ ←簡単化

2. 定積分

$f(x)$ の原始関数の **1** つを $F(x)$ とおくと，$f(x)$ の定積分 $\int_a^b f(x)dx$ を，

$\int_a^b f(x)dx = [F(x)]_a^b = F(b) - F(a)$　で定義する。

ここでまず，定積分の重要な性質を下に示そう。

定積分の性質

(1) $\int_a^a f(x)dx = 0$　　(2) $\int_a^b f(x)dx = -\int_b^a f(x)dx$

(3) $\int_a^b f(x)dx = \int_a^c f(x)dx + \int_c^b f(x)dx$

(4) $\int_a^b kf(x)dx = k\int_a^b f(x)dx$　(k：定数)

(5) $\int_a^b \{f(x)\pm g(x)\}dx = \int_a^b f(x)dx \pm \int_a^b g(x)dx$

（(4)(5)：線形性）

次に，定積分における置換積分の公式を示す。

定積分での置換積分法

$t = g(x)$ が閉区間 $[a,\ b]$ で微分可能，かつ $g(a) = \alpha$，$g(b) = \beta$ のとき，次の置換積分の公式が成り立つ。

$$\int_a^b f(g(x))g'(x)dx = \int_\alpha^\beta f(t)dt \quad \begin{pmatrix} x : a \to b \text{ のとき} \\ t : \alpha \to \beta \end{pmatrix}$$

定積分では，これが新たに加わる。

また，定積分における部分積分法の公式を下に示す。

定積分での部分積分法

(1) $\int_a^b f'(x)g(x)dx = [f(x)g(x)]_a^b - \underline{\int_a^b f(x)g'(x)dx}$ ← 簡単化

(2) $\int_a^b f(x)g'(x)dx = [f(x)g(x)]_a^b - \underline{\int_a^b f'(x)g(x)dx}$ ← 簡単化

区間 $\left[0,\ \frac{\pi}{2}\right]$ での $\sin^n x$ や $\cos^n x$ の定積分に便利な公式を示す。

$\sin^n x$ と $\cos^n x$ の定積分

(Ⅰ) $I_n = \int_0^{\frac{\pi}{2}} \sin^n x dx$ とおくと，$I_n = \frac{n-1}{n} I_{n-2}$ $(n = 2, 3, 4, \cdots)$

(Ⅱ) $J_n = \int_0^{\frac{\pi}{2}} \cos^n x dx$ とおくと，$J_n = \frac{n-1}{n} J_{n-2}$ $(n = 2, 3, 4, \cdots)$

3. 定積分のさまざまな応用

区間 $[a,\ b]$ で $f(x) \geqq 0$ である曲線 $y = f(x)$ と x 軸とで挟まれる図形の面積 S は，次式で与えられる。

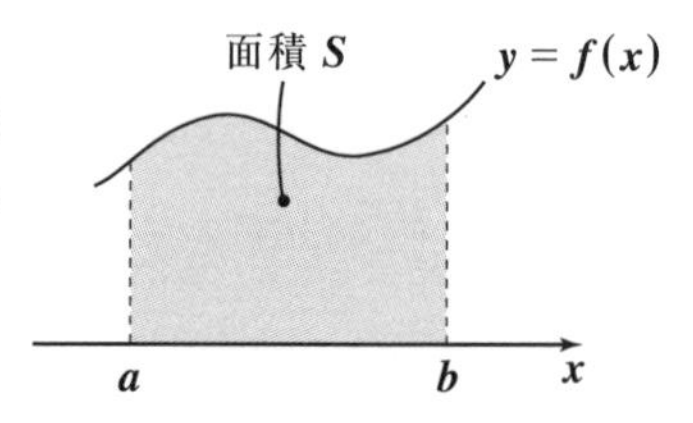

$$S = \int_a^b f(x)dx$$

一般に，区間 $[a,\ b]$ において，2つの曲線 $y = f(x)$，$y = g(x)$ で挟まれた図形の面積 S は，次式で計算できる。

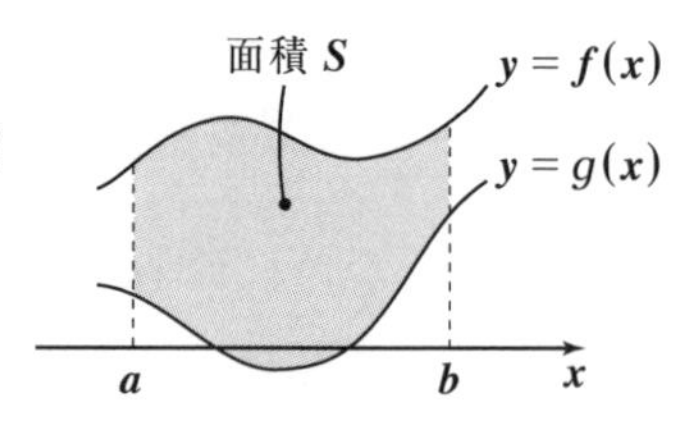

$$S = \int_a^b \{f(x) - g(x)\}dx$$

（ただし，$a \leqq x \leqq b$ で，$f(x) \geqq g(x)$ とする。）

積分区間の端点が不連続な関数は，それが有界か有界でない（$\pm\infty$に発散する）かに関わらず，次の“**広義積分**”を利用する。

(1) 区間$[a, b)$で連続な関数$f(x)$について，

$\displaystyle\lim_{c\to b-0}\int_a^c f(x)dx$が極限値をもつとき，

それを広義積分$\displaystyle\int_a^b f(x)dx$と定義する。

(2) 区間$(a, b]$で連続な関数$f(x)$について，

$\displaystyle\lim_{c\to a+0}\int_c^b f(x)dx$が極限値をもつとき，

それを広義積分$\displaystyle\int_a^b f(x)dx$と定義する。

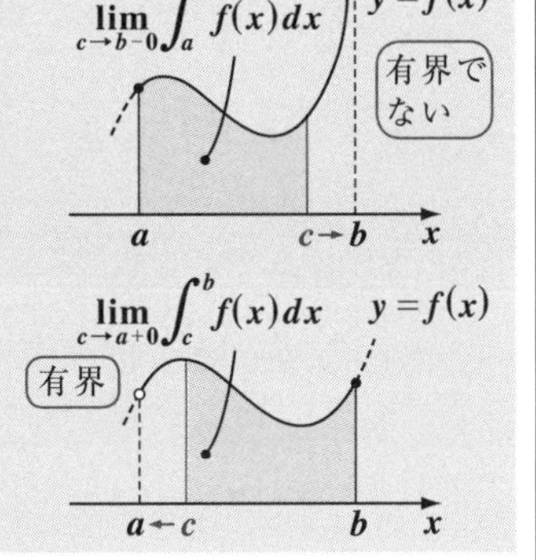

次に，積分区間が$[a, \infty)$などとなる“**無限積分**”の定義も下に示そう。

区間$(-\infty, \infty)$で定義される関数$f(x)$について，

(Ⅰ) $\displaystyle\lim_{p\to-\infty}\int_p^b f(x)dx$が極限値をもつとき，

それを無限積分$\displaystyle\int_{-\infty}^b f(x)dx$と定義する。

(Ⅱ) $\displaystyle\lim_{q\to\infty}\int_a^q f(x)dx$が極限値をもつとき，

それを無限積分$\displaystyle\int_a^\infty f(x)dx$と定義する。

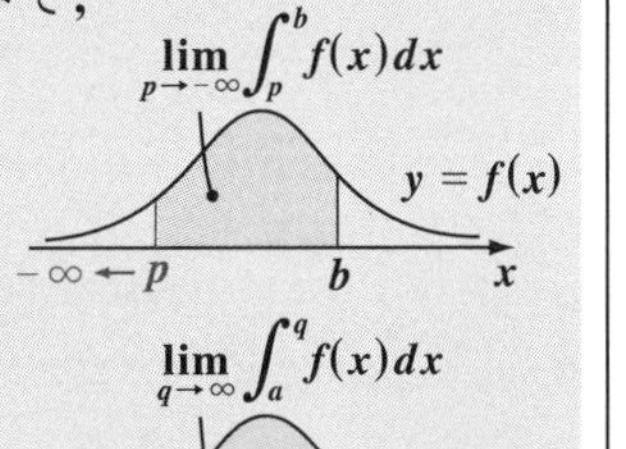

さらに，媒介変数表示された曲線や，極方程式で表された曲線に関する重要な面積公式を，次に示す。

さまざまな面積公式

(Ⅰ) 図のような媒介変数表示された曲線 $x=f(\theta),\ y=g(\theta)\ (\alpha \leqq \theta \leqq \beta)$ と x 軸とで挟まれる図形の面積 S は，次式で求める。

$$S=\int_a^b y\,dx=\int_\alpha^\beta y\frac{dx}{d\theta}d\theta \quad \begin{pmatrix} x : a \to b \\ \theta : \alpha \to \beta \end{pmatrix}$$

曲線
$\begin{cases} x=f(\theta) \\ y=g(\theta) \end{cases}$
$(\theta=\beta)$
$(\theta=\alpha)$
S
a　b　x

(Ⅱ) 極方程式 $r=f(\theta)$ で表された曲線と 2 直線 $\theta=\alpha$，$\theta=\beta$ で囲まれる図形の面積を S とおくと，

微小面積 ΔS は右図より，

$$\Delta S \fallingdotseq \frac{1}{2}r^2\cdot\Delta\theta \quad \therefore \frac{\Delta S}{\Delta\theta} \fallingdotseq \frac{1}{2}r^2$$

ここで，$\theta \to 0$ のとき，$\dfrac{dS}{d\theta}=\dfrac{1}{2}r^2$

$$\therefore S=\int_\alpha^\beta \frac{1}{2}r^2d\theta=\frac{1}{2}\int_\alpha^\beta r^2d\theta$$

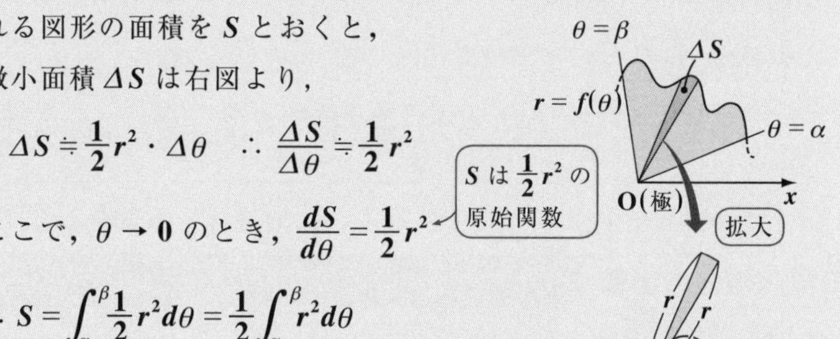

ここで，回転体の体積計算の公式と表面積の公式を，次に示す。(この表面積の公式の証明については，演習問題 88(P124) を参照。)

回転体の体積と表面積の公式

(Ⅰ) 区間 $[a,\ b]$ の範囲で，$y=f(x)$ と x 軸とで挟まれる図形を x 軸のまわりに回転してできる回転体の体積 V_x と表面積 S_x は，

$$V_x=\pi\int_a^b f(x)^2dx$$

$$S_x=2\pi\int_a^b y\sqrt{1+\left(\frac{dy}{dx}\right)^2}dx$$

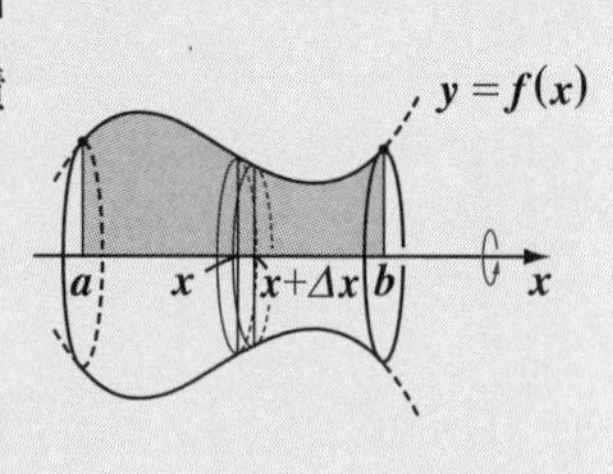

(Ⅱ) 区間 $[c,\ d]$ の範囲で，$x=g(y)$ と y 軸とで挟まれる図形を y 軸のまわりに回

転してできる回転体の体積 V_y と表面積 S_y は，

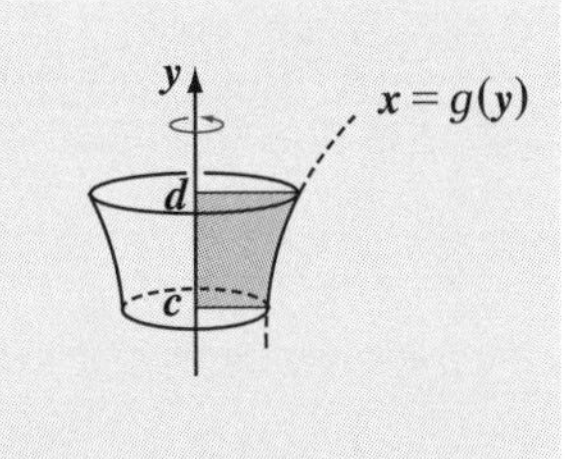

$$V_y = \pi\int_c^d g(y)^2 dy$$

$$S_y = 2\pi\int_c^d x\sqrt{1+\left(\frac{dx}{dy}\right)^2}dy$$

(Ⅲ) バウムクーヘン型積分

区間 $[a, b]$ の範囲で，$y = f(x)$ $(\geqq 0)$ と x 軸とで挟まれる図形を y 軸のまわりに回転してできる回転体の体積 V は，

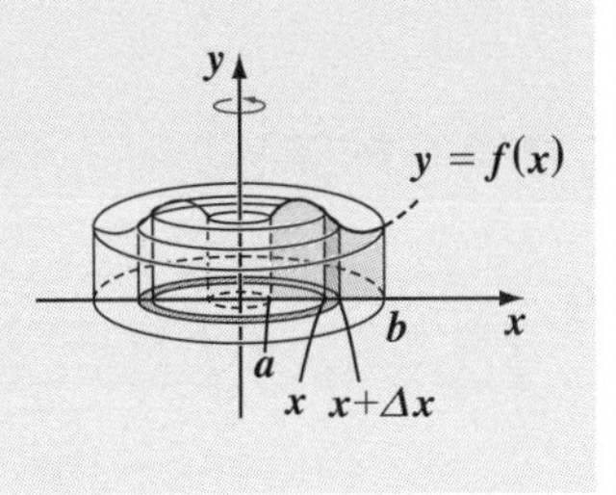

$$V = 2\pi\int_a^b x\cdot f(x)dx$$

最後に，陽関数 $y = f(x)$ や媒介変数で表された曲線，極方程式で表された曲線の長さについても，その計算公式を下に示そう。

曲線の長さの公式

(Ⅰ) 微分可能な曲線 $y = f(x)$ の，区間 $[a, b]$ における曲線の長さ L は，

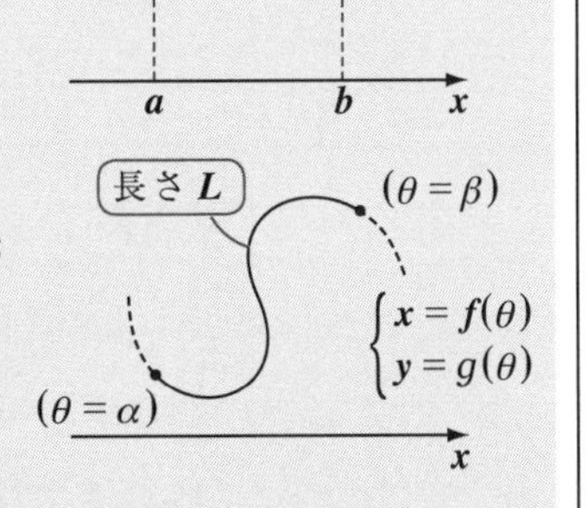

$$L = \int_a^b \sqrt{1+f'(x)^2}\,dx$$

(Ⅱ) 微分可能な媒介変数表示の曲線 $x = f(\theta)$，$y = g(\theta)$ の，$\alpha \leqq \theta \leqq \beta$ における曲線の長さ L は，

$$L = \int_\alpha^\beta \sqrt{\left(\frac{dx}{d\theta}\right)^2+\left(\frac{dy}{d\theta}\right)^2}\,d\theta$$

(Ⅲ) 微分可能な極方程式 $r = f(\theta)$ で表される曲線の，$\alpha \leqq \theta \leqq \beta$ における曲線の長さ L は，

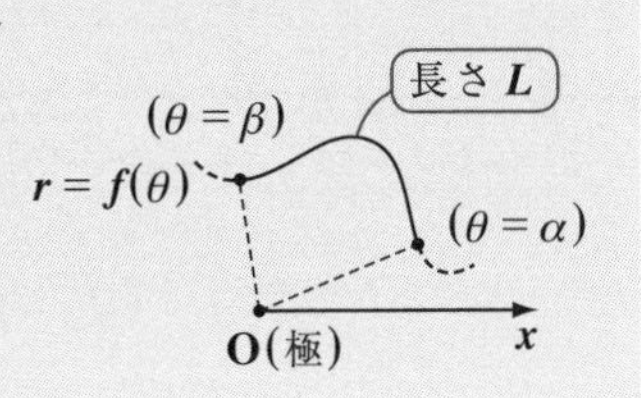

$$L = \int_\alpha^\beta \sqrt{r^2+\left(\frac{dr}{d\theta}\right)^2}\,d\theta$$

演習問題 62　●不定積分の計算(Ⅰ)●

次の不定積分を求めよ。

(1) $\int \frac{x^3+2}{x^2+1}dx$　　(2) $\int \frac{2}{x^4-1}dx$　　(3) $\int \frac{3}{\sqrt{16-4x^2}}dx$

ヒント！ (1) 分子 $= x(x^2+1)-x+2$ と変形する。(2) 部分分数分解型の積分。(3) 分母を $\sqrt{16-4x^2}=2\sqrt{4-x^2}$ と変形する。

解答＆解説

有理関数　$\frac{f'}{f}$　積分して $\tan^{-1}x$ になる。

(1) $\int \frac{x^3+2}{x^2+1}dx = \int \frac{x(x^2+1)-x+2}{x^2+1}dx = \int \left(x - \frac{1}{2}\cdot\frac{2x}{x^2+1} + 2\cdot\frac{1}{x^2+1}\right)dx$

$= \frac{1}{2}x^2 - \frac{1}{2}\log(x^2+1) + 2\cdot\tan^{-1}x + C$ ……………………(答)

⊕より絶対値記号は不要

(2) $\int \frac{2}{x^4-1}dx = \int \frac{2}{(x^2-1)(x^2+1)}dx$

$= \int\left(\frac{1}{x^2-1} - \frac{1}{x^2+1}\right)dx = \int\left\{\frac{1}{(x-1)(x+1)} - \frac{1}{x^2+1}\right\}dx$

部分分数に分解

$\frac{f'}{f}$　$\frac{g'}{g}$

$= \int\left\{\frac{1}{2}\left(\frac{1}{x-1} - \frac{1}{x+1}\right) - \frac{1}{x^2+1}\right\}dx$

部分分数に分解

$= \frac{1}{2}(\log|x-1| - \log|x+1|) - \tan^{-1}x + C$

$= \frac{1}{2}\log\left|\frac{x-1}{x+1}\right| - \tan^{-1}x + C$ ……………………(答)

(3) $\int \frac{3}{\sqrt{16-4x^2}}dx = \int \frac{3}{2\sqrt{4-x^2}}dx$

$= \frac{3}{2}\int \frac{1}{\sqrt{4-x^2}}dx$　← 公式：$\int \frac{1}{\sqrt{a^2-x^2}}dx = \sin^{-1}\frac{x}{a}$ より

$= \frac{3}{2}\cdot\sin^{-1}\frac{x}{2} + C$ ……………………(答)

演習問題 63　● 不定積分の計算(Ⅱ) ●

次の不定積分を求めよ。

(1) $\displaystyle\int \frac{x+10}{2x^2+5}dx$　　(2) $\displaystyle\int \frac{1}{x^2-2}dx$　　(3) $\displaystyle\int \frac{\sqrt{3}}{\sqrt{9-3x^2}}dx$

ヒント！ (1) $\displaystyle\frac{x+10}{2x^2+5}=\frac{x}{2x^2+5}+\frac{10}{2x^2+5}$ と分解する。(2) 部分分数に分解する。(3) 分子・分母を $\sqrt{3}$ で割る。

解答＆解説

(1) $\displaystyle\int \frac{x+10}{2x^2+5}dx=\int\left(\frac{x}{2x^2+5}+\frac{10}{2x^2+5}\right)dx=\int\left(\frac{1}{4}\cdot\frac{4x}{2x^2+5}+\frac{10}{2}\cdot\frac{1}{x^2+\frac{5}{2}}\right)dx$　（$\frac{4x}{2x^2+5}$ は $\frac{f'}{f}$，$\frac{5}{2}$ は a^2）

$\displaystyle=\frac{1}{4}\cdot$ (ア) $\displaystyle+5\cdot\sqrt{\frac{2}{5}}$ (イ) $+C$ ← 公式：$\displaystyle\int\frac{1}{a^2+x^2}dx=\frac{1}{a}\tan^{-1}\frac{x}{a}$

$\displaystyle=\frac{1}{4}\cdot\log(2x^2+5)+\sqrt{10}\tan^{-1}\frac{\sqrt{10}}{5}x+C$ ……………………(答)

(2) $\displaystyle\int\frac{1}{x^2-2}dx=\int\frac{1}{(x-\sqrt{2})(x+\sqrt{2})}dx=\frac{1}{2\sqrt{2}}\int$ (ウ) dx

$\displaystyle=\frac{1}{2\sqrt{2}}\left(\log|x-\sqrt{2}|-\log|x+\sqrt{2}|\right)+C=\frac{\sqrt{2}}{4}$ (エ) $+C$ ………(答)

(3) $\displaystyle\int\frac{\sqrt{3}}{\sqrt{9-3x^2}}dx=\int\frac{1}{\sqrt{3-x^2}}dx$　（3 は a^2）→ 公式：$\displaystyle\int\frac{1}{\sqrt{a^2-x^2}}dx=\sin^{-1}\frac{x}{a}$ より

$=$ (オ) ……………………………………………(答)

解答　(ア) $\log(2x^2+5)$　(イ) $\displaystyle\tan^{-1}\sqrt{\frac{2}{5}}x$ $\left(\text{または，}\tan^{-1}\frac{\sqrt{10}}{5}x\right)$　(ウ) $\displaystyle\left(\frac{1}{x-\sqrt{2}}-\frac{1}{x+\sqrt{2}}\right)$

(エ) $\displaystyle\log\left|\frac{x-\sqrt{2}}{x+\sqrt{2}}\right|$　(オ) $\displaystyle\sin^{-1}\frac{x}{\sqrt{3}}+C$ $\left(\text{または，}\sin^{-1}\frac{\sqrt{3}}{3}x+C\right)$

演習問題 64　● 不定積分の計算 (Ⅲ) ●

次の不定積分を求めよ。

(1) $\int \sqrt{x^2+2}\,dx$　　(2) $\int \frac{x^2-1}{\sqrt{x^2-3}}dx$　　(3) $\int \sin^{-1}x\,dx$

ヒント！ (1) 公式通り積分する。(2) 積分の応用公式を使う。(3) 部分積分法を用いる。

解答＆解説

(1) $\int \sqrt{x^2+2}\,dx = \frac{1}{2}\left(x\sqrt{x^2+2} + 2\log\left|x+\sqrt{x^2+2}\right|\right) + C$ ……………………(答)

公式：$\int \sqrt{x^2+\alpha}\,dx = \frac{1}{2}\left(x\sqrt{x^2+\alpha} + \alpha\log\left|x+\sqrt{x^2+\alpha}\right|\right)$ を使った！

(2) $\int \frac{x^2-3+2}{\sqrt{x^2-3}}dx = \int \Big(\underbrace{\sqrt{x^2-3}}_{(\text{i})} + 2\cdot\underbrace{\frac{1}{\sqrt{x^2-3}}}_{(\text{ii})}\Big)dx$

$= \underbrace{\frac{1}{2}\left(x\sqrt{x^2-3} - 3\log\left|x+\sqrt{x^2-3}\right|\right)}_{(\text{i})} + 2\cdot\underbrace{\log\left|x+\sqrt{x^2-3}\right|}_{(\text{ii})} + C$

公式：(ｉ) $\int \sqrt{x^2+\alpha}\,dx = \frac{1}{2}\left(x\sqrt{x^2+\alpha} + \alpha\log\left|x+\sqrt{x^2+\alpha}\right|\right)$

(ⅱ) $\int \frac{1}{\sqrt{x^2+\alpha}}dx = \log\left|x+\sqrt{x^2+\alpha}\right|$ （α：実数） を使った！

$= \frac{1}{2}\left(x\sqrt{x^2-3} + \log\left|x+\sqrt{x^2-3}\right|\right) + C$ ……………………(答)

(3) $\int 1\cdot\sin^{-1}x\,dx = \int \overset{1}{x'}\cdot\sin^{-1}x\,dx = x\cdot\sin^{-1}x - \int x\cdot(\sin^{-1}x)'dx$

$= x\cdot\sin^{-1}x - \int \frac{x}{\sqrt{1-x^2}}dx$ ← $(\sin^{-1}x)' = \frac{1}{\sqrt{1-x^2}}$

部分積分の公式：$\int f'\cdot g\,dx = f\cdot g - \int f\cdot g'dx$ を使った！

$= x\cdot\sin^{-1}x + \sqrt{1-x^2} + C$ ……………………(答)

$\because \left\{(1-x^2)^{\frac{1}{2}}\right\}' = \frac{1}{2}(1-x^2)^{-\frac{1}{2}}\cdot(-2x)$

$= -x(1-x^2)^{-\frac{1}{2}}$ より

演習問題 65　● 不定積分の計算（Ⅳ）●

次の不定積分を求めよ。

(1) $\int \sqrt{x^2-5}\,dx$　　(2) $\int \frac{\sqrt{1-x^4}-1}{\sqrt{1-x^2}}\,dx$　　(3) $\int \cos^{-1}x\,dx$

ヒント！ (1) 公式通り積分する。(2) 2つの積分に分解する。(3) 部分積分法を使う。

解答&解説

(1) $\int \sqrt{x^2-5}\,dx =$ (ア) $+C$ ……………………(答)

公式：$\int \sqrt{x^2+\alpha}\,dx = \frac{1}{2}\left(x\sqrt{x^2+\alpha}+\alpha\log\left|x+\sqrt{x^2+\alpha}\right|\right)$ より

(2) $\int \left(\sqrt{\frac{1-x^4}{1-x^2}} - \frac{1}{\sqrt{1-x^2}}\right)dx = \int \left(\sqrt{1+x^2} - \frac{1}{\sqrt{1-x^2}}\right)dx$ （$1 = \alpha$）

$=$ (イ) $-$ (ウ) $+C$ ……………………(答)

公式：$\int \sqrt{x^2+\alpha}\,dx = \frac{1}{2}\left(x\sqrt{x^2+\alpha}+\alpha\log\left|x+\sqrt{x^2+\alpha}\right|\right)$，$\int \frac{1}{\sqrt{1-x^2}}\,dx = \sin^{-1}x$ より

(3) $\int 1\cdot\cos^{-1}x\,dx = \int x'\cdot\cos^{-1}x\,dx = x\cdot\cos^{-1}x - \int x\cdot(\cos^{-1}x)'\,dx$ （$x' = 1$）

$= x\cdot\cos^{-1}x + \int \frac{x}{\sqrt{1-x^2}}\,dx$ ← $(\cos^{-1}x)' = -\frac{1}{\sqrt{1-x^2}}$

部分積分の公式：$\int f'\cdot g\,dx = f\cdot g - \int f\cdot g'\,dx$ を使った！

$= x\cdot\cos^{-1}x + \int x(1-x^2)^{-\frac{1}{2}}\,dx$ ← $\left\{(1-x^2)^{\frac{1}{2}}\right\}' = \frac{1}{2}(-2x)(1-x^2)^{-\frac{1}{2}} = -x(1-x^2)^{-\frac{1}{2}}$ より

$= x\cdot\cos^{-1}x -$ (エ) $+C$ ……………………(答)

解答　(ア) $\frac{1}{2}\left(x\sqrt{x^2-5}-5\log\left|x+\sqrt{x^2-5}\right|\right)$　(イ) $\frac{1}{2}\left(x\sqrt{x^2+1}+\log\left|x+\sqrt{x^2+1}\right|\right)$

(ウ) $\sin^{-1}x$　(エ) $\sqrt{1-x^2}$

演習問題 66　●部分積分法(Ⅰ)●

不定積分 $\int\sqrt{a^2-x^2}dx$ $(-a<x<a,\ a>0)$ を求めよ。

ヒント！ $I=\int 1\cdot\sqrt{a^2-x^2}dx=\int x'\cdot\sqrt{a^2-x^2}dx$ とみて，部分積分法を用いる。すると，同じ I が，この式展開の中に 1 回現われることに気を付けよう。

解答＆解説

$I=\int 1\cdot\sqrt{a^2-x^2}dx$ とおいて，これに部分積分を行なう。

$$I=\int 1\cdot\sqrt{a^2-x^2}dx=\int x'\sqrt{a^2-x^2}dx$$

部分積分の公式：$\int f'\cdot g\,dx=f\cdot g-\int f\cdot g'dx$

$$=x\sqrt{a^2-x^2}-\int x\cdot\left\{(a^2-x^2)^{\frac{1}{2}}\right\}'dx$$

$\frac{1}{2}(a^2-x^2)^{-\frac{1}{2}}\cdot(-2x)=\frac{-x}{\sqrt{a^2-x^2}}$

$$=x\sqrt{a^2-x^2}-\int\frac{-x^2}{\sqrt{a^2-x^2}}dx$$

$$=x\sqrt{a^2-x^2}-\int\frac{(a^2-x^2)-a^2}{\sqrt{a^2-x^2}}dx$$

$$=x\sqrt{a^2-x^2}-\int\left(\sqrt{a^2-x^2}-\frac{a^2}{\sqrt{a^2-x^2}}\right)dx$$

$$=x\sqrt{a^2-x^2}-\underbrace{\int\sqrt{a^2-x^2}dx}_{I}+a^2\underbrace{\int\frac{1}{\sqrt{a^2-x^2}}dx}_{\sin^{-1}\frac{x}{a}}$$

以上より，

$$I=x\sqrt{a^2-x^2}-I+a^2\sin^{-1}\frac{x}{a}$$

$\therefore\ 2I=x\sqrt{a^2-x^2}+a^2\sin^{-1}\frac{x}{a}$ より，

公式として覚えよう！

$$I=\int\sqrt{a^2-x^2}dx=\frac{1}{2}\left(x\sqrt{a^2-x^2}+a^2\sin^{-1}\frac{x}{a}\right)+C$$ ……………………(答)

例題として，この公式を使うと，

・$\int\sqrt{1-x^2}dx=\frac{1}{2}\left(x\sqrt{1-x^2}+\sin^{-1}x\right)+C$

・$\int\sqrt{9-x^2}dx=\frac{1}{2}\left(x\sqrt{9-x^2}+9\sin^{-1}\frac{x}{3}\right)+C$　などとなる。

演習問題 67 ● 部分積分法（Ⅱ）●

不定積分 $\int x\sin^{-1}x\,dx$ を求めよ。

ヒント！ $\int x\sin^{-1}x\,dx=\int\left(\frac{1}{2}x^2\right)'\cdot\sin^{-1}x\,dx$ とおいて，部分積分法を使うといい。式展開において，演習問題 **66** で導いた公式も利用する。

解答＆解説

$$\int x\sin^{-1}x\,dx=\int\left(\frac{1}{2}x^2\right)'\cdot\sin^{-1}x\,dx$$

部分積分の公式：$\int f'\cdot g\,dx=f\cdot g-\int f\cdot g'\,dx$

$$=\frac{1}{2}x^2\cdot\sin^{-1}x-\int\frac{1}{2}x^2\cdot(\sin^{-1}x)'dx$$

公式：$(\sin^{-1}x)'=\frac{1}{\sqrt{1-x^2}}$ より

$$=\frac{1}{2}x^2\cdot\sin^{-1}x-\int\frac{1}{2}x^2\cdot\boxed{(ア)\qquad}\,dx$$

$$=\frac{1}{2}x^2\cdot\sin^{-1}x+\frac{1}{2}\int\frac{-x^2}{\sqrt{1-x^2}}dx$$

$$=\frac{1}{2}x^2\cdot\sin^{-1}x+\frac{1}{2}\int\frac{(1-x^2)-1}{\sqrt{1-x^2}}dx$$

$$=\frac{1}{2}x^2\cdot\sin^{-1}x+\frac{1}{2}\int\left(\sqrt{1-x^2}-\frac{1}{\sqrt{1-x^2}}\right)dx$$

$$=\frac{1}{2}x^2\sin^{-1}x+\frac{1}{2}\int\sqrt{1-x^2}dx-\frac{1}{2}\int\frac{1}{\sqrt{1-x^2}}dx$$

$$=\frac{1}{2}x^2\sin^{-1}x+\frac{1}{2}\cdot\boxed{(イ)\qquad\qquad}-\frac{1}{2}\sin^{-1}x+C$$

公式：$\int\sqrt{a^2-x^2}dx=\frac{1}{2}\left(x\sqrt{a^2-x^2}+a^2\sin^{-1}\frac{x}{a}\right)$，$\int\frac{1}{\sqrt{1-x^2}}dx=\sin^{-1}x$ より

$$=\frac{1}{2}x^2\sin^{-1}x+\frac{1}{4}x\sqrt{1-x^2}-\boxed{(ウ)\qquad}+C$$ ……………………………（答）

解答 (ア) $\frac{1}{\sqrt{1-x^2}}$　(イ) $\frac{1}{2}(x\sqrt{1-x^2}+\sin^{-1}x)$　(ウ) $\frac{1}{4}\sin^{-1}x$

演習問題 68 ● 部分積分法(Ⅲ) ●

不定積分 $I=\int e^x\cos x\,dx$，$J=\int e^x\sin x\,dx$ を求めよ。

ヒント！ $I=\int (e^x)'\cos x\,dx$ として部分積分法を用いる。J についても同様だ。

解答＆解説

部分積分の公式：$\int f'g\,dx=fg-\int fg'dx$

(ⅰ) $I=\int (e^x)'\cos x\,dx=e^x\cos x+\underbrace{\int e^x\sin x\,dx}_{J}=e^x\cos x+J$

$\therefore\ I-J=e^x\cos x\quad\cdots\cdots①$

(ⅱ) $J=\int (e^x)'\sin x\,dx=e^x\sin x-\underbrace{\int e^x\cos x\,dx}_{I}=e^x\sin x-I$

$\therefore\ I+J=e^x\sin x\quad\cdots\cdots②$

$(①+②)\div 2$ より，

$$I=\int e^x\cos x\,dx=\frac{e^x(\cos x+\sin x)}{2}+C\quad\cdots\cdots(答)$$

$(②-①)\div 2$ より，

$$J=\int e^x\sin x\,dx=\frac{e^x(\sin x-\cos x)}{2}+C\quad\cdots\cdots(答)$$

別解

積の微分法：$(f\cdot g)'=f'g+fg'$ より

$$\begin{cases}\cdot\ (e^x\cos x)'=(e^x)'\cos x+e^x(\cos x)'=e^x\cos x-e^x\sin x & \cdots\cdots㋐\\ \cdot\ (e^x\sin x)'=(e^x)'\sin x+e^x(\sin x)'=e^x\sin x+e^x\cos x & \cdots\cdots㋑\end{cases}$$

㋐＋㋑より，

$$2e^x\cos x=(e^x\cos x)'+(e^x\sin x)'=\{e^x(\cos x+\sin x)\}'$$

$$\therefore\ e^x\cos x=\left\{\frac{e^x(\cos x+\sin x)}{2}\right\}'\quad より，$$

$$I=\int e^x\cos x\,dx=\frac{e^x(\cos x+\sin x)}{2}+C\quad\cdots\cdots(答)$$

同様に，㋑－㋐より，

$$2e^x\sin x=\{e^x(\sin x-\cos x)\}'$$

$$\therefore\ J=\int e^x\sin x\,dx=\frac{e^x(\sin x-\cos x)}{2}+C\quad\cdots\cdots(答)$$

参考

オイラーの公式：$e^{ix} = \cos x + i\sin x$　（x：実数，i：虚数単位（$i^2 = -1$））
を用いても同じ結果が得られることを，次に示そう。

$e^{ix} = \cos x + i \cdot \sin x$ より，この両辺に e^x をかけて，

$e^{x+ix} = e^x\cos x + i \cdot e^x\sin x$

この両辺の不定積分を求めると，

$$\int e^{x+ix}dx = \underbrace{\int e^x\cos x\,dx}_{I} + i \cdot \underbrace{\int e^x\sin x\,dx}_{J}$$

$$\therefore \int e^{x+ix}dx = I + i \cdot J \quad \cdots\cdots(\mathrm{a})$$

ここで，この左辺を再びオイラーの公式を使って，（実部）$+ i \cdot$（虚部）の形にもち込もう。

$$\text{左辺} = \int e^{x+ix}dx = \int e^{(1+i)x}dx$$

複素指数関数 e^z の積分理論については，「**複素関数キャンパス・ゼミ**」で学習されることを勧める。

$$= \frac{1}{1+i}e^{(1+i)x}$$

分子・分母に $1-i$ をかけた！

$$= \frac{1-i}{1-i^2}e^{x+ix} \quad (i^2 = -1)$$

$$= \frac{1-i}{2}e^x \cdot e^{ix}$$

オイラーの公式：$e^{ix} = \cos x + i\sin x$　より

$$= \frac{e^x}{2}(1-i)e^{ix} = \frac{e^x}{2}(1-i)(\cos x + i\sin x)$$

$$= \frac{e^x}{2} \cdot \{\cos x + \sin x + i(\sin x - \cos x)\}$$

$$\therefore \int e^{x+ix}dx = \underbrace{\frac{e^x}{2} \cdot (\cos x + \sin x)}_{I} + i \cdot \underbrace{\frac{e^x}{2}(\sin x - \cos x)}_{J} \quad \cdots\cdots(\mathrm{b})$$

(a)と(b)の実部と虚部を比較して，I と J が求まるんだね。

$$\begin{cases} I = \int e^x\cos x\,dx = \dfrac{e^x(\cos x + \sin x)}{2} + C \\ J = \int e^x\sin x\,dx = \dfrac{e^x(\sin x - \cos x)}{2} + C \end{cases}$$

演習問題 69　●置換積分法(Ⅰ)●

不定積分 $\int \sqrt{4-x^2}dx$ を，置換積分法により求めよ。

ヒント！ $x = 2\sin\theta \quad \left(-\frac{\pi}{2} \leqq \theta \leqq \frac{\pi}{2}\right)$ とおく。$dx = 2\cos\theta d\theta$ だね。

解答＆解説

$\int \sqrt{a^2-x^2}$ の場合，$x = a\sin\theta$(または $a\cos\theta$)とおく。

$x = 2\sin\theta \quad \left(-\frac{\pi}{2} \leqq \theta \leqq \frac{\pi}{2}\right)$ とおくと，$dx = 2\cos\theta d\theta$

$$\therefore \int \sqrt{4-x^2}dx = \int \sqrt{4-(2\sin\theta)^2} \cdot 2\cos\theta d\theta = 4\int \sqrt{1-\sin^2\theta}\cos\theta d\theta$$

$\sqrt{1-\sin^2\theta} = \cos\theta \left(\because -\frac{\pi}{2} \leqq \theta \leqq \frac{\pi}{2}\right)$

$$= 4 \cdot \int \cos^2\theta d\theta = 4\int \frac{1+\cos 2\theta}{2} d\theta$$

半角の公式：$\cos^2\theta = \frac{1+\cos 2\theta}{2}$ より

$$= 2\int (1+\cos 2\theta) d\theta$$

$\int \cos m\theta d\theta = \frac{1}{m}\sin m\theta$ だ！

$$= 2\left(\theta + \frac{1}{2}\sin 2\theta\right) + C = 2\theta + 2\sin\theta \cdot \cos\theta + C \quad \cdots\cdots①$$

$\sin 2\theta = 2\sin\theta \cdot \cos\theta$（2倍角の公式）

ここで，$x = 2\sin\theta$ より，$\sin\theta = \frac{x}{2} \qquad \therefore \theta = \sin^{-1}\frac{x}{2}$

$$\cos\theta = \sqrt{1-\sin^2\theta} = \sqrt{1-\left(\frac{x}{2}\right)^2} = \sqrt{\frac{4-x^2}{4}} = \frac{1}{2}\sqrt{4-x^2}$$

よって，①より，

$$\int \sqrt{4-x^2}dx = 2\theta + 2\sin\theta \cdot \cos\theta + C$$

$$= 2\sin^{-1}\frac{x}{2} + 2 \cdot \frac{x}{2} \cdot \frac{1}{2}\sqrt{4-x^2} + C$$

$$= 2\sin^{-1}\frac{x}{2} + \frac{1}{2}x\sqrt{4-x^2} + C \quad \cdots\cdots(答)$$

公式：$\int \sqrt{a^2-x^2}dx = \frac{1}{2}\left(x\sqrt{a^2-x^2} + a^2\sin^{-1}\frac{x}{a}\right) + C$ を使うと，

$\int \sqrt{4-x^2}dx = \frac{1}{2}\left(x\sqrt{4-x^2} + 4\sin^{-1}\frac{x}{2}\right) + C = \frac{1}{2}x\sqrt{4-x^2} + 2\sin^{-1}\frac{x}{2} + C$ と，

簡単に同じ結果が導ける。

演習問題 70	● 置換積分法（Ⅱ）●

不定積分 $\displaystyle\int\frac{1-\sin x}{\cos x(1+\cos x)}dx$ を求めよ。

ヒント！ $\tan\frac{x}{2}=t$ とおくと，$\sin x=\frac{2t}{1+t^2}$，$\cos x=\frac{1-t^2}{1+t^2}$，$dx=\frac{2}{1+t^2}dt$ となる。

解答＆解説

$\tan\frac{x}{2}=t$ とおくと，$\sin x=\dfrac{2t}{1+t^2}$，$\cos x=\dfrac{1-t^2}{1+t^2}$

ステップ（ⅰ）

$1+\tan^2\frac{x}{2}=1+t^2$

また，$\dfrac{1}{2}\sec^2\dfrac{x}{2}dx=dt$ より，$dx=\dfrac{2}{1+t^2}dt$ ← ステップ（ⅱ）

$$\therefore\int\frac{1-\sin x}{\cos x(1+\cos x)}dx=\int\frac{1-\frac{2t}{1+t^2}}{\frac{1-t^2}{1+t^2}\cdot\left(1+\frac{1-t^2}{1+t^2}\right)}\cdot\frac{2}{1+t^2}dt$$

$\dfrac{1+t^2+1-t^2}{1+t^2}=\dfrac{2}{1+t^2}$

$$=\int\boxed{(ア)\qquad}dt=\int\frac{(1-t)^2}{(1-t)(1+t)}dt$$

$$=\int\boxed{(イ)\quad}dt$$ ← 有理関数の積分

$$=\int\frac{2-(t+1)}{t+1}dt$$

$$=2\cdot\int\frac{1}{t+1}dt-\int dt$$

$$=2\cdot\boxed{(ウ)\qquad}-t+C$$

公式：$\displaystyle\int\frac{f'}{f}dt=\log|f|$ を使った！

$$=2\cdot\log\left|\tan\frac{x}{2}+1\right|-\tan\frac{x}{2}+C$$ ……………………（答）

解答 (ア) $\dfrac{1+t^2-2t}{1-t^2}$　(イ) $\dfrac{1-t}{1+t}$　(ウ) $\log|t+1|$

演習問題 71　● 置換積分法 (Ⅲ) ●

不定積分 $I=\int\frac{x^2}{(1+x^2)\sqrt{1+x^2}}dx$ を，$x=\sinh\theta$ とおいて，求めよ。

ヒント！ ここでは，$x=\sinh\theta$ とおくと，うまくいく。公式:$(\sinh\theta)'=\cosh\theta$，$\cosh^2\theta-\sinh^2\theta=1$，$\tanh\theta=\frac{\sinh\theta}{\cosh\theta}$，$(\tanh\theta)'=\frac{1}{\cosh^2\theta}$ を順次用いていこう。

解答＆解説

$x=\sinh\theta$　とおくと，$dx=\cosh\theta d\theta$ ← $\cdot\ (\sinh\theta)'=\cosh\theta$

$1+x^2=1+\sinh^2\theta=\cosh^2\theta$　より， ← $\cdot\ \cosh^2\theta-\sinh^2\theta=1$

$$I=\int\frac{x^2}{(1+x^2)^{\frac{3}{2}}}dx=\int\frac{\sinh^2\theta}{(\cosh^2\theta)^{\frac{3}{2}}}\cdot\cosh\theta d\theta$$

$$=\int\frac{\sinh^2\theta}{\cosh^3\theta}\cdot\cosh\theta d\theta=\int\frac{\sinh^2\theta}{\cosh^2\theta}d\theta$$

$\sinh^2\theta = \cosh^2\theta-1$

$$=\int\frac{\cosh^2\theta-1}{\cosh^2\theta}d\theta=\int\left(1-\frac{1}{\cosh^2\theta}\right)d\theta$$

$$=\theta-\tanh\theta+C\quad\cdots\cdots①$$ ← $\int\frac{1}{\cosh^2\theta}d\theta=\tanh\theta$

- $\cosh^{-1}x=\log\left(x+\sqrt{x^2-1}\right)\ (x\geqq1)$
- $\sinh^{-1}x=\log\left(x+\sqrt{x^2+1}\right)$
- $\tanh^{-1}x=\frac{1}{2}\log\frac{1+x}{1-x}\ (-1<x<1)$

ここで，$x=\sinh\theta$ より，$\theta=\sinh^{-1}x=\log\left(x+\sqrt{1+x^2}\right)$　$\cdots\cdots②$（公式）

また，$\tanh\theta=\frac{\sinh\theta}{\cosh\theta}=\frac{\sinh\theta}{\sqrt{1+\sinh^2\theta}}=\frac{x}{\sqrt{1+x^2}}$　$\cdots\cdots③$

②，③を①に代入して，

$$I=\int\frac{x^2}{(1+x^2)\sqrt{1+x^2}}dx=\log\left(x+\sqrt{1+x^2}\right)-\frac{x}{\sqrt{1+x^2}}+C\ \cdots\cdots(答)$$

別解

部分積分法により，

$$I=\int x\cdot\frac{x}{(1+x^2)^{\frac{3}{2}}}dx=\int x\cdot\left\{-(1+x^2)^{-\frac{1}{2}}\right\}'dx$$

$-\left(-\frac{1}{2}\right)(1+x^2)^{-\frac{3}{2}}\cdot2x=x\cdot(1+x^2)^{-\frac{3}{2}}$

$$=-x\cdot(1+x^2)^{-\frac{1}{2}}+\int x'\cdot(1+x^2)^{-\frac{1}{2}}dx=-\frac{x}{\sqrt{1+x^2}}+\int\frac{1}{\sqrt{x^2+1}}dx$$

$$=-\frac{x}{\sqrt{1+x^2}}+\log\left(x+\sqrt{x^2+1}\right)+C\ \cdots\cdots(答)$$

演習問題 72　● 置換積分法（Ⅳ）●

次の不定積分を求めよ。

(1) $\displaystyle\int \frac{1}{2\cosh x}dx$　　　(2) $\displaystyle\int \sqrt{e^x-4}\,dx$

ヒント！ (1) $\cosh x = \dfrac{e^x+e^{-x}}{2}$ より，$e^x=t$ とおく。(2) $\sqrt{e^x-4}=t$ と置換する。

解答＆解説

(1) $e^x=t$　とおくと，$\underbrace{e^x}_{t}dx=dt$　　$\therefore\ dx=$ (ア)

$$\therefore 与式=\frac{1}{2}\int\frac{1}{\cosh x}dx=\frac{1}{2}\int\frac{1}{\frac{e^x+e^{-x}}{2}}dx=\int\frac{1}{e^x+e^{-x}}dx$$

$$=\int\frac{1}{t+\frac{1}{t}}\cdot\frac{1}{t}dt=\int\frac{1}{1+t^2}dt=\boxed{(イ)}=\tan^{-1}(e^x)+C \quad\cdots\cdots\cdots(答)$$

(2) $\sqrt{e^x-4}=t$　とおくと，$e^x-4=t^2$　　$e^x=t^2+4$

$\therefore\ x=\log(\underbrace{t^2+4}_{\oplus})$　　$dx=$ (ウ)

$$\therefore 与式=\int\sqrt{e^x-4}\,dx=\int t\cdot\frac{2t}{t^2+4}dt=2\cdot\int\frac{t^2}{t^2+4}dt$$

$$=2\cdot\int\frac{t^2+4-4}{t^2+4}dt$$

$$=2\int\left(1-4\cdot\frac{1}{\underbrace{4}_{a^2}+t^2}\right)dt$$

公式：$\displaystyle\int\frac{1}{a^2+t^2}dx=\frac{1}{a}\tan^{-1}\frac{t}{a}$

$$=2\left(t-4\cdot\boxed{(エ)}\right)+C=2\cdot\left(\sqrt{e^x-4}-2\tan^{-1}\frac{\sqrt{e^x-4}}{2}\right)+C \quad\cdots(答)$$

解答　(ア) $\dfrac{1}{t}dt$　　(イ) $\tan^{-1}t+C$　　(ウ) $\dfrac{2t}{t^2+4}dt$　　(エ) $\dfrac{1}{2}\tan^{-1}\dfrac{t}{2}$

演習問題 73　●定積分(Ⅰ)●

次の定積分を求めよ。

(1) $\displaystyle\int_0^{\frac{1}{2}}\frac{1}{\sqrt{4x^2+3}}dx$　　(2) $\displaystyle\int_0^{\frac{\sqrt{5}}{2}}\frac{1}{\sqrt{5-2x^2}}dx$

ヒント！ (1) 分子・分母を 2 で割る。(2) 分母の x^2 の係数を 1 にする。

解答＆解説

(1) $\displaystyle\int_0^{\frac{1}{2}}\frac{1}{\sqrt{4x^2+3}}dx=\frac{1}{2}\int_0^{\frac{1}{2}}\frac{1}{\sqrt{x^2+\frac{3}{4}}}dx$　（$\frac{3}{4}$ が α）

公式：$\displaystyle\int\frac{1}{\sqrt{x^2+\alpha}}dx=\log\left|x+\sqrt{x^2+\alpha}\right|$ を使った！

$\displaystyle=\frac{1}{2}\left[\log\left|x+\sqrt{x^2+\frac{3}{4}}\right|\right]_0^{\frac{1}{2}}$

$\displaystyle=\frac{1}{2}\left\{\log\left(\frac{1}{2}+1\right)-\log\frac{\sqrt{3}}{2}\right\}=\frac{1}{2}\left(\log\frac{3}{2}-\log\frac{\sqrt{3}}{2}\right)$

$\displaystyle\log\frac{\frac{3}{2}}{\frac{\sqrt{3}}{2}}=\log\sqrt{3}$

$\displaystyle=\frac{1}{2}\log 3^{\frac{1}{2}}$

$\displaystyle=\frac{1}{4}\log 3$ ……………………(答)

(2) $\displaystyle\int_0^{\frac{\sqrt{5}}{2}}\frac{1}{\sqrt{5-2x^2}}dx=\frac{1}{\sqrt{2}}\int_0^{\frac{\sqrt{5}}{2}}\frac{1}{\sqrt{\frac{5}{2}-x^2}}dx$　（$\frac{5}{2}$ が a^2）

公式：$\displaystyle\int\frac{1}{\sqrt{a^2-x^2}}dx=\sin^{-1}\frac{x}{a}$ を使った！

$\displaystyle=\frac{1}{\sqrt{2}}\left[\sin^{-1}\sqrt{\frac{2}{5}}x\right]_0^{\frac{\sqrt{5}}{2}}$

$\displaystyle=\frac{1}{\sqrt{2}}\cdot\left(\sin^{-1}\frac{\sqrt{2}}{\sqrt{5}}\cdot\frac{\sqrt{5}}{2}-\sin^{-1}0\right)$　（$\sin^{-1}0=0$）

$\displaystyle=\frac{1}{\sqrt{2}}\cdot\sin^{-1}\frac{1}{\sqrt{2}}=\frac{\pi}{4\sqrt{2}}$ ……………………(答)　（$\sin^{-1}\frac{1}{\sqrt{2}}=\frac{\pi}{4}$）

演習問題 74 ● 定積分（Ⅱ）●

次の定積分を求めよ。

(1) $\displaystyle\int_0^{\sqrt{3}} \frac{2\sqrt{3}}{x^2+3}dx$　　(2) $\displaystyle\int_0^1 \frac{2x^2}{\sqrt{x^2+3}}dx$

ヒント！ (1) 公式通りに計算する。(2) 分子を変形して和の積分形にする。

解答＆解説

(1) $\displaystyle\int_0^{\sqrt{3}} \frac{2\sqrt{3}}{x^2+3}dx = 2\sqrt{3}\cdot\int_0^{\sqrt{3}}\frac{1}{x^2+\boxed{3}}dx$　（$3 = a^2$）

公式：$\displaystyle\int\frac{1}{a^2+x^2}dx = \frac{1}{a}\tan^{-1}\frac{x}{a}$ を使った！

$\displaystyle = 2\sqrt{3}\cdot\Big[\ (ア)\ \Big]_0^{\sqrt{3}}$

$\displaystyle = 2\sqrt{3}\cdot\frac{1}{\sqrt{3}}(\tan^{-1}1 - \tan^{-1}0)$　（$\tan^{-1}1 = \frac{\pi}{4}$，$\tan^{-1}0 = 0$）

$\displaystyle = \frac{\pi}{2}$ ……………………………………（答）

(2) $\displaystyle\int_0^1 \frac{2x^2}{\sqrt{x^2+3}}dx = \int_0^1 \frac{2(x^2+3)-6}{\sqrt{x^2+3}}dx$

$\displaystyle = 2\cdot\int_0^1\sqrt{x^2+3}\,dx - 6\int_0^1\frac{1}{\sqrt{x^2+3}}dx$

$\displaystyle = 2\cdot\Big[\ (イ)\ \Big]_0^1 - 6\Big[\ (ウ)\ \Big]_0^1$

公式：$\displaystyle\int\sqrt{x^2+\alpha}\,dx = \frac{1}{2}\left(x\sqrt{x^2+\alpha}+\alpha\log|x+\sqrt{x^2+\alpha}|\right)$

$\displaystyle\int\frac{1}{\sqrt{x^2+\alpha}}dx = \log|x+\sqrt{x^2+\alpha}|$

$= 2 + 3\log3 - 3\log\sqrt{3} - 6(\log3 - \log\sqrt{3})$

$= 2 - 3\log3 + 3\log3^{\frac{1}{2}} =$ (エ) ……………（答）

解答　(ア) $\dfrac{1}{\sqrt{3}}\cdot\tan^{-1}\dfrac{x}{\sqrt{3}}$　(イ) $\dfrac{1}{2}\left(x\sqrt{x^2+3}+3\log|x+\sqrt{x^2+3}|\right)$

(ウ) $\log|x+\sqrt{x^2+3}|$　(エ) $2-\dfrac{3}{2}\log3$

演習問題 75　●定積分(Ⅲ)●

次の定積分を求めよ。

(1) $\displaystyle\int_0^1 \cosh^3 x \cdot \sinh x\,dx$　　(2) $\displaystyle\int_0^{\frac{\sqrt{3}}{2}} \frac{x^2}{(1-x^2)\sqrt{1-x^2}}dx$

ヒント! (1) $\int f^3 \cdot f' dx$ の形の積分。(2) 被積分関数を，$x \cdot \left\{x \cdot (1-x^2)^{-\frac{3}{2}}\right\}$ とみて，部分積分を行なう。

解答&解説

(1) $(\cosh x)' = \left(\dfrac{e^x+e^{-x}}{2}\right)' = \dfrac{e^x-e^{-x}}{2} = \sinh x$　より，

$$\int_0^1 \underbrace{\cosh^3 x}_{f^3} \cdot \underbrace{\sinh x}_{f'} dx = \left[\frac{1}{4}\cosh^4 x\right]_0^1$$

公式：$\displaystyle\int f^n \cdot f' dx = \frac{1}{n+1}f^{n+1}$

$$= \frac{1}{4}(\cosh^4 1 - \cosh^4 0)$$

$$= \frac{1}{4}\left\{\left(\frac{e^1+e^{-1}}{2}\right)^4 - \left(\frac{e^0+e^{-0}}{2}\right)^4\right\}$$

$$= \frac{1}{4}\left\{\frac{(e^1+e^{-1})^4}{16} - 1\right\}$$

$$= \frac{1}{64}(e+e^{-1})^4 - \frac{1}{4}$$ ……(答)

(2) $$\int_0^{\frac{\sqrt{3}}{2}} x \cdot \left\{x(1-x^2)^{-\frac{3}{2}}\right\}dx = \int_0^{\frac{\sqrt{3}}{2}} x \cdot \left\{(1-x^2)^{-\frac{1}{2}}\right\}' dx$$

$\left\{(1-x^2)^{-\frac{1}{2}}\right\}' = -\frac{1}{2}(1-x^2)^{-\frac{3}{2}} \cdot (-2x) = x \cdot (1-x^2)^{-\frac{3}{2}}$

$$= \left[x \cdot \frac{1}{\sqrt{1-x^2}}\right]_0^{\frac{\sqrt{3}}{2}} - \int_0^{\frac{\sqrt{3}}{2}} 1 \cdot \frac{1}{\sqrt{1-x^2}}dx$$

公式：$\displaystyle\int \frac{1}{\sqrt{1-x^2}}dx = \sin^{-1}x$

$$= \frac{\sqrt{3}}{2} \cdot 2 - \left[\sin^{-1}x\right]_0^{\frac{\sqrt{3}}{2}}$$

$$= \sqrt{3} - \underbrace{\sin^{-1}\frac{\sqrt{3}}{2}}_{\frac{\pi}{3}} + \underbrace{\sin^{-1}0}_{0}$$

$$= \sqrt{3} - \frac{\pi}{3}$$ ……(答)

演習問題 76　● 定積分（Ⅳ）●

次の定積分を求めよ。

(1) $\int_0^1 x\cos^{-1}x\,dx$　　　(2) $\int_0^1 \frac{2x}{\sqrt{4-x^4}}dx$

ヒント！ (1) 部分積分法を使う。(2) $x^2=t$ と変数変換する。

解答＆解説

(1) $\int_0^1 x\cos^{-1}x\,dx = \int_0^1 \left(\frac{1}{2}x^2\right)' \cdot \cos^{-1}x\,dx$

$= \left[\frac{1}{2}x^2\cdot\cos^{-1}x\right]_0^1 - \frac{1}{2}\int_0^1 x^2\left(-\frac{1}{\sqrt{1-x^2}}\right)dx$　（$(\cos^{-1}x)'$）

$= \frac{1}{2}\cdot\cos^{-1}1 - \frac{1}{2}\int_0^1 \frac{-x^2}{\sqrt{1-x^2}}dx$　（$\cos^{-1}1 = 0$，$-x^2 = (1-x^2)-1$）

$= -\frac{1}{2}\int_0^1\left(\sqrt{1-x^2} - \frac{1}{\sqrt{1-x^2}}\right)dx$　（$1 = a^2$）

公式：$\int\sqrt{a^2-x^2}dx = \frac{1}{2}\left(x\sqrt{a^2-x^2}+a^2\sin^{-1}\frac{x}{a}\right)$

公式：$\int\frac{1}{\sqrt{1-x^2}}dx = \sin^{-1}x$

$= -\frac{1}{2}\left[\frac{1}{2}\left(x\sqrt{1-x^2}+1\cdot\sin^{-1}x\right) - \sin^{-1}x\right]_0^1$

$= -\frac{1}{2}\left(\frac{1}{2}\cdot\sin^{-1}1 - \sin^{-1}1 - \frac{1}{2}\cdot\sin^{-1}0 + \sin^{-1}0\right)$　（$\sin^{-1}1=\frac{\pi}{2}$，$\sin^{-1}0=0$）

$= -\frac{1}{2}\left(\frac{\pi}{4}-\frac{\pi}{2}\right) = \frac{\pi}{8}$ ……………………（答）

(2) $x^2=t$　とおくと，$2x\,dx = dt$

$x:0\to1$ のとき，$t:0\to1$

$\therefore \int_0^1\frac{2x}{\sqrt{4-x^4}}dx = \int_0^1\frac{1}{\sqrt{4-t^2}}dt$　（$4 = a^2$）

公式：$\int\frac{1}{\sqrt{a^2-t^2}}dt = \sin^{-1}\frac{t}{a}$

$= \left[\sin^{-1}\frac{t}{2}\right]_0^1$

$= \sin^{-1}\frac{1}{2} - \sin^{-1}0 = \frac{\pi}{6}$ ……………………（答）　（$\sin^{-1}\frac{1}{2}=\frac{\pi}{6}$，$\sin^{-1}0=0$）

演習問題 77 ●定積分(V)●

次の定積分を求めよ。

(1) $\displaystyle\int_{\frac{\pi}{2}}^{\pi}\frac{\sin\left(x-\frac{\pi}{2}\right)}{1+\sin\left(x-\frac{\pi}{2}\right)}dx$　　(2) $\displaystyle\int_0^{\frac{\pi}{2}}\frac{1}{2-\cos x}dx$

ヒント！ (1) まず，$x-\frac{\pi}{2}=t$と変換する。さらに，$\tan\frac{t}{2}=u$と変数変換する。
(2) $\tan\frac{x}{2}=t$ と変換する。

解答＆解説

(1) $I=\displaystyle\int_{\frac{\pi}{2}}^{\pi}\frac{\sin\left(x-\frac{\pi}{2}\right)}{1+\sin\left(x-\frac{\pi}{2}\right)}dx$ ……① とおく。

(ⅰ) $x-\frac{\pi}{2}=t$ とおくと，$x=t+\frac{\pi}{2}$，$dx=dt$

$x:\frac{\pi}{2}\to\pi$ のとき，$t:0\to\frac{\pi}{2}$

よって，①より，

$$I=\int_0^{\frac{\pi}{2}}\frac{\sin t}{1+\sin t}dt \quad ……①'$$

$\underbrace{\overbrace{\frac{1}{\cos^2\frac{t}{2}}}^{1+\tan^2\frac{t}{2}}\cdot\left(\frac{t}{2}\right)'dt}=\underbrace{1\cdot du}$，$\dfrac{1+\overbrace{\tan^2\frac{t}{2}}^{u^2}}{2}dt=du$

$\tan\frac{t}{2}$ を t で微分したものに dt をかけた。

u を u で微分したものに du をかけた。

$\therefore dt=\dfrac{2}{1+u^2}du$

(ⅱ) 次に，$\tan\frac{t}{2}=u$ とおくと，$\sin t=\dfrac{2u}{1+u^2}$　　$dt=\dfrac{2}{1+u^2}du$

$t:0\to\frac{\pi}{2}$ のとき，$u:0\to1$

よって，①′より，

$$I=\int_0^1\frac{\frac{2u}{1+u^2}}{1+\frac{2u}{1+u^2}}\cdot\frac{2}{1+u^2}du$$

$$=\int_0^1\frac{2u}{1+u^2+2u}\cdot\frac{2}{1+u^2}du$$

$$= 2 \cdot \int_0^1 \frac{2u}{(1+u)^2(1+u^2)} du$$

$$= 2 \cdot \int_0^1 \left\{ \frac{1}{1+u^2} - \frac{1}{(1+u)^2} \right\} du$$

・$(\tan^{-1}u)' = \dfrac{1}{1+u^2}$

・$\{(1+u)^{-1}\}' = -\dfrac{1}{(1+u)^2}$

$$= 2 \cdot \left[\tan^{-1}u + \frac{1}{1+u} \right]_0^1$$

$$= 2 \cdot (\underbrace{\tan^{-1}1}_{\frac{\pi}{4}} + \frac{1}{2} - \underbrace{\tan^{-1}0}_{0} - 1)$$

$$= 2\left(\frac{\pi}{4} - \frac{1}{2}\right) = \frac{\pi}{2} - 1$$ ……………………………………（答）

(2) $\tan\dfrac{x}{2} = t$　とおくと，$\cos x = \dfrac{1-t^2}{1+t^2}$　　$dx = \dfrac{2}{1+t^2}dt$

$x : 0 \to \dfrac{\pi}{2}$ のとき，$t : 0 \to 1$

$$\therefore \int_0^{\frac{\pi}{2}} \frac{1}{2-\cos x} dx = \int_0^1 \frac{1}{2 - \frac{1-t^2}{1+t^2}} \cdot \frac{2}{1+t^2} dt$$

$$= \int_0^1 \frac{\cancel{1+t^2}}{2+2t^2-1+t^2} \cdot \frac{2}{\cancel{1+t^2}} dt$$

$$= \int_0^1 \frac{2}{1+3t^2} dt$$

$$= \frac{2}{3} \int_0^1 \frac{1}{\underbrace{\frac{1}{3}}_{a^2} + t^2} dt$$

公式：

$$\int \frac{1}{a^2+t^2} dt = \frac{1}{a} \tan^{-1} \frac{t}{a}$$

$$= \frac{2}{3} \cdot \left[\sqrt{3} \tan^{-1} \sqrt{3} t \right]_0^1$$

$$= \frac{2\sqrt{3}}{3} (\underbrace{\tan^{-1}\sqrt{3}}_{\frac{\pi}{3}} - \underbrace{\tan^{-1}0}_{0})$$

$$= \frac{2\sqrt{3}}{9} \pi$$ ……………………………………（答）

演習問題 78　● 定積分 (VI) ●

定積分 $\int_1^2 \sin^{-1}\sqrt{\frac{x-1}{x}}\,dx$ について，$\sin^{-1}\sqrt{\frac{x-1}{x}}$ を t とおいて求めよ。

ヒント！ $\sin^{-1}\sqrt{\frac{x-1}{x}}=t$ とおくと，$\sqrt{\frac{x-1}{x}}=\sin t$ となる。部分積分法が使える形にもち込む。

解答＆解説

$I=\int_1^2 \sin^{-1}\sqrt{\frac{x-1}{x}}\,dx$ ……① とおく。

$\sin^{-1}\sqrt{\frac{x-1}{x}}=t$ とおくと，$\sqrt{\frac{x-1}{x}}=\sin t$　　$\frac{x-1}{x}=\sin^2 t$

$x-1=x\sin^2 t$，$x(\underbrace{1-\sin^2 t}_{\cos^2 t})=1$　　$\therefore x=\frac{1}{\cos^2 t}=1+\tan^2 t$

$\therefore dx=2\tan t\cdot(\tan t)'dt=2\tan t\cdot\sec^2 t\,dt$ ← 公式：$(\tan t)'=\sec^2 t\left[=\frac{1}{\cos^2 t}\right]$

$x:1\to 2$ のとき，$t:\underbrace{0}_{\sin^{-1}0}\to\underbrace{\frac{\pi}{4}}_{\sin^{-1}\frac{1}{\sqrt{2}}}$

∴①は，

$I=\int_1^2 \sin^{-1}\sqrt{\frac{x-1}{x}}\,dx$

$=\int_0^{\frac{\pi}{4}} t\cdot\underbrace{2\tan t\cdot\sec^2 t}_{(\tan^2 t)'}\,dt=\int_0^{\frac{\pi}{4}} t\cdot(\tan^2 t)'\,dt$ ← $2f\cdot f'=(f^2)'$ より

部分積分：$\int_a^b fg'dt=[fg]_a^b-\int_a^b f'g\,dt$

$=[t\cdot\tan^2 t]_0^{\frac{\pi}{4}}-\int_0^{\frac{\pi}{4}} 1\cdot\underbrace{\tan^2 t}_{\sec^2 t-1}\,dt$

$=\frac{\pi}{4}\cdot\underbrace{\tan^2\frac{\pi}{4}}_{1}-\int_0^{\frac{\pi}{4}}(\sec^2 t-1)\,dt$

$=\frac{\pi}{4}-[\tan t-t]_0^{\frac{\pi}{4}}=\frac{\pi}{4}-\left(1-\frac{\pi}{4}\right)$

$=\frac{\pi}{2}-1$ ……………………………………(答)

演習問題 79　● 定積分(Ⅶ) ●

定積分 $\int_0^1 (\cos^{-1}x)^2 dx$ を求めよ。

ヒント！ $\cos^{-1}x = t$ と変数変換する。続いて，部分積分法を 2 回使う。

解答＆解説

$I = \int_0^1 (\cos^{-1}x)^2 dx$ ……① とおく。

$\cos^{-1}x = t$ とおくと，$x = \cos t$　　$dx =$ (ア)

$x : 0 \to 1$ のとき，$t :$ (イ)

よって，①は，

$$I = \int_{\frac{\pi}{2}}^0 t^2 \cdot (-\sin t)dt = \int_0^{\frac{\pi}{2}} t^2 \sin t dt$$

$$= \int_0^{\frac{\pi}{2}} t^2 \cdot (-\cos t)' dt$$

$$= \left[-t^2 \cos t\right]_0^{\frac{\pi}{2}} + \int_0^{\frac{\pi}{2}} \text{(ウ)} \, dt$$

$$= 2 \cdot \int_0^{\frac{\pi}{2}} t \cdot \cos t dt$$

$$= 2 \cdot \int_0^{\frac{\pi}{2}} t \cdot (\sin t)' dt$$

$$= 2 \cdot \left\{ \left[t \cdot \sin t\right]_0^{\frac{\pi}{2}} - \int_0^{\frac{\pi}{2}} 1 \cdot \sin t dt \right\}$$

$$= 2 \cdot \left(\frac{\pi}{2} + \left[\cos t\right]_0^{\frac{\pi}{2}} \right)$$

$$= 2 \cdot \left(\frac{\pi}{2} - 1 \right) = \text{(エ)}$$ ……(答)

部分積分：
$$\int_a^b fg' dt = [fg]_a^b - \int_a^b f'g dt$$

$t = \cos^{-1}x$ のグラフ（t 軸：π，$\frac{\pi}{2}$；x 軸：-1，0，1）

解答　(ア) $-\sin t dt$　(イ) $\frac{\pi}{2} \to 0$　(ウ) $2t \cdot \cos t$　(エ) $\pi - 2$

演習問題 80　● 広義積分 (Ⅰ) ●

曲線 $y=\dfrac{1}{\sqrt{a^2-x^2}}$ $(-a<x<a,\ a>0)$ と x 軸，y 軸，及び直線 $x=c$ $(0<c<a)$ とで囲まれる図形の面積を $S(c)$ とおく。このとき，極限 $\displaystyle\lim_{c\to a-0}S(c)$ を求めよ。

ヒント！ 関数 $y=\dfrac{1}{\sqrt{a^2-x^2}}$ のグラフは，演習問題 **52** (**P76**) で既に求めている。広義積分 $\displaystyle\int_0^a\frac{1}{\sqrt{a^2-x^2}}dx=\lim_{c\to a-0}S(c)$ を求めるんだね。

解答&解説

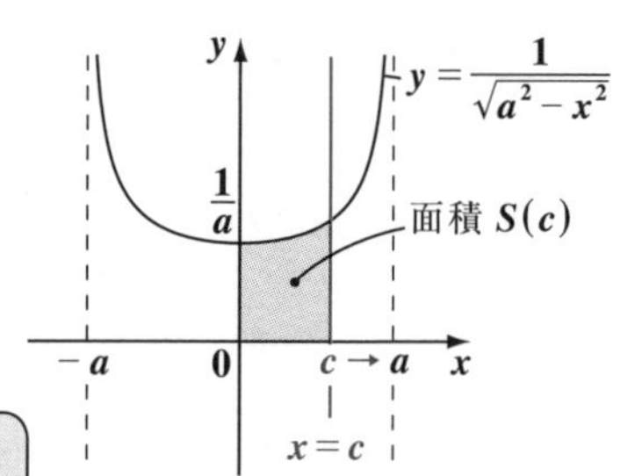

曲線 $y=\dfrac{1}{\sqrt{a^2-x^2}}$ と x 軸，y 軸，及び直線 $x=c$ $(0<c<a)$ とで囲まれる図形 (右図) の面積 $S(c)$ は，

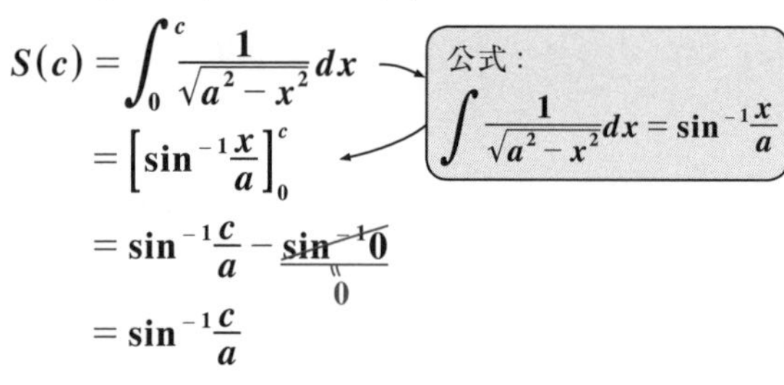

$$S(c)=\int_0^c\frac{1}{\sqrt{a^2-x^2}}dx$$

公式：$\displaystyle\int\frac{1}{\sqrt{a^2-x^2}}dx=\sin^{-1}\frac{x}{a}$

$$=\left[\sin^{-1}\frac{x}{a}\right]_0^c$$

$$=\sin^{-1}\frac{c}{a}-\underbrace{\sin^{-1}0}_{0}$$

$$=\sin^{-1}\frac{c}{a}$$

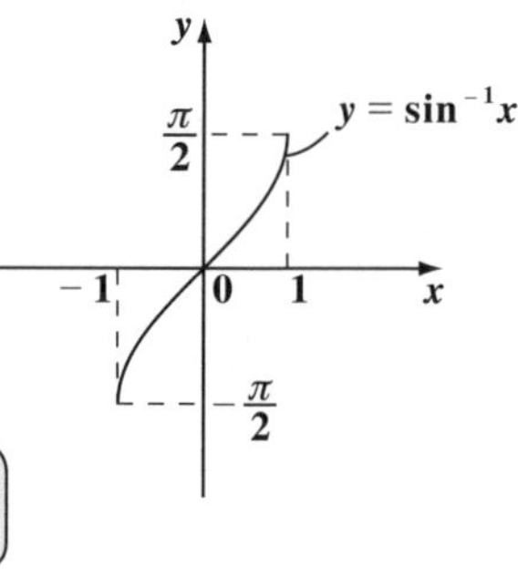

以上より，求める極限は，

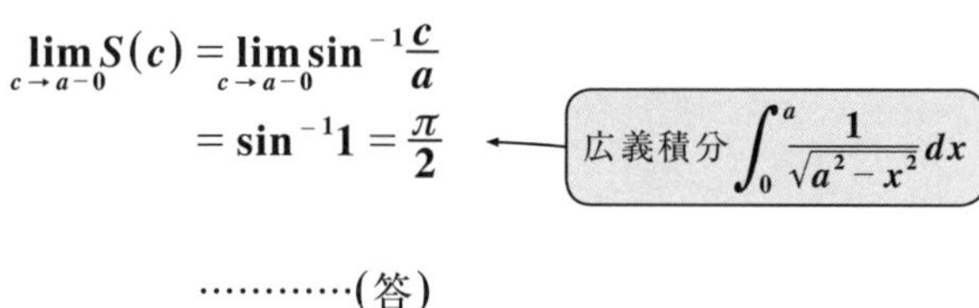

$$\lim_{c\to a-0}S(c)=\lim_{c\to a-0}\sin^{-1}\frac{c}{a}$$

$$=\sin^{-1}1=\frac{\pi}{2}$$

広義積分 $\displaystyle\int_0^a\frac{1}{\sqrt{a^2-x^2}}dx$

…………(答)

演習問題 81　● 無限積分 ●

曲線 $y=\dfrac{1}{a^2+x^2}$ $(a>0)$ と x 軸，y 軸，及び直線 $x=q$ $(q>0)$ とで囲まれる図形の面積を $S(q)$ とおく。このとき，極限 $\lim\limits_{q\to\infty}S(q)$ を求めよ。

ヒント！ 関数 $y=\dfrac{1}{a^2+x^2}$ のグラフは，演習問題 **53 (P77)** で既に示した。今回は，無限積分 $\displaystyle\int_0^\infty\frac{1}{a^2+x^2}dx=\lim_{q\to\infty}S(q)$ を求めるんだね。

解答＆解説

曲線 $y=\dfrac{1}{a^2+x^2}$ と x 軸，y 軸，及び直線 $x=q$ $(q>0)$ とで囲まれる図形（右図）の面積 $S(q)$ は，

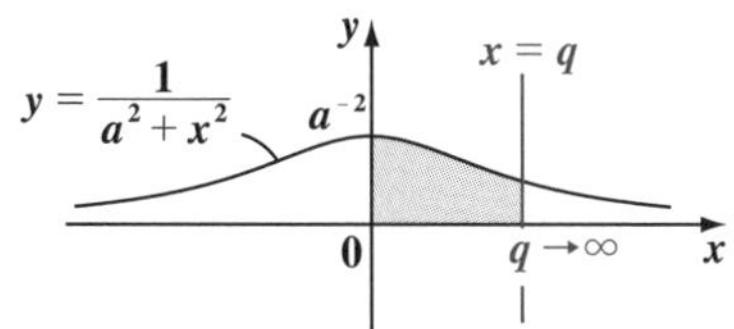

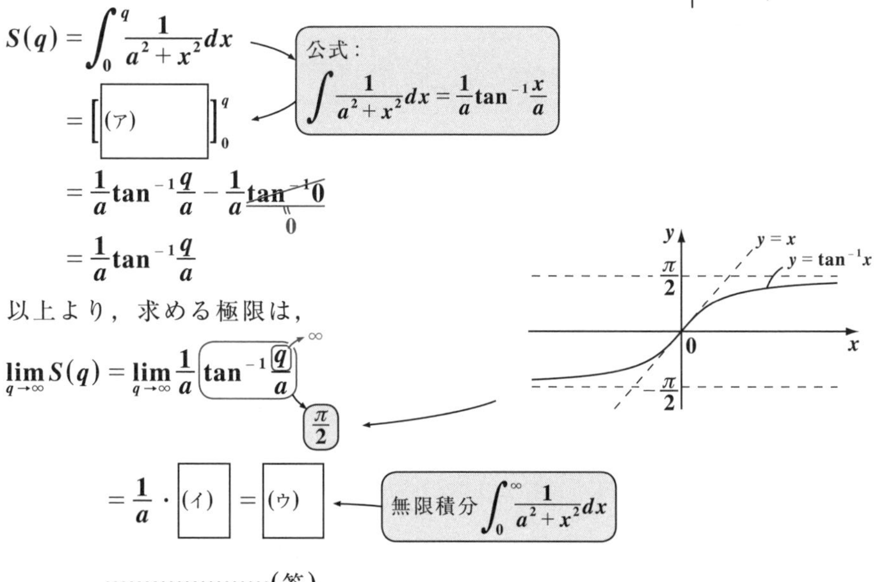

$$S(q)=\int_0^q\frac{1}{a^2+x^2}dx$$

公式：$\displaystyle\int\frac{1}{a^2+x^2}dx=\frac{1}{a}\tan^{-1}\frac{x}{a}$

$$=\Big[\ (ア)\ \Big]_0^q$$

$$=\frac{1}{a}\tan^{-1}\frac{q}{a}-\frac{1}{a}\underbrace{\tan^{-1}0}_{0}$$

$$=\frac{1}{a}\tan^{-1}\frac{q}{a}$$

以上より，求める極限は，

$$\lim_{q\to\infty}S(q)=\lim_{q\to\infty}\frac{1}{a}\tan^{-1}\frac{q}{a}\quad\left(\frac{q}{a}\to\infty,\ \tan^{-1}\frac{q}{a}\to\frac{\pi}{2}\right)$$

$$=\frac{1}{a}\cdot\boxed{(イ)}=\boxed{(ウ)}$$

無限積分 $\displaystyle\int_0^\infty\frac{1}{a^2+x^2}dx$

…………………（答）

解答　(ア) $\dfrac{1}{a}\tan^{-1}\dfrac{x}{a}$　(イ) $\dfrac{\pi}{2}$　(ウ) $\dfrac{\pi}{2a}$

演習問題 82　● 広義積分 (Ⅱ) ●

曲線 $y=\tanh^{-1}x\ (-1<x<1)$ と x 軸と直線 $x=c\ (0<c<1)$ とで囲まれる部分の面積を $S(c)$ とおく。このとき，極限 $\lim_{c\to1-0}S(c)$ を求めよ。

ヒント！ 曲線 $y=\tanh^{-1}x$ の概形は，演習問題 **54 (P78)** で既に求めた。面積 $S(c)$ は，$c\to1-0$ の極限が求めやすい形にまで変形して求める。

解答＆解説

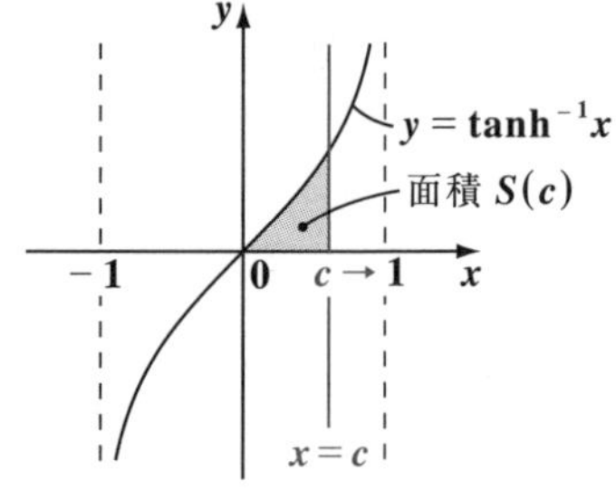

曲線 $y=\tanh^{-1}x=\dfrac{1}{2}\log\dfrac{1+x}{1-x}$ と x 軸と直線 $x=c\ (0<c<1)$ とで囲まれる図形 (右図) の面積 $S(c)$ は，

$$S(c)=\int_0^c\tanh^{-1}x\,dx$$
$$=\int_0^c\frac{1}{2}\log\frac{1+x}{1-x}dx$$
$$=\frac{1}{2}\int_0^c\{\log(1+x)-\boxed{(ア)\quad}\}dx\quad\cdots\cdots①$$
$$=\frac{1}{2}\Big\{\underbrace{\int_0^c\log(1+x)dx}_{(\mathrm{i})}-\underbrace{\int_0^c\log(1-x)dx}_{(\mathrm{ii})}\Big\}$$

ここで，

(ⅰ) $$\int_0^c\log(1+x)dx=\int_0^c(1+x)'\cdot\log(1+x)dx \longrightarrow \text{部分積分}$$
$$=\big[(1+x)\cdot\log(1+x)\big]_0^c-\int_0^c(1+x)\cdot\frac{1}{1+x}dx$$
$$=(1+c)\log(1+c)-[x]_0^c$$
$$=(1+c)\log(1+c)-c\quad\cdots\cdots②$$

(ⅱ) $$\int_0^c\log(1-x)dx=\int_0^c\{-(1-x)\}'\cdot\log(1-x)dx \longrightarrow \text{部分積分}$$
$$=\big[-(1-x)\cdot\log(1-x)\big]_0^c+\int_0^c(1-x)\cdot\frac{-1}{1-x}dx$$
$$=-\boxed{(イ)\qquad\qquad}-[x]_0^c$$
$$=-(1-c)\log(1-c)-c\quad\cdots\cdots③$$

②，③を①に代入して，

$$S(c)=\frac{1}{2}\{(1+c)\log(1+c)-\cancel{c}+(1-c)\log(1-c)+\cancel{c}\}$$

$$=\frac{1}{2}\{\underbrace{(1+c)\cdot\log(1+c)}_{(ア)}+\underbrace{(1-c)\cdot\log(1-c)}_{(イ)}\}\quad\cdots\cdots④$$

ここで，

(ア) $\displaystyle\lim_{c\to1-0}(1+c)\log(1+c)=$ (ウ) ……⑤

(イ) $\displaystyle\lim_{c\to1-0}(1-c)\log(1-c)=\lim_{c\to1-0}\frac{\log(1-c)}{\frac{1}{1-c}}$ ← $\frac{-\infty}{\infty}$ の不定形

$$=\lim_{c\to1-0}\frac{\{\log(1-c)\}'}{\{(1-c)^{-1}\}'}$$ ← ロピタルの定理

$$=\lim_{c\to1-0}\frac{\frac{-1}{1-c}}{-\frac{-1}{(1-c)^2}}=\lim_{c\to1-0}\{-(1-c)\}$$ （$c\to1$）

$=$ (エ) ……⑥

以上⑤，⑥より，④から，

$$\lim_{c\to1-0}S(c)=\lim_{c\to1-0}\frac{1}{2}\{\underbrace{(1+c)\log(1+c)}_{2\log2}+\underbrace{(1-c)\log(1-c)}_{0}\}$$

$$=\frac{1}{2}\cdot2\log2=\log2$$ ……(答)

逆双曲線関数の微積分公式

- $\cosh^{-1}x=\log\left(x+\sqrt{x^2-1}\right)$ · $(\cosh^{-1}x)'=\frac{1}{\sqrt{x^2-1}}$ · $\int\frac{1}{\sqrt{x^2-1}}dx=\cosh^{-1}x+C\quad(x>1)$
- $\sinh^{-1}x=\log\left(x+\sqrt{x^2+1}\right)$ · $(\sinh^{-1}x)'=\frac{1}{\sqrt{x^2+1}}$ · $\int\frac{1}{\sqrt{x^2+1}}dx=\sinh^{-1}x+C=\log\left(x+\sqrt{x^2+1}\right)+C$
- $\tanh^{-1}x=\frac{1}{2}\log\frac{1+x}{1-x}$ · $(\tanh^{-1}x)'=\frac{1}{1-x^2}$ · $\int\frac{1}{1-x^2}dx=\tanh^{-1}x+C\quad(-1<x<1)$

(ア) $\log(1-x)$　(イ) $(1-c)\cdot\log(1-c)$　(ウ) $2\cdot\log2$　(エ) 0

演習問題 83 ● 図形の面積 ●

だ円 $\frac{x^2}{a^2}+\frac{y^2}{b^2}=1$ $(a>0,\ b>0)$ で囲まれる図形の面積 S を求めよ。

ヒント！ このだ円は，x 軸，y 軸に関して対称だから，第 1 象限の部分の面積 S_1 の 4 倍が S となるんだね。

解答＆解説

$\frac{x^2}{a^2}+\frac{y^2}{b^2}=1$ ……① とおく。

このだ円の対称性より，$x\geqq 0$，$y\geqq 0$ における曲線①と x 軸，y 軸とで囲まれる図形の面積を S_1 とおくと，

$S=4\cdot S_1$ ……② となる。

まず，S_1 を求める。$x\geqq 0$，$y\geqq 0$ のとき，①より，

$$y^2=b^2\left(1-\frac{x^2}{a^2}\right)=\frac{b^2}{a^2}(a^2-x^2)$$

$$\therefore\ y=\sqrt{\frac{b^2}{a^2}(a^2-x^2)}=\frac{b}{a}\sqrt{a^2-x^2}\quad (\because\ y\geqq 0)$$

$$\therefore\ S_1=\int_0^a y\,dx=\frac{b}{a}\int_0^a\sqrt{a^2-x^2}\,dx$$

$$=\frac{b}{a}\left[\frac{1}{2}\left(x\sqrt{a^2-x^2}+a^2\sin^{-1}\frac{x}{a}\right)\right]_0^a$$

$$=\frac{b}{2a}\cdot(a^2\underbrace{\sin^{-1}1}_{\frac{\pi}{2}}-a^2\underbrace{\sin^{-1}0}_{0})=\frac{b}{2a}\cdot a^2\cdot\frac{\pi}{2}=\frac{\pi}{4}ab\quad\text{……③}$$

公式：
$$\int\sqrt{a^2-x^2}\,dx=\frac{1}{2}\left(x\sqrt{a^2-x^2}+a^2\sin^{-1}\frac{x}{a}\right)+C$$

③を②に代入して，$S=4\cdot S_1=4\cdot\frac{\pi}{4}ab=\pi ab$ ……………………………(答)

だ円①は，$x=a\cos\theta$，$y=b\sin\theta$ $(0\leqq\theta\leqq 2\pi)$ とも表せることから，S_1 は，次のように求めてもいい。

$x=a\cos\theta$ より，$dx=-a\sin\theta d\theta$，$x:0\to a$ のとき，$\theta:\frac{\pi}{2}\to 0$

$$\therefore\ S_1=\frac{b}{a}\int_0^a\sqrt{a^2-x^2}\,dx=\frac{b}{a}\int_{\frac{\pi}{2}}^0 a\underbrace{\sqrt{1-\cos^2\theta}}_{\sin\theta}\cdot(-a\sin\theta)d\theta=ab\int_0^{\frac{\pi}{2}}\sin^2\theta d\theta$$

$$=ab\int_0^{\frac{\pi}{2}}\frac{1-\cos2\theta}{2}d\theta=\frac{ab}{2}\left[\theta-\frac{1}{2}\sin2\theta\right]_0^{\frac{\pi}{2}}=\frac{ab}{2}\cdot\frac{\pi}{2}=\frac{\pi}{4}ab$$

演習問題 84　● 曲線の長さ ●

放物線 $y^2 = 4x$ の原点から点 $(1,\ 2)$ までの部分の長さ L を求めよ。

ヒント！ 曲線の長さの公式 $L = \int_0^1 \sqrt{1 + (y')^2}\,dx$ を使う。置換積分にもち込もう。

解答＆解説

$y^2 = 4x$ の両辺を x で微分して，

$\boxed{(ア)} = 4 \qquad \therefore \dfrac{dy}{dx} = y' = \dfrac{2}{y}$

$\therefore\ y \geqq 0$ のとき，$\dfrac{dy}{dx} = \dfrac{2}{y} = \dfrac{2}{\sqrt{4x}} = \boxed{(イ)}$

$$\therefore \sqrt{1 + \left(\frac{dy}{dx}\right)^2} = \sqrt{1 + \frac{1}{x}} = \sqrt{\frac{x+1}{x}} = \frac{\sqrt{x+1}}{\sqrt{x}}$$

$$\therefore L = \int_0^1 \sqrt{1 + \left(\frac{dy}{dx}\right)^2}\,dx = \int_0^1 \frac{\sqrt{x+1}}{\sqrt{x}}\,dx \quad \cdots\cdots ①$$

ここで，$\sqrt{x} = t$ とおくと，$\dfrac{1}{2}x^{-\frac{1}{2}}dx = dt$

$\therefore\ dx = 2\sqrt{x}\,dt = \boxed{(ウ)} \qquad x : 0 \to 1$ のとき，$t : 0 \to 1$

よって，①より，

$$L = \int_0^1 \frac{\sqrt{x+1}}{\sqrt{x}}\,dx$$

$$= \int_0^1 \frac{\sqrt{t^2+1}}{t} \cdot 2t\,dt = 2\int_0^1 \sqrt{t^2+1}\,dt$$

$$= 2 \cdot \Big[\boxed{(エ)\qquad\qquad}\Big]_0^1$$

$$= \sqrt{2} + \log\left(1 + \sqrt{2}\right) \quad \cdots\cdots(答)$$

公式：
$$\int \sqrt{x^2 + \alpha}\,dx = \frac{1}{2}\left(x\sqrt{x^2+\alpha} + \alpha\log\left|x + \sqrt{x^2+\alpha}\right|\right)$$

解答　(ア) $2yy'$ $\left(\text{または，} 2y\dfrac{dy}{dx}\right)$　(イ) $\dfrac{1}{\sqrt{x}}$　(ウ) $2t\,dt$

(エ) $\dfrac{1}{2}\left(t\sqrt{t^2+1} + \log\left|t + \sqrt{t^2+1}\right|\right)$

演習問題 85 ● 図形の面積と曲線の長さ ●

放物線 $\sqrt{x}+\sqrt{y}=\sqrt{a}$ ……① と x 軸，y 軸とで囲まれる部分の面積 S，及びこの曲線①の長さ L を求めよ。

ヒント! ①の媒介変数表示：$x=a\cos^4\theta$，$y=a\sin^4\theta$ $\left(0\leqq\theta\leqq\frac{\pi}{2}\right)$ を用いる。

解答＆解説

$\sqrt{x}+\sqrt{y}=\sqrt{a}$ ……① の媒介変数表示は，

$$\begin{cases} x=a\cos^4\theta \\ y=a\sin^4\theta \quad \left(0\leqq\theta\leqq\frac{\pi}{2}\right) \end{cases}$$ となる。

$dx=4a\cos^3\theta\cdot(-\sin\theta)d\theta$

$x:0\to a$ のとき，$\theta:\frac{\pi}{2}\to 0$

よって，曲線①と x 軸，y 軸とで囲まれる図形の面積 S は，

$$S=\int_0^a y\,dx=\int_{\frac{\pi}{2}}^0 a\sin^4\theta\cdot(-4a\cos^3\theta\cdot\sin\theta)d\theta$$

$$=4a^2\int_0^{\frac{\pi}{2}}\sin^5\theta\cdot\cos^3\theta\,d\theta=4a^2\int_0^{\frac{\pi}{2}}\sin^5\theta\cdot(1-\sin^2\theta)\cdot\cos\theta\,d\theta$$

（$\cos^3\theta=(1-\sin^2\theta)\cos\theta$）

$$=4a^2\cdot\int_0^{\frac{\pi}{2}}(\sin^5\theta\cdot\cos\theta-\sin^7\theta\cdot\cos\theta)d\theta$$

（$\sin^5\theta=f^5$，$\cos\theta=f'$，$\sin^7\theta=f^7$，$\cos\theta=f'$）

公式：$\int f^n\cdot f'dx=\frac{1}{n+1}f^{n+1}$

$$=4a^2\cdot\left[\frac{1}{6}\sin^6\theta-\frac{1}{8}\sin^8\theta\right]_0^{\frac{\pi}{2}}$$

$$=4a^2\cdot\left(\frac{1}{6}-\frac{1}{8}\right)=4a^2\cdot\frac{1}{24}=\frac{a^2}{6}$$ ……………………(答)

次のように解いてもいい。①より，$y^{\frac{1}{2}}=a^{\frac{1}{2}}-x^{\frac{1}{2}}$ この両辺を 2 乗して，

$$y=\left(a^{\frac{1}{2}}-x^{\frac{1}{2}}\right)^2=a-2a^{\frac{1}{2}}x^{\frac{1}{2}}+x$$

$$\therefore S=\int_0^a y\,dx=\int_0^a\left(a-2a^{\frac{1}{2}}x^{\frac{1}{2}}+x\right)dx$$

$$=\left[ax-2a^{\frac{1}{2}}\cdot\frac{2}{3}x^{\frac{3}{2}}+\frac{1}{2}x^2\right]_0^a=a^2-\frac{4}{3}a^2+\frac{1}{2}a^2=\frac{1}{6}a^2$$

次に，曲線①の長さ L を求める。

$$\frac{dx}{d\theta}=-4a\cos^3\theta\cdot\sin\theta,\ \frac{dy}{d\theta}=4a\sin^3\theta\cdot\cos\theta$$ ←$\begin{cases} x=a\cos^4\theta \\ y=a\sin^4\theta \end{cases}$

$$\therefore L=\int_0^{\frac{\pi}{2}}\sqrt{\left(\frac{dx}{d\theta}\right)^2+\left(\frac{dy}{d\theta}\right)^2}\,d\theta$$

曲線 $x=f(\theta),\ y=g(\theta)\ (\alpha\leqq\theta\leqq\beta)$ の長さ
$L=\int_\alpha^\beta\sqrt{\left(\frac{dx}{d\theta}\right)^2+\left(\frac{dy}{d\theta}\right)^2}\,d\theta$

$$=\int_0^{\frac{\pi}{2}}\sqrt{16a^2\cos^6\theta\cdot\sin^2\theta+16a^2\sin^6\theta\cdot\cos^2\theta}\,d\theta$$

$$=\int_0^{\frac{\pi}{2}}\sqrt{16a^2\cos^2\theta\cdot\sin^2\theta(\cos^4\theta+\sin^4\theta)}\,d\theta$$

$$=4a\cdot\int_0^{\frac{\pi}{2}}\cos\theta\cdot\sin\theta\cdot\sqrt{\cos^4\theta+\sin^4\theta}\,d\theta$$

（$\cos\theta$, $\sin\theta$：0以上、$\cos^4\theta=(1-\sin^2\theta)^2$）

$$=4a\cdot\int_0^{\frac{\pi}{2}}\sin\theta\sqrt{1-2\sin^2\theta+2\sin^4\theta}\cdot\cos\theta\,d\theta$$

（$\sin\theta\sqrt{1-2\sin^2\theta+2\sin^4\theta}=f(\sin\theta)$）

$\int f(\sin\theta)\cdot\cos\theta\,d\theta$ の場合，$\sin\theta=t$ とおく！

ここで，$\sin\theta=t$ とおくと，$\cos\theta\,d\theta=dt$

$\theta:0\to\frac{\pi}{2}$ のとき，$t:0\to1$

$$\therefore L=4a\int_0^1 t\sqrt{1-2t^2+2t^4}\,dt=2a\int_0^1\sqrt{1-2t^2+2(t^2)^2}\cdot2t\,dt$$

（$t^2=u$，u とおく）

ここで，$t^2=u$ とおくと，$2t\,dt=du$

$t:0\to1$ のとき，$u:0\to1$

$$\therefore L=2a\int_0^1\sqrt{1-2u+2u^2}\,du$$

$$=2\sqrt{2}a\int_0^1\sqrt{u^2-u+\frac{1}{2}}\,du=2\sqrt{2}a\int_0^1\sqrt{\left(u-\frac{1}{2}\right)^2+\frac{1}{4}}\,du$$

（$u-\frac{1}{2}$：z とおく！）

$u-\frac{1}{2}=z$ とおくと，$du=dz$　　$u:0\to1$ のとき，$z:-\frac{1}{2}\to\frac{1}{2}$

$$\therefore L=2\sqrt{2}a\int_{-\frac{1}{2}}^{\frac{1}{2}}\sqrt{z^2+\frac{1}{4}}\,dz=2\sqrt{2}a\cdot2\int_0^{\frac{1}{2}}\sqrt{z^2+\frac{1}{4}}\,dz$$

（$\sqrt{z^2+\frac{1}{4}}$：偶関数）

公式：$\int\sqrt{x^2+\alpha}\,dx=\frac{1}{2}\left(x\sqrt{x^2+\alpha}+\alpha\log\left|x+\sqrt{x^2+\alpha}\right|\right)$

$$=4\sqrt{2}a\left[\frac{1}{2}\left(z\sqrt{z^2+\frac{1}{4}}+\frac{1}{4}\log\left|z+\sqrt{z^2+\frac{1}{4}}\right|\right)\right]_0^{\frac{1}{2}}$$

（4 と 2 を約分して 2）

$$=2\sqrt{2}a\left\{\frac{1}{2}\cdot\frac{\sqrt{2}}{2}+\frac{1}{4}\log\left(\frac{1}{2}+\frac{\sqrt{2}}{2}\right)-\frac{1}{4}\log\frac{1}{2}\right\}$$

$$=2\sqrt{2}a\left\{\frac{\sqrt{2}}{4}+\frac{1}{4}\log\frac{\frac{1}{2}+\frac{\sqrt{2}}{2}}{\frac{1}{2}}\right\}=\frac{\sqrt{2}}{2}a\left\{\sqrt{2}+\log\left(1+\sqrt{2}\right)\right\}\quad\cdots\cdots\cdots\cdots\text{(答)}$$

演習問題 86 ● 極方程式で表される図形の面積 ●

(1) 三葉線：$r = 2\sin 3\theta$ $(0 \leqq \theta \leqq \pi)$ で囲まれる図形の面積 S を求めよ。

(2) カージオイド：$r = 1 + \cos\theta$ $(0 \leqq \theta \leqq 2\pi)$ で囲まれる図形の面積 S を求めよ。

ヒント！ (1) $0 \leqq \theta \leqq \pi$ より，三葉線の $0 \leqq \theta \leqq \frac{\pi}{6}$ の部分と直線 $\theta = \frac{\pi}{6}$ で囲まれる図形の面積を，まず求める。(2) $0 \leqq \theta \leqq \pi$ の部分と x 軸とで囲まれた部分の面積を，まず計算する。極方程式の面積公式：$S = \frac{1}{2}\int_{\alpha}^{\beta} r^2 d\theta$ を使う。

解答＆解説

三葉線：$r = 2\sin 3\theta$

(1) 三葉線の対称性から，$0 \leqq \theta \leqq \frac{\pi}{6}$ の範囲の曲線と直線 $\theta = \frac{\pi}{6}$ とで囲まれる図形の面積を S_1 とおくと，

$$S = 6 \cdot S_1 = 6 \cdot \frac{1}{2}\int_0^{\frac{\pi}{6}} r^2 d\theta = 3 \cdot \int_0^{\frac{\pi}{6}} (2\sin 3\theta)^2 d\theta$$

$$= 12 \cdot \int_0^{\frac{\pi}{6}} \sin^2 3\theta d\theta = 12 \cdot \int_0^{\frac{\pi}{6}} \frac{1 - \cos 6\theta}{2} d\theta$$

公式：$\sin^2\alpha = \frac{1 - \cos 2\alpha}{2}$

$$= 6 \cdot \left[\theta - \frac{1}{6}\sin 6\theta\right]_0^{\frac{\pi}{6}} = 6 \cdot \frac{\pi}{6} = \pi$$ ………………………………(答)

カージオイド（心臓形）：$r = 1 + \cos\theta$

(2) カージオイドの対称性から，$0 \leqq \theta \leqq \pi$ の範囲の曲線と x 軸とで囲まれる図形の面積を S_1 とおくと，

面積公式

$$S = 2 \cdot S_1 = 2 \cdot \frac{1}{2}\int_0^{\pi} r^2 d\theta = \int_0^{\pi} (1 + \cos\theta)^2 d\theta$$

$$= \int_0^{\pi} (1 + 2\cos\theta + \cos^2\theta) d\theta$$

$$= \int_0^{\pi} \left(1 + 2\cos\theta + \frac{1 + \cos 2\theta}{2}\right) d\theta$$

公式：$\cos^2\theta = \frac{1 + \cos 2\theta}{2}$

$$= \left[\frac{3}{2}\theta + 2\sin\theta + \frac{1}{4}\sin 2\theta\right]_0^{\pi} = \frac{3}{2}\pi$$ ………………………………(答)

演習問題 87　● 極方程式で表される曲線の長さ ●

(1) らせん：$r = e^{\theta}$ $(0 \leqq \theta \leqq \pi)$ の長さ L を求めよ。

(2) 曲線 $r = 3\cos\theta$ $(0 \leqq \theta \leqq \pi)$ の長さ L を求めよ。

ヒント！ 曲線の長さの公式：$L = \int_{\alpha}^{\beta} \sqrt{r^2 + \left(\frac{dr}{d\theta}\right)^2} d\theta$ を使う。

解答＆解説

らせん：$r = e^{\theta}$ $(0 \leqq \theta \leqq \pi)$

(1) らせん：$r = e^{\theta}$ $(0 \leqq \theta \leqq \pi)$ について，

$(e^{\theta})' = e^{\theta}$

$$r^2 + \left(\frac{dr}{d\theta}\right)^2 = (e^{\theta})^2 + (e^{\theta})^2 = \boxed{(ア)\quad}$$

$$\therefore L = \int_0^{\pi} \sqrt{r^2 + \left(\frac{dr}{d\theta}\right)^2} d\theta$$

$$= \int_0^{\pi} \sqrt{2e^{2\theta}} d\theta = \sqrt{2} \int_0^{\pi} e^{\theta} d\theta$$

$$= \sqrt{2} \cdot \left[e^{\theta}\right]_0^{\pi} = \boxed{(イ)\quad} \quad \cdots\cdots\cdots(答)$$

(2) 曲線 $r = 3\cos\theta$ $(0 \leqq \theta \leqq \pi)$ について，

曲線 $r = 3\cos\theta$ $(0 \leqq \theta \leqq \pi)$

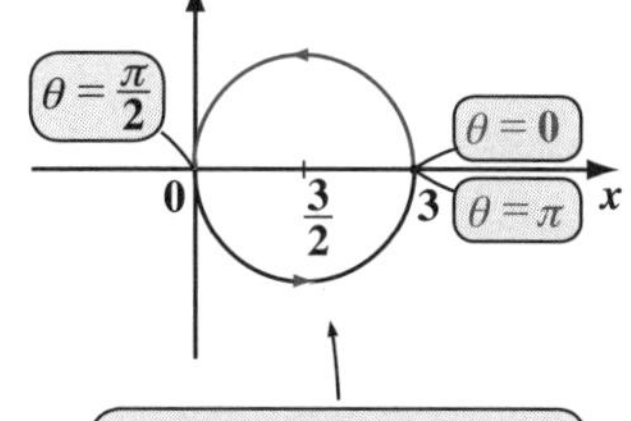

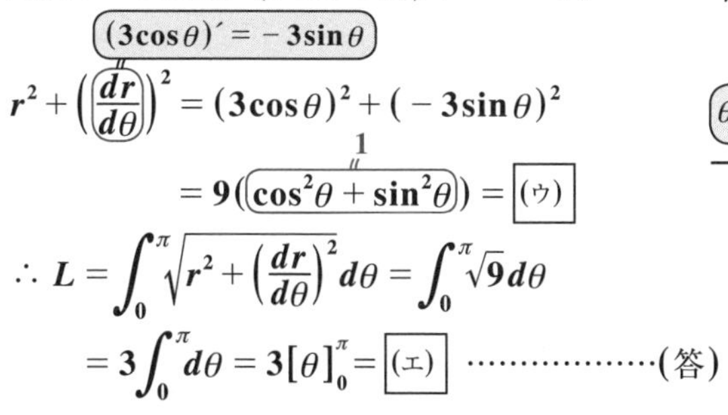

$(3\cos\theta)' = -3\sin\theta$

$$r^2 + \left(\frac{dr}{d\theta}\right)^2 = (3\cos\theta)^2 + (-3\sin\theta)^2$$

$$= 9(\underbrace{\cos^2\theta + \sin^2\theta}_{1}) = \boxed{(ウ)\quad}$$

$$\therefore L = \int_0^{\pi} \sqrt{r^2 + \left(\frac{dr}{d\theta}\right)^2} d\theta = \int_0^{\pi} \sqrt{9} d\theta$$

$$= 3\int_0^{\pi} d\theta = 3[\theta]_0^{\pi} = \boxed{(エ)\quad} \quad \cdots\cdots(答)$$

$r = 3\cos\theta$ の両辺に r をかけて，

$r^2 = 3r\cos\theta$ （$r^2 = x^2 + y^2$，$r\cos\theta = x$）

$\therefore x^2 + y^2 = 3x$ より，

$\left(x - \frac{3}{2}\right)^2 + y^2 = \left(\frac{3}{2}\right)^2$

これは，中心 $\left(\frac{3}{2}, 0\right)$，半径 $\frac{3}{2}$ の円を表す。

解答　(ア) $2 \cdot e^{2\theta}$　(イ) $\sqrt{2} \cdot (e^{\pi} - 1)$　(ウ) 9　(エ) 3π

演習問題 88　●回転体の表面積(Ⅰ)●

区間$[a,\ b]$の範囲で，$y=f(x)$とx軸とで挟まれる図形を，x軸のまわりに1回転して得られる回転体の表面積Sは次式で与えられることを示せ。

$$S=2\pi\int_a^b y\sqrt{1+(y')^2}\,dx$$

ヒント！ $a\leqq x\leqq b$となるxに対して，区間$[x,\ x+\Delta x]$における回転体の微小面積ΔSを，まず求める。

解答＆解説

図(i)

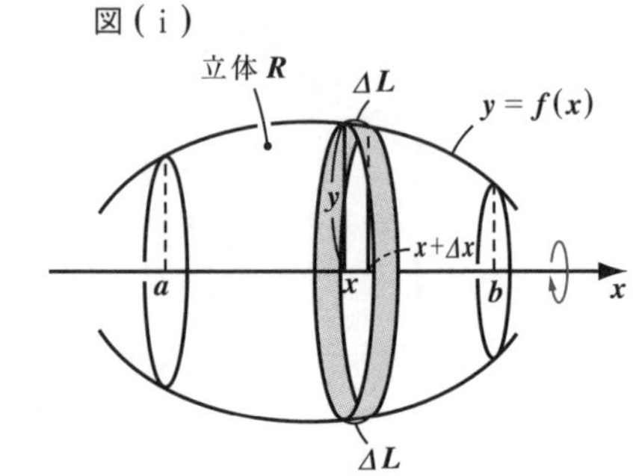

$y=f(x)$をx軸のまわりに回転して出来る立体をRとおく。

$a\leqq x\leqq b$をみたすxをとり，区間$[a,\ x]$におけるRの表面積を$S(x)$とおく。このとき，明らかに，

$S(a)=0$，$S(b)=S$　である。

ここで，図(i)の網目部の面積ΔSについて考えると，図(ii)より，

$$\Delta S\fallingdotseq 2\pi y\cdot\Delta L\quad\cdots\cdots①$$

ここで，微小な曲線の長さΔLは，図(iii)に示すように，三平方の定理より，

$$\Delta L\fallingdotseq\sqrt{(\Delta x)^2+(\Delta y)^2}=\sqrt{1+\left(\frac{\Delta y}{\Delta x}\right)^2}\Delta x$$

となる。したがって，①より，

$$\Delta S\fallingdotseq 2\pi y\cdot\sqrt{1+\left(\frac{\Delta y}{\Delta x}\right)^2}\Delta x$$

$$\therefore\ \frac{\Delta S}{\Delta x}\fallingdotseq 2\pi y\cdot\sqrt{1+\left(\frac{\Delta y}{\Delta x}\right)^2}$$

図(ii)

図(iii)

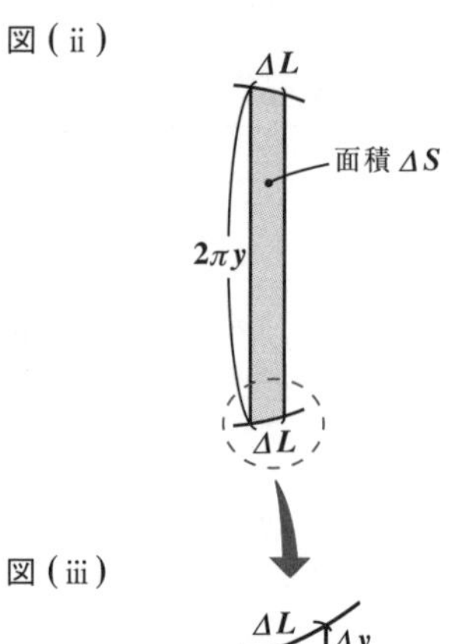

ここで，$\Delta x\to 0$のとき，$\dfrac{dS}{dx}=2\pi y\cdot\sqrt{1+(y')^2}$となるので，$S(x)$は$2\pi y\sqrt{1+(y')^2}$の原始関数。

$$\therefore\ \int_a^b 2\pi y\sqrt{1+(y')^2}\,dx=\big[S(x)\big]_a^b=\underset{S}{\underline{S(b)}}-\underset{0}{\underline{S(a)}}=S\quad\text{より，}$$

$$S=2\pi\int_a^b y\sqrt{1+(y')^2}\,dx\quad\text{が導ける。}$$ ……………………………………(終)

演習問題 89　● 回転体の表面積（Ⅱ）●

だ円 $\frac{x^2}{4}+\frac{y^2}{3}=1$ を x 軸のまわりに回転して出来る立体の表面積 S を求めよ。

ヒント！ 回転体の表面積の公式：$S=2\pi\int_a^b y\sqrt{1+(y')^2}dx$ を使う。

解答＆解説

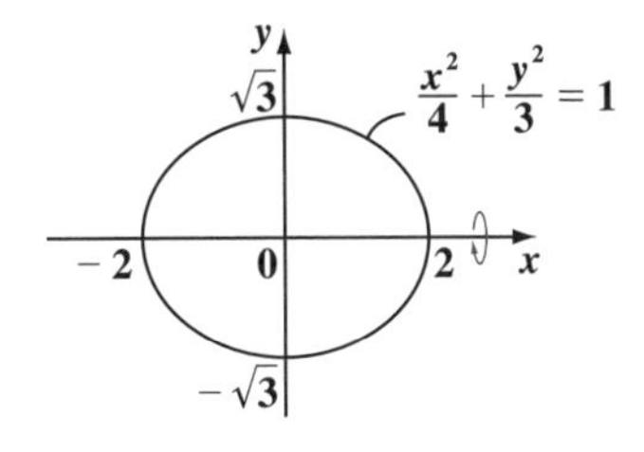

$\frac{x^2}{4}+\frac{y^2}{3}=1$　を変形して，

$y^2=3\left(1-\frac{x^2}{4}\right)=\frac{3}{4}(4-x^2)$　……①

両辺を x で微分して，

$2yy'=-\frac{3}{2}x$，$yy'=-\frac{3}{4}x$

$\therefore\ (yy')^2=\left(-\frac{3}{4}x\right)^2=\frac{9}{16}x^2$　……②　　①，②より，

$y^2+(yy')^2=\frac{3}{4}(4-x^2)+\frac{9}{16}x^2=3-\frac{3}{16}x^2=\frac{3}{16}(16-x^2)$

$\therefore\ \sqrt{y^2+(yy')^2}=\frac{\sqrt{3}}{4}\sqrt{16-x^2}$　より，求める表面積 S は，

$$S=2\pi\int_{-2}^{2}y\sqrt{1+(y')^2}dx=2\pi\int_{-2}^{2}\sqrt{y^2+(yy')^2}dx$$

$$=2\pi\int_{-2}^{2}\frac{\sqrt{3}}{4}\underbrace{\sqrt{16-x^2}}_{\text{偶関数}}dx=\frac{\sqrt{3}}{2}\pi\cdot 2\int_0^2\sqrt{\underset{a^2}{16}-x^2}dx$$

公式：
$$\int\sqrt{a^2-x^2}dx=\frac{1}{2}\left(x\sqrt{a^2-x^2}+a^2\sin^{-1}\frac{x}{a}\right)$$

$$=\sqrt{3}\pi\left[\frac{1}{2}\left(x\sqrt{16-x^2}+16\sin^{-1}\frac{x}{4}\right)\right]_0^2$$

$$=\frac{\sqrt{3}}{2}\pi\cdot\left(2\cdot 2\sqrt{3}+16\cdot\underbrace{\sin^{-1}\frac{1}{2}}_{\frac{\pi}{6}}-\underbrace{16\cdot\sin^{-1}0}_{0}\right)$$

$$=\frac{\sqrt{3}}{2}\pi\cdot\left(4\sqrt{3}+\overset{8}{\cancel{16}}\cdot\frac{\pi}{\underset{3}{\cancel{6}}}\right)$$

$$=2\sqrt{3}\pi\cdot\left(\sqrt{3}+\frac{2}{3}\pi\right)=\frac{2\sqrt{3}}{3}\pi\cdot(3\sqrt{3}+2\pi)$$ ……（答）

演習問題 90　● 回転体の表面積 (Ⅲ) ●

曲線 $y = e^x$ $(0 \leqq x \leqq 1)$ を x 軸のまわりに回転してできる曲面の面積 S を求めよ。

ヒント！ 回転体の表面積の公式：$S = 2\pi\int_a^b y\cdot\sqrt{1+(y')^2}\,dx$ を使って解こう。

解答＆解説

曲線 C：$y = e^x$ …① $(0 \leqq x \leqq 1)$ とおく。

①を x で微分して，

$y' = (e^x)' = e^x$ より，曲線 C を x 軸のまわりに 1 回転してできる曲面の面積 S は，

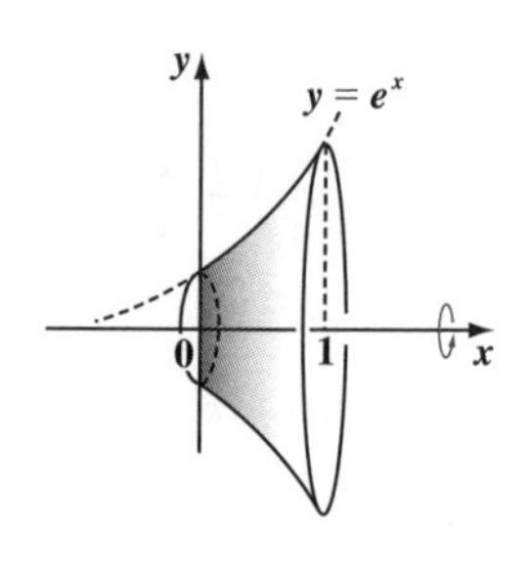

$$S = 2\pi\int_0^1 y\cdot\sqrt{1+(y')^2}\,dx$$

$$= 2\pi\int_0^1 e^x\cdot\sqrt{1+e^{2x}}\,dx$$

$y = e^x$
$y' = e^x$ より

ここで，$e^x = t$ とおくと，x：$0 \to 1$ のとき　t：$1 \to e$

また，$e^x dx = dt$ より，$dx = \frac{1}{t}dt$ となる。よって，

$$S = 2\pi\int_1^e t\cdot\sqrt{1+t^2}\cdot\frac{1}{t}\,dt$$

$$= 2\pi\int_1^e \sqrt{t^2+1}\,dt$$

$$= 2\pi\cdot\frac{1}{2}\left[t\sqrt{t^2+1}+\log\left|t+\sqrt{t^2+1}\right|\right]_1^e$$

積分公式：
$$\int\sqrt{x^2+\alpha}\,dx = \frac{1}{2}\left(x\sqrt{x^2+\alpha}+\alpha\log\left|x+\sqrt{x^2+\alpha}\right|\right)$$

$$= \pi\left\{e\sqrt{e^2+1}+\log\left(e+\sqrt{e^2+1}\right)-\sqrt{2}-\log\left(1+\sqrt{2}\right)\right\}$$

$$= \pi\left(e\sqrt{e^2+1}-\sqrt{2}+\log\frac{e+\sqrt{e^2+1}}{1+\sqrt{2}}\right)$$ ……………………(答)

演習問題 91　● 回転体の表面積（Ⅳ）●

曲線 $y = \sin x \left(0 \leqq x \leqq \frac{\pi}{2}\right)$ を x 軸のまわりに回転してできる曲面の面積 S を求めよ。

ヒント！ これも，公式：$S = 2\pi\int_a^b y\cdot\sqrt{1+(y')^2}\,dx$ を使って解いてみよう。

解答＆解説

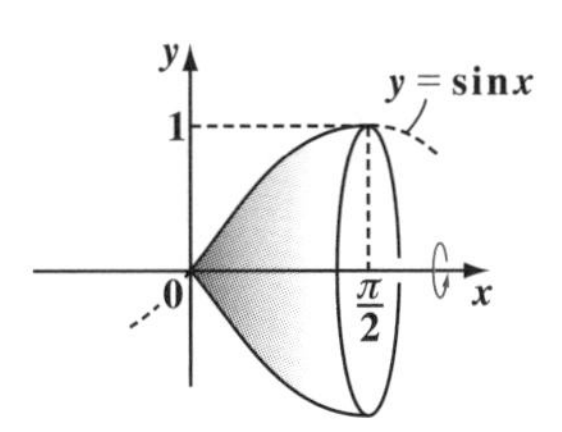

曲線 C：$y = \sin x$ …① $\left(0 \leqq x \leqq \frac{\pi}{2}\right)$ とおく。

①を x で微分して，

$y' = (\sin x)' =$ (ア) より，曲線 C を x 軸のまわりに 1 回転してできる曲面の面積 S は，

$$S = 2\pi\int_0^{\frac{\pi}{2}} y\cdot\sqrt{1+(y')^2}\,dx = 2\pi\int_0^{\frac{\pi}{2}} \sin x\cdot\sqrt{1+\cos^2 x}\,dx$$

$\int f(\cos x)\sin x\,dx$ の場合，$\cos x = t$ と置換する。

ここで，$\cos x = t$ とおくと，

$x : 0 \to \frac{\pi}{2}$ のとき　t：(イ) → (ウ)　また，

$-\sin x dx = dt$ より，$dx = -\frac{1}{\sin x}dt$　となる。よって，

$$S = 2\pi\int_{(イ)}^{(ウ)} \sin x\cdot\sqrt{1+t^2}\left(-\frac{1}{\sin x}\right)dt$$

$$= 2\pi\int_0^1 \sqrt{t^2+1}\,dt$$

$$= 2\pi\cdot\frac{1}{2}\left[t\sqrt{t^2+1} + \log\left|t+\sqrt{t^2+1}\right|\right]_0^1$$

$$= \pi\{\sqrt{2} + \log\,((エ))\}$$ ……………………………（答）

積分公式：
$$\int\sqrt{x^2+\alpha}\,dx = \frac{1}{2}\left(x\sqrt{x^2+\alpha} + \alpha\log\left|x+\sqrt{x^2+\alpha}\right|\right)$$

……………………………………………………………………

解答　(ア) $\cos x$　　(イ) 1　　(ウ) 0　　(エ) $1+\sqrt{2}$

演習問題 92　●y 軸のまわりの回転体の体積●

円 $C:(x-a)^2+(y-b)^2=r^2$ $(0<r<a)$ を，y 軸のまわりに 1 回転して得られる立体 F の体積 V_y を求めよ。

ヒント！ 円 C を y 軸方向に $-b$ だけ平行移動させた円 C' を，y 軸のまわりに 1 回転させた立体の体積を求めればいい。計算が楽になる。

解答＆解説

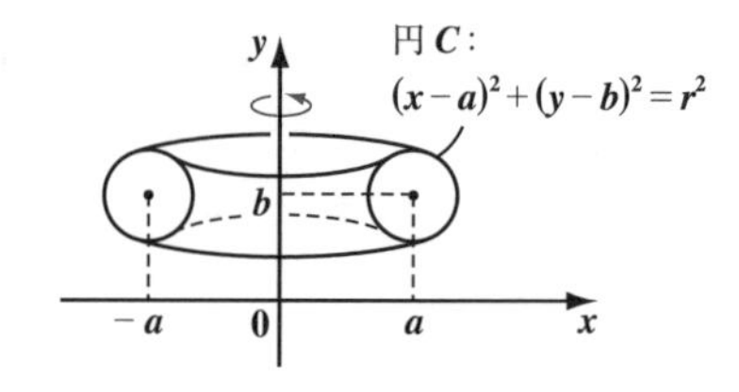

立体 F は，円 C を y 軸方向に $-b$ だけ平行移動させた円 C'：$(x-a)^2+y^2=r^2$ …①を，y 軸のまわりに 1 回転させて出来る立体 F' と合同だから，F の体積 V は F' の体積として求まる。

①を変形して，

$(x-a)^2=r^2-y^2$,　　$x-a=\pm\sqrt{r^2-y^2}$

$\therefore\ x=a\pm\sqrt{r^2-y^2}$　……②

F の体積は，

(ⅰ) 円 C' の右半分：$x_2=a+\sqrt{r^2-y^2}$ と 3 直線 $x=0$，$y=\pm r$ とで囲まれる図形を y 軸のまわりに 1 回転させて得られる立体の体積から，

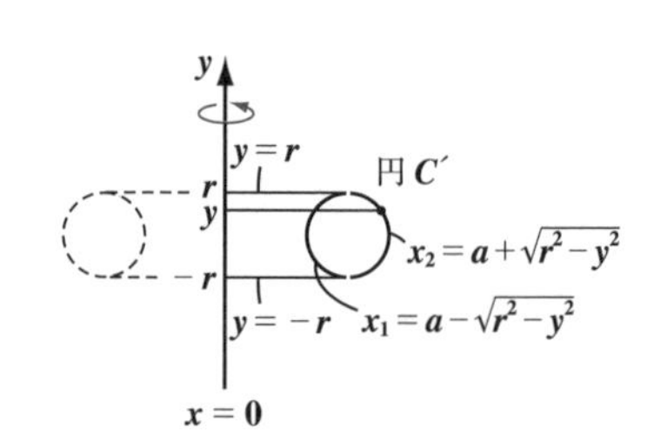

(ⅱ) 円 C' の左半分：$x_1=a-\sqrt{r^2-y^2}$ と 3 直線 $x=0$，$y=\pm r$ とで囲まれる図形を y 軸まわりに 1 回転させて出来る立体の体積を引いたものに等しい。

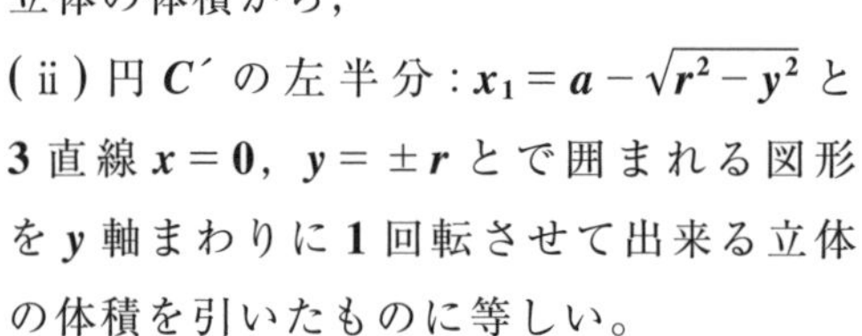

以上より，

$$V=\underbrace{\pi\int_{-r}^{r}x_2^{\,2}dy}_{(ⅰ)}-\underbrace{\pi\int_{-r}^{r}x_1^{\,2}dy}_{(ⅱ)}=\pi\int_{-r}^{r}(x_2^{\,2}-x_1^{\,2})dy$$

$$=\pi\int_{-r}^{r}\{(a+\sqrt{r^2-y^2})^2-(a-\sqrt{r^2-y^2})^2\}dy$$

$\left(a^2+2a\sqrt{r^2-y^2}+r^2-y^2-(a^2-2a\sqrt{r^2-y^2}+r^2-y^2)=4a\sqrt{r^2-y^2}\right)$

（y の偶関数）

$$=4\pi a\int_{-r}^{r}\sqrt{r^2-y^2}\,dy=4\pi a\cdot 2\int_0^r\sqrt{r^2-y^2}\,dy$$

公式：
$$\int\sqrt{r^2-y^2}\,dy=\frac{1}{2}\left(y\sqrt{r^2-y^2}+r^2\sin^{-1}\frac{y}{r}\right)$$

$$=8\pi a\cdot\left[\frac{1}{2}\left(y\sqrt{r^2-y^2}+r^2\sin^{-1}\frac{y}{r}\right)\right]_0^r$$

$$=4\pi a\cdot(r^2\cdot\underbrace{\sin^{-1}1}_{\frac{\pi}{2}}-\underbrace{r^2\sin^{-1}0}_{0})$$

$$=2\pi^2ar^2$$ ……………………………（答）

参考

$V=2\pi^2ar^2$ を，

$V=\underline{\pi r^2}\cdot\underline{2\pi a}$

（円の面積）（円の中心の軌跡（円）の長さ）

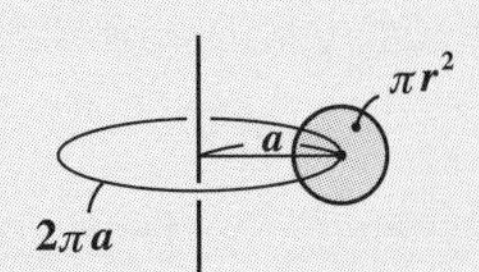

と書き換えてみると，次のことが分かる。

円を，円外の一直線のまわりに回転させて出来る立体の体積 V は，（これを“**トーラス**”という。）

V =（円の面積）×（円の中心が描く円周の長さ）

で求められる。

これを，“**パップス・ギュルダンの定理**”と呼ぶ。

演習問題 93 ●バウムクーヘン型積分●

曲線 $y = \tanh^{-1}x$ と x 軸と直線 $x = \frac{1}{2}$ とで囲まれる図形を y 軸のまわりに回転して出来る回転体の体積 V を，バウムクーヘン型積分により，求めよ。

ヒント！ まず，公式通り式を立てる。それに部分積分法を用いる。
公式：$(\tanh^{-1}x)' = \frac{1}{1-x^2}$，$\int \frac{1}{1-x^2}dx = \tanh^{-1}x$，そして，$\tanh^{-1}x = \frac{1}{2}\log\frac{1+x}{1-x}$ を順次使っていく。

解答＆解説

y 軸まわりの回転体の体積 V を，バウムクーヘン型積分で求める。

バウムクーヘン型積分 $V = 2\pi\int_a^b xf(x)dx$

$$V = 2\pi \cdot \int_0^{\frac{1}{2}} x \cdot \tanh^{-1}x\,dx$$

$$= 2\pi \cdot \int_0^{\frac{1}{2}} \left(\frac{1}{2}x^2\right)' \cdot \tanh^{-1}x\,dx \quad \text{← 部分積分}$$

$$= 2\pi \cdot \left\{\left[\frac{1}{2}x^2 \cdot \tanh^{-1}x\right]_0^{\frac{1}{2}} - \int_0^{\frac{1}{2}} \frac{1}{2}x^2 \cdot \underbrace{(\tanh^{-1}x)'}_{\frac{1}{1-x^2}}dx\right\}$$

公式：$(\tanh^{-1}x)' = \frac{1}{1-x^2}$

$$= 2\pi \cdot \left\{\frac{1}{8} \cdot \tanh^{-1}\frac{1}{2} + \frac{1}{2}\underbrace{\int_0^{\frac{1}{2}} \frac{-x^2}{1-x^2}dx}_{(ア)}\right\} \quad \cdots\cdots①$$

ここで，

$$(ア)\int_0^{\frac{1}{2}} \frac{-x^2}{1-x^2}dx = \int_0^{\frac{1}{2}} \frac{(1-x^2)-1}{1-x^2}dx$$

$$= \int_0^{\frac{1}{2}} \left(1 - \frac{1}{1-x^2}\right)dx$$

公式：$\int \frac{1}{1-x^2}dx = \tanh^{-1}x$

$$= [x - \tanh^{-1}x]_0^{\frac{1}{2}}$$

$$= \frac{1}{2} - \tanh^{-1}\frac{1}{2} + \underbrace{\tanh^{-1}0}_{0}$$

$$= \frac{1}{2} - \tanh^{-1}\frac{1}{2} \quad \cdots\cdots②$$

②を①に代入して，求める体積 V は，

$$V = 2\pi \cdot \left\{\frac{1}{8} \cdot \tanh^{-1}\frac{1}{2} + \frac{1}{2}\left(\frac{1}{2} - \tanh^{-1}\frac{1}{2}\right)\right\}$$

$$= 2\pi \cdot \left\{\frac{1}{8} \cdot \tanh^{-1}\frac{1}{2} + \frac{1}{4}\left(1 - 2\tanh^{-1}\frac{1}{2}\right)\right\}$$

$$= \frac{\pi}{4} \cdot \left\{\tanh^{-1}\frac{1}{2} + \left(2 - 4\tanh^{-1}\frac{1}{2}\right)\right\}$$

$$= \frac{\pi}{4} \cdot \left(2 - 3\tanh^{-1}\frac{1}{2}\right)$$

公式：
$\tanh^{-1}x = \frac{1}{2}\log\frac{1+x}{1-x}$

$$= \frac{\pi}{4} \cdot \left(2 - 3 \cdot \frac{1}{2} \cdot \log\frac{1+\frac{1}{2}}{1-\frac{1}{2}}\right)$$

$$= \frac{\pi}{4} \cdot \left(2 - \frac{3}{2} \cdot \log\frac{\frac{3}{2}}{\frac{1}{2}}\right)$$

$$= \frac{\pi}{4} \cdot \left(2 - \frac{3}{2}\log 3\right)$$

$$= \frac{\pi}{8} \cdot (4 - 3\log 3)$$ ……………………(答)

逆双曲線関数の微積分公式

・$\cosh^{-1}x = \log\left(x + \sqrt{x^2-1}\right)$ ・$(\cosh^{-1}x)' = \frac{1}{\sqrt{x^2-1}}$ ・$\int\frac{1}{\sqrt{x^2-1}}dx = \cosh^{-1}x + C$　$(x > 1)$

・$\sinh^{-1}x = \log\left(x + \sqrt{x^2+1}\right)$ ・$(\sinh^{-1}x)' = \frac{1}{\sqrt{x^2+1}}$ ・$\int\frac{1}{\sqrt{x^2+1}}dx = \sinh^{-1}x + C = \log\left(x + \sqrt{x^2+1}\right) + C$

・$\tanh^{-1}x = \frac{1}{2}\log\frac{1+x}{1-x}$ ・$(\tanh^{-1}x)' = \frac{1}{1-x^2}$ ・$\int\frac{1}{1-x^2}dx = \tanh^{-1}x + C$　$(-1 < x < 1)$

講 義 Lecture 4 2変数関数の微分

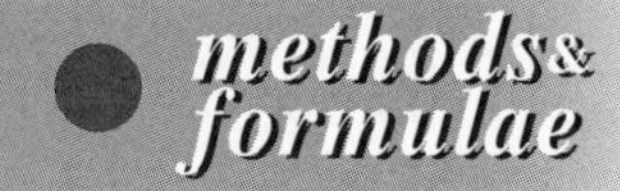

1. 2変数関数と偏微分

2変数関数 $f(x, y)$ について，点 (x, y) が xy 平面上のどのようなルートを経て点 (a, b) に近づいても，$f(x, y)$ が定数 c に近づくとき，このことを次のように表す。

$$\lim_{(x, y)\to(a, b)} f(x, y) = c$$

ここで，$f(a, b)$ が存在して，これが上式の c に等しい，すなわち

$\displaystyle\lim_{(x, y)\to(a, b)} f(x, y) = f(a, b)$ のとき，$f(x, y)$ は点 (a, b) で"**連続である**"という。

領域 D 上のすべての点で連続のとき，$f(x, y)$ は"**D で連続である**"という。

次に，2変数関数 $f(x, y)$ の偏導関数の定義式を示す。

2つの偏導関数の定義

(Ⅰ) $f_x(x, y) = \dfrac{\partial f(x, y)}{\partial x} = \lim\limits_{h\to 0} \dfrac{f(x+h, y) - f(x, y)}{h}$ （y：定数扱い）

x に関する偏導関数：右辺の極限がある関数に収束するときのみ $f_x(x, y)$ は存在する。

(Ⅱ) $f_y(x, y) = \dfrac{\partial f(x, y)}{\partial y} = \lim\limits_{h\to 0} \dfrac{f(x, y+h) - f(x, y)}{h}$ （x：定数扱い）

y に関する偏導関数：右辺の極限がある関数に収束するときのみ $f_y(x, y)$ は存在する。

点 (a, b) における $f(x, y)$ の偏微分係数の定義も，下に示す。

2つの偏微分係数の定義式

(Ⅰ) $f_x(a, b) = [f_x(x, y)]_{\substack{x=a\\y=b}} = \lim\limits_{x\to a} \dfrac{f(x, b) - f(a, b)}{x-a}$

(Ⅱ) $f_y(a, b) = [f_y(x, y)]_{\substack{x=a\\y=b}} = \lim\limits_{y\to b} \dfrac{f(a, y) - f(a, b)}{y-b}$

2. 偏微分の計算と高階偏導関数

偏微分の計算は，x に関する偏導関数を求めるのであれば，y は定数扱いとなり，y に関する偏導関数を求めるのであれば，x を定数扱いとして，計算すればよい。したがって，この偏導関数の定義から，1 変数関数の場合と同様に，線形性が成り立ち，また，積，商，そして合成関数の公式がそのまま使える。

次に，2 変数関数 $f(x, y)$ の偏導関数を，$\dfrac{\partial f}{\partial x}=f_x$，$\dfrac{\partial f}{\partial y}=f_y$ と略記すると，これがさらに偏微分可能であれば，次の 2 階の偏導関数を得る。

(ⅰ) $\dfrac{\partial}{\partial x}\left(\dfrac{\partial f}{\partial x}\right)=\dfrac{\partial^2 f}{\partial x^2}=f_{xx}$　　(ⅱ) $\dfrac{\partial}{\partial y}\left(\dfrac{\partial f}{\partial y}\right)=\dfrac{\partial^2 f}{\partial y^2}=f_{yy}$

(ⅲ) $\dfrac{\partial}{\partial y}\left(\dfrac{\partial f}{\partial x}\right)=\dfrac{\partial^2 f}{\partial y \partial x}=f_{xy}$　　(ⅳ) $\dfrac{\partial}{\partial x}\left(\dfrac{\partial f}{\partial y}\right)=\dfrac{\partial^2 f}{\partial x \partial y}=f_{yx}$

2 階偏導関数 f_{xy} と f_{yx} について，次の“**シュワルツの定理**”を示す。

シュワルツの定理

f_{xy} と f_{yx} が共に連続ならば，$f_{xy}=f_{yx}$ が成り立つ。

3. 接平面と全微分

曲面 $z=f(x, y)$ 上の点 (x_1, y_1, z_1) で接平面 α が存在するとき，$f(x, y)$ は点 $f(x_1, y_1)$ で“**全微分可能である**”という。このとき，曲面 $z=f(x, y)$ は点 (x_1, y_1, z_1) において平面 α で近似できる，なめらかな曲面と言える。

$f(x, y)$ が点 (x_1, y_1) で全微分可能のとき，次式が成り立つ。

$$dz=f_x(x_1, y_1)dx+f_y(x_1, y_1)dy$$

これを点 (x_1, y_1) における $z=f(x, y)$ の“**全微分**”という。

このとき，曲面 $z=f(x, y)$ 上の点 (x_1, y_1, z_1) における接平面の方程式は，次のようになる。

$$z-z_1=f_x(x_1, y_1)\cdot(x-x_1)+f_y(x_1, y_1)\cdot(y-y_1)$$

x と y が共に 1 変数関数，または，2 変数関数である場合の $z=f(x,\ y)$ の微分公式を，次に示す。

全微分の変数変換公式

全微分可能な関数 $z=f(x,\ y)$ について，

(i) $x=x(t)$，$y=y(t)$ で，← x も y も，t の関数

$x,\ y$ が共に t について微分可能のとき，次式が成り立つ。

$$\frac{dz}{dt}=\frac{\partial z}{\partial x}\cdot\frac{dx}{dt}+\frac{\partial z}{\partial y}\cdot\frac{dy}{dt}$$

(ii) $x=x(u,\ v)$，$y=y(u,\ v)$ で，← x も y も，u と v の関数

$x,\ y$ が共に $u,\ v$ について微分可能のとき，次式が成り立つ。

$$\begin{cases}\dfrac{\partial z}{\partial u}=\dfrac{\partial z}{\partial x}\cdot\dfrac{\partial x}{\partial u}+\dfrac{\partial z}{\partial y}\cdot\dfrac{\partial y}{\partial u}\\[2mm] \dfrac{\partial z}{\partial v}=\dfrac{\partial z}{\partial x}\cdot\dfrac{\partial x}{\partial v}+\dfrac{\partial z}{\partial y}\cdot\dfrac{\partial y}{\partial v}\end{cases}$$

4. テイラー展開と極値

2 変数関数 $f(x,\ y)$ の点 $(a,\ b)$ のまわりの“**テイラー展開**”を示す。

$$f(a+h,\ b+k)=f(a,\ b)+\frac{1}{1!}\left(h\frac{\partial}{\partial x}+k\frac{\partial}{\partial y}\right)f(a,\ b)+\frac{1}{2!}\left(h\frac{\partial}{\partial x}+k\frac{\partial}{\partial y}\right)^2 f(a,\ b)$$
$$+\cdots\cdots+\frac{1}{n!}\left(h\frac{\partial}{\partial x}+k\frac{\partial}{\partial y}\right)^n f(a,\ b)+R_{n+1}$$
$$\left(\text{ただし，}R_{n+1}=\frac{1}{(n+1)!}\left(h\frac{\partial}{\partial x}+k\frac{\partial}{\partial y}\right)^{n+1} f(a+h\theta,\ b+k\theta)\ \ (0<\theta<1)\right)$$

テイラー展開で $h,\ k$ を $x,\ y$ とおき，$a,\ b$ を 0 とした，点 $(0,\ 0)$ のまわりの展開を特に“**マクローリン展開**”と呼び，これを下に示す。

$$f(x,\ y)=f(0,\ 0)+\frac{1}{1!}\left(x\frac{\partial}{\partial x}+y\frac{\partial}{\partial y}\right)f(0,\ 0)+\frac{1}{2!}\left(x\frac{\partial}{\partial x}+y\frac{\partial}{\partial y}\right)^2 f(0,\ 0)$$
$$+\cdots\cdots+\frac{1}{n!}\left(x\frac{\partial}{\partial x}+y\frac{\partial}{\partial y}\right)^n f(0,\ 0)+R_{n+1}$$
$$\left(\text{ただし，}R_{n+1}=\frac{1}{(n+1)!}\left(x\frac{\partial}{\partial x}+y\frac{\partial}{\partial y}\right)^{n+1} f(\theta x,\ \theta y)\ \ (0<\theta<1)\right)$$

次に，2 変数関数 $f(x, y)$ の極値を判定する方法を，下に示す。

2 変数関数の極値の決定法

全微分可能な関数 $z=f(x, y)$ について，$f_x(a, b)=0$ かつ $f_y(a, b)=0$ （極値をとるための必要条件）であるとする。ここで，さらに，

$f_{xx}(a, b)=A$，$f_{xy}(a, b)=B$，$f_{yy}(a, b)=C$ とおく。

(Ⅰ) $B^2-AC<0$ の場合

(ⅰ) $A<0$ ならば，$z=f(x, y)$ は点 (a, b) で極大となる。

(ⅱ) $A>0$ ならば，$z=f(x, y)$ は点 (a, b) で極小となる。

(Ⅱ) $B^2-AC>0$ の場合

$z=f(x, y)$ は点 (a, b) で極値をとらない。

(Ⅲ) $B^2-AC=0$ の場合

これだけでは，$z=f(x, y)$ が点 (a, b) で極値をとるかどうか判定できない。

$z=f(x, y)$ が $g(x, y)=0$ の条件下で極値をもつための必要条件を与える "**ラグランジュの未定乗数法**" を示す。

ラグランジュの未定乗数法

$f(x, y)$，$g(x, y)$ が連続な偏導関数をもつとき，

$g(x, y)=0$ の条件下で関数 $z=f(x, y)$ が点 (a, b) で極値をもつならば，

$$\begin{cases} f_x(a, b)-\lambda g_x(a, b)=0 \\ f_y(a, b)-\lambda g_y(a, b)=0 \end{cases}$$

$g(a, b)=0$　が成り立つ。

（ただし，$g_x(a, b) \neq 0$ かつ $g_y(a, b) \neq 0$ とする。）

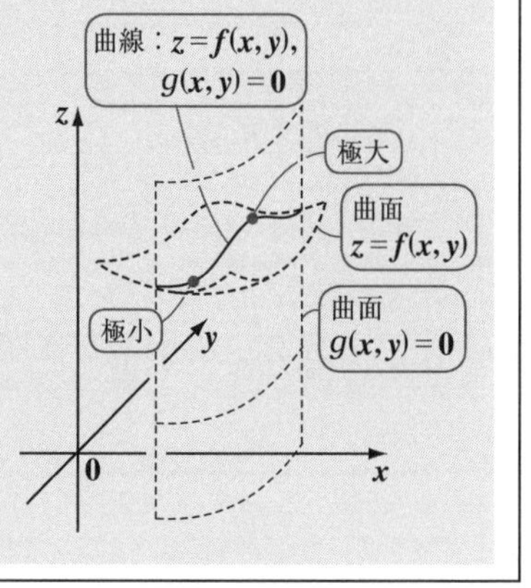

これは，$g(x, y)=0$ の条件の下で $f(x, y)$ が極値をもつとすれば成り立つということであって，極値をもつための十分条件ではないことに注意しよう。しかし，極値の存在が明らかであれば，この方法は役に立つ。

演習問題 94　●2変数関数の極限●

次の関数の極限を調べよ。

(1) $\displaystyle\lim_{(x,\ y)\to(0,\ 0)}\frac{x^3y}{x^2+y^2}$　　(2) $\displaystyle\lim_{(x,\ y)\to(0,\ 0)}\frac{x^2y^2}{x^4+y^4}$

ヒント！ 点$(x,\ y)$を直線$y=mx$に沿って動かして，原点$(0,\ 0)$に近づけたときの極限を計算する。極限値cをもつ場合，点$(x,\ y)$がxy平面上のどんなルートを経て原点に近づいても，2変数関数がcに近づくことを示す。

解答&解説

点$(x,\ y)$が直線$y=mx$上を動いて原点に近づくとき，$y=mx$を与式に代入して調べる。

(1) $\displaystyle\lim_{(x,\ y)\to(0,\ 0)}\frac{x^3y}{x^2+y^2}=\lim_{(x,\ y)\to(0,\ 0)}\frac{x^3\cdot mx}{x^2+(mx)^2}=\lim_{(x,\ y)\to(0,\ 0)}\frac{m}{1+m^2}x^2=0$

定数

極限値は0と予想される。これを確める！

ここで，$\dfrac{x^3y}{x^2+y^2}$と0との差$\left|\dfrac{x^3y}{x^2+y^2}-0\right|=\left|\dfrac{x^3y}{x^2+y^2}\right|$をとって，これが0に近づけば，極限値0が示せたことになる。

$$\left|\frac{x^3y}{x^2+y^2}\right|=\frac{|x^2\cdot xy|}{x^2+y^2}=x^2\cdot\frac{|xy|}{x^2+y^2}$$

$$\leqq x^2\cdot\frac{1}{2}=\frac{1}{2}x^2$$

相加・相乗平均の不等式：
$a>0,\ b>0$のとき，
$a+b\geqq2\sqrt{a\cdot b}$
$\dfrac{\sqrt{ab}}{a+b}\leqq\dfrac{1}{2}$
$a=x^2,\ b=y^2$と考えればいい。

$\therefore\ 0\leqq\left|\dfrac{x^3y}{x^2+y^2}\right|\leqq\dfrac{1}{2}x^2$であり，$\displaystyle\lim_{x\to0}\frac{1}{2}x^2=0$だから，はさみ打ちの原理より，$\displaystyle\lim_{(x,\ y)\to(0,\ 0)}\left|\frac{x^3y}{x^2+y^2}\right|=0$となる。$\therefore\ \displaystyle\lim_{(x,\ y)\to(0,\ 0)}\frac{x^3y}{x^2+y^2}=0$ (収束) …(答)

(2) $\displaystyle\lim_{(x,\ y)\to(0,\ 0)}\frac{x^2y^2}{x^4+y^4}=\lim_{(x,\ y)\to(0,\ 0)}\frac{x^2\cdot m^2x^2}{x^4+m^4x^4}=\lim_{(x,\ y)\to(0,\ 0)}\frac{m^2}{1+m^4}$

$x,\ y$に無関係な定数

$$=\frac{m^2}{1+m^4}$$

これは，mの値によって，様々な値をとるので，極限値は存在しない。…(答)

$x=r\cos\theta,\ y=r\sin\theta$とおいて，次のように調べてもいい。
$\dfrac{x^2y^2}{x^4+y^4}=\dfrac{r^4\cos^2\theta\cdot\sin^2\theta}{r^4(\cos^4\theta+\sin^4\theta)}=\dfrac{\cos^2\theta\cdot\sin^2\theta}{\cos^4\theta+\sin^4\theta}$は，$\theta$の値によって変化する。
よって，極限値は存在しない。

演習問題 95 ● 2 変数関数の連続性 ●

次の関数の原点における連続性を調べよ。

(1) $f(x,\ y)=\begin{cases}\dfrac{2xy}{\sqrt{4x^2+y^2}} & ((x,\ y)\neq(0,\ 0))\\ 0 & ((x,\ y)=(0,\ 0))\end{cases}$ (2) $f(x,\ y)=\begin{cases}\dfrac{x^2+y}{x-y} & (y\neq x)\\ 0 & (y=0)\end{cases}$

ヒント！ 点 $(x,\ y)$ が直線 $y=mx$ 上を動いて，原点に近づくときを調べる。

解答＆解説

(1) $y=mx$ とおくと，

$$\lim_{(x,\ y)\to(0,\ 0)}\frac{2xy}{\sqrt{4x^2+y^2}}=\lim_{(x,\ y)\to(0,\ 0)}\frac{2x\cdot mx}{\sqrt{4x^2+m^2x^2}}=\lim_{(x,\ y)\to(0,\ 0)}\frac{2m\overbrace{|x|^2}^{x^2}}{|x|\cdot\sqrt{4+m^2}}$$

$$=\lim_{(x,\ y)\to(0,\ 0)}\frac{2m\overbrace{|x|}^{\to 0}}{\sqrt{4+m^2}}=\boxed{(ア)}$$

ここで，

分母に，相加・相乗平均の不等式を使った。

$$\left|\frac{2xy}{\sqrt{4x^2+y^2}}\right|=\frac{2|xy|}{\underbrace{\sqrt{4x^2+y^2}}_{大}}\leqq\frac{2|xy|}{\underbrace{\sqrt{2\cdot\sqrt{4x^2\cdot y^2}}}_{小}}=\frac{2|xy|}{2\sqrt{|xy|}}=\sqrt{|xy|}$$

$\therefore\ 0\leqq\left|\dfrac{2xy}{\sqrt{4x^2+y^2}}\right|\leqq\sqrt{|xy|}$ であり，$\displaystyle\lim_{(x,\ y)\to(0,\ 0)}\sqrt{|\underbrace{xy}_{\to 0}|}=0$

よって，はさみ打ちの原理より，$\displaystyle\lim_{(x,\ y)\to(0,\ 0)}\left|\overbrace{\frac{2xy}{\sqrt{4x^2+y^2}}}^{\to 0}\right|=\boxed{(イ)}$

$\therefore\ \displaystyle\lim_{(x,\ y)\to(0,\ 0)}\frac{2xy}{\sqrt{4x^2+y^2}}=0=f(0,\ 0)$ だから，$f(x,\ y)$ は原点において

(ウ)______ ……………………………………………………(答)

(2) $y=mx\ \ (m\neq 1)$ とおくと，

$$\lim_{(x,\ y)\to(0,\ 0)}\frac{x^2+y}{x-y}=\lim_{(x,\ y)\to(0,\ 0)}\frac{x^2+mx}{x-mx}=\lim_{(x,\ y)\to(0,\ 0)}\frac{\overbrace{x}^{\to 0}+m}{1-m}=\frac{m}{1-m}$$

これは，m の値によって変化するので，極限値は存在しない。

よって，$f(x,\ y)$ は原点において (エ)______ ……………………(答)

解答 (ア) 0　(イ) 0　(ウ) 連続である。　(エ) 不連続である。

演習問題 96	●偏導関数(Ⅰ)●

次の関数 $z = f(x,\ y)$ を偏微分せよ。

(1) $z = e^x(\sin^{-1}x + \tan^{-1}y)$　　(2) $z = \dfrac{x^3 - y^3}{x^2 + y^2}$　　(3) $z = xy\cos(xy)$

ヒント！ (1) は積の，(2) は商の，そして (3) は合成関数の偏微分公式を使う。

解答＆解説

(1) $z = f(x,\ y) = e^x(\sin^{-1}x + \tan^{-1}y)$ について，

$$f_x = (e^x)_x \cdot (\sin^{-1}x + \tan^{-1}y) + e^x \cdot (\sin^{-1}x + \tan^{-1}y)_x$$

（y は定数扱い）（定数扱い）（公式：$(f \cdot g)_x = f_x \cdot g + f \cdot g_x$）

$$= e^x \cdot (\sin^{-1}x + \tan^{-1}y) + e^x \cdot \frac{1}{\sqrt{1 - x^2}}$$

$$= e^x \cdot \left(\sin^{-1}x + \tan^{-1}y + \frac{1}{\sqrt{1 - x^2}}\right) \quad \cdots\cdots(答)$$

$$f_y = (e^x\sin^{-1}x + e^x\tan^{-1}y)_y = e^x(\tan^{-1}y)_y = e^x\frac{1}{1 + y^2} = \frac{e^x}{1 + y^2} \quad \cdots\cdots(答)$$

(2) $z = f(x,\ y) = \dfrac{x^3 - y^3}{x^2 + y^2}$ について，

$$f_x = \frac{(x^3 - y^3)_x \cdot (x^2 + y^2) - (x^3 - y^3)(x^2 + y^2)_x}{(x^2 + y^2)^2}$$

（公式：$\left(\dfrac{f}{g}\right)_x = \dfrac{f_x \cdot g - f \cdot g_x}{g^2}$）

$$= \frac{3x^2 \cdot (x^2 + y^2) - (x^3 - y^3) \cdot 2x}{(x^2 + y^2)^2} = \frac{x^4 + 3x^2y^2 + 2xy^3}{(x^2 + y^2)^2} \quad \cdots\cdots① \quad \cdots\cdots(答)$$

$z = -\dfrac{y^3 - x^3}{y^2 + x^2}$ と変形できるので，f_y は，f_x の結果①の x と y を入れ換えて -1 倍したものだから，

$$f_y = -\frac{y^4 + 3y^2x^2 + 2yx^3}{(y^2 + x^2)^2} = -\frac{2x^3y + 3x^2y^2 + y^4}{(x^2 + y^2)^2} \quad \cdots\cdots(答)$$

(3) $z = f(x,\ y) = xy \cdot \cos(xy)$ について，

$$f_x = (xy)_x \cdot \cos(xy) + xy \cdot \{\cos(xy)\}_x$$

（$xy = u$ とおくと，$\dfrac{d(\cos u)}{du} \cdot \dfrac{\partial(xy)}{\partial x} = -\sin u \cdot y$ となる。）（合成関数の偏微分）

$$= y \cdot \cos(xy) + xy \cdot \{-\sin(xy)\} \cdot y$$

$$= y \cdot \cos(xy) - xy^2\sin(xy) = y\{\cos(xy) - xy \cdot \sin(xy)\} \quad \cdots\cdots② \cdots(答)$$

$z = yx \cdot \cos(yx)$ と変形できるので，f_y は，f_x の結果②の x と y を入れ換えたものになる。

$$\therefore f_y = x \cdot \{\cos(yx) - yx \cdot \sin(yx)\} = x\{\cos(xy) - xy \cdot \sin(xy)\} \quad \cdots(答)$$

演習問題 97 ● 偏導関数(Ⅱ) ●

次の関数 $z=f(x,\ y)$ を偏微分せよ。

(1) $z=e^y\cdot(\sinh x+\cosh y)$　(2) $z=\log_x(xy)$　(3) $z=y^3\log(x^2+y^4)$

ヒント！ (1) 積の微分公式を使う。(2) $z=\dfrac{\log x+\log y}{\log x}=1+\dfrac{\log y}{\log x}$ と変形する。(3) は合成関数の偏微分公式を使う。

解答＆解説

(1) $z=f(x,\ y)=e^y\cdot(\sinh x+\cosh y)$ について，

$$f_x=\{\underbrace{e^y}_{\text{定数扱い}}\cdot(\sinh x+\underbrace{\cosh y}_{\text{定数扱い}})\}_x=e^y\cdot(\sinh x)_x=e^y\cdot\cosh x \quad\cdots\cdots(答)$$

$$f_y=\{e^y\cdot(\sinh x+\cosh y)\}_y=(e^y)_y\cdot(\sinh x+\cosh y)+e^y\cdot(\underbrace{\sinh x}_{\text{定数扱い}}+\cosh y)_y$$

積の偏微分公式

$$=e^y\cdot(\sinh x+\cosh y)+e^y\cdot\sinh y=e^y(\sinh x+\cosh y+\sinh y)\quad\cdots\cdots(答)$$

(2) $z=f(x,\ y)=\log_x(xy)=\dfrac{\log x+\log y}{\log x}=1+\dfrac{\log y}{\log x}$ について，

$$f_x=\left(1+\frac{\log y}{\log x}\right)_x=\{1+\underbrace{\log y}_{\text{定数扱い}}\cdot(\log x)^{-1}\}_x=(\log y)\{(\log x)^{-1}\}'$$

$$=\log y\cdot\left\{-\frac{1}{(\log x)^2}(\log x)'\right\}=-\frac{\log y}{x(\log x)^2}\quad\cdots\cdots(答)$$

$$f_y=\left(1+\frac{\log y}{\log x}\right)_y=\left(1+\underbrace{\frac{1}{\log x}}_{\text{定数扱い}}\cdot\log y\right)_y=\frac{1}{\log x}\cdot\frac{1}{y}=\frac{1}{y\cdot\log x}\quad\cdots\cdots(答)$$

(3) $z=f(x,\ y)=y^3\log(x^2+y^4)$ について，

$$f_x=\{\underbrace{y^3}_{\text{定数扱い}}\cdot\log(x^2+y^4)\}_x=y^3\{\log(x^2+y^4)\}_x$$

$x^2+y^4=u$ とおくと，$\dfrac{d(\log u)}{du}\cdot\dfrac{\partial u}{\partial x}=\dfrac{1}{u}\cdot 2x$ となる。（合成関数の偏微分）

$$=y^3\cdot\frac{2x}{x^2+y^4}=\frac{2xy^3}{x^2+y^4}\quad\cdots\cdots(答)$$

$$f_y=\{y^3\cdot\log(x^2+y^4)\}_y=(y^3)_y\cdot\log(x^2+y^4)+y^3\cdot\{\log(x^2+y^4)\}_y$$

（$\{\log(x^2+y^4)\}_y=\dfrac{d(\log u)}{du}\cdot\dfrac{\partial u}{\partial y}=\dfrac{1}{u}\cdot 4y^3$）

$$=3y^2\cdot\log(x^2+y^4)+\frac{4y^6}{x^2+y^4}=y^2\left\{3\log(x^2+y^4)+\frac{4y^4}{x^2+y^4}\right\}\quad\cdots\cdots(答)$$

演習問題 98　●偏微分係数の計算(I)●

関数 $f(x,\ y) = x \cdot \sin^{-1}\dfrac{y}{x}$ について，偏微分係数 $f_x(\sqrt{2},\ 1)$，$f_y(\sqrt{2},\ 1)$ の値を求めよ。

ヒント！ 2つの偏導関数 $f_x(x,\ y)$, $f_y(x,\ y)$ を求めて，$x=\sqrt{2}$, $y=1$ を代入する。

解答&解説

(i) 関数 $f(x,\ y) = x \cdot \sin^{-1}\dfrac{y}{x}$ の x に関する偏導関数は，

$(f \cdot g)_x = f_x \cdot g + f \cdot g_x$

$$f_x(x,\ y) = \frac{\partial}{\partial x}\left(x \cdot \sin^{-1}\frac{y}{x}\right) = 1 \cdot \sin^{-1}\frac{y}{x} + x \cdot \left(\sin^{-1}\frac{y}{x}\right)_x$$

これは，$\left(x \cdot \sin^{-1}\dfrac{y}{x}\right)_x$ と書いてもいい。

$\left(\sin^{-1}\dfrac{y}{x}\right)_x = \dfrac{1}{\sqrt{1-\left(\dfrac{y}{x}\right)^2}} \cdot \left(\dfrac{y}{x}\right)_x$（$\dfrac{y}{x} = u$）

公式：$(\sin^{-1}u)' = \dfrac{1}{\sqrt{1-u^2}}$ と合成関数の偏微分公式：$\dfrac{\partial z}{\partial x} = \dfrac{dz}{du} \cdot \dfrac{\partial u}{\partial x}$ を使った。

$$= \sin^{-1}\frac{y}{x} + x \cdot \frac{1}{\sqrt{1-\left(\dfrac{y}{x}\right)^2}}\left(-\frac{y}{x^2}\right)$$

$$= \sin^{-1}\frac{y}{x} - \frac{y}{x\sqrt{1-\dfrac{y^2}{x^2}}}$$

よって，求める x に関する偏微分係数は，

$$f_x(\sqrt{2},\ 1) = \sin^{-1}\frac{1}{\sqrt{2}} - \frac{1}{\sqrt{2} \cdot \sqrt{1-\dfrac{1}{2}}} = \frac{\pi}{4} - 1 \quad \cdots\cdots(答)$$

（$\sin^{-1}\dfrac{1}{\sqrt{2}} = \dfrac{\pi}{4}$）

(ii) 関数 $f(x,\ y)$ の y に関する偏導関数は，

公式：$(\sin^{-1}u)' = \dfrac{1}{\sqrt{1-u^2}}$　公式：$\dfrac{\partial z}{\partial y} = \dfrac{dz}{du} \cdot \dfrac{\partial u}{\partial y}$ より

$$f_y(x,\ y) = \frac{\partial}{\partial y}\left(x \cdot \sin^{-1}\frac{y}{x}\right) = x \cdot \frac{1}{\sqrt{1-\left(\dfrac{y}{x}\right)^2}} \cdot \left(\frac{y}{x}\right)_y$$

（x：定数扱い，$\dfrac{y}{x}$：u とおく）

$$= x \cdot \frac{1}{\sqrt{1-\dfrac{y^2}{x^2}}} \cdot \frac{1}{x} = \frac{1}{\sqrt{1-\dfrac{y^2}{x^2}}}$$

よって，求める y に関する偏微分係数は，

$$f_y(\sqrt{2},\ 1) = \frac{1}{\sqrt{1-\dfrac{1}{2}}} = \sqrt{2} \quad \cdots\cdots(答)$$

演習問題 99 ● 偏微分係数の計算 (Ⅱ) ●

関数 $g(x,\, y) = (x^2 + y^2) \cdot \tan^{-1}\dfrac{y}{x}$ について，偏微分係数 $g_x(1,\, \sqrt{3})$，$g_y(1,\, \sqrt{3})$ の値を求めよ。

ヒント！ 今回は，積の偏微分公式：$(f \cdot g)_x = f_x \cdot g + f \cdot g_x$ を使って求める。

解答＆解説

(ⅰ) 関数 $g(x,\ y) = (x^2 + y^2) \cdot \tan^{-1}\dfrac{y}{x}$ の x に関する偏導関数は，

$$g_x(x,\ y) = \frac{\partial}{\partial x}\left\{(x^2 + y^2) \cdot \tan^{-1}\frac{y}{x}\right\}$$

$$= (x^2 + y^2)_x \cdot \tan^{-1}\frac{y}{x} + (x^2 + y^2)\left(\tan^{-1}\underbrace{\frac{y}{x}}_{u}\right)_x$$

公式：$(\tan^{-1}u)' = \dfrac{1}{1+u^2}$

公式：$\dfrac{\partial z}{\partial x} = \dfrac{dz}{du} \cdot \dfrac{\partial u}{\partial x}$ より

$$= \boxed{(ア)} \tan^{-1}\frac{y}{x} + (x^2 + y^2) \cdot \frac{1}{1 + \left(\frac{y}{x}\right)^2} \cdot \left(\frac{y}{x}\right)_x$$

$$= 2x \cdot \tan^{-1}\frac{y}{x} + (x^2 + y^2) \cdot \frac{x^2}{x^2 + y^2} \cdot \left(-\frac{y}{x^2}\right) = 2x \cdot \tan^{-1}\frac{y}{x} - y$$

$$\therefore g_x(1,\ \sqrt{3}) = 2 \cdot 1 \cdot \tan^{-1}\frac{\sqrt{3}}{1} - \sqrt{3} = \boxed{(イ)} - \sqrt{3}$$ ……………………(答)

(ⅱ) 関数 $g(x,\ y)$ の y に関する偏導関数は，

$$g_y(x,\ y) = \frac{\partial}{\partial y}\left\{(x^2 + y^2) \cdot \tan^{-1}\frac{y}{x}\right\}$$

$$= 2y \cdot \tan^{-1}\frac{y}{x} + (x^2 + y^2) \cdot \frac{1}{1 + \left(\frac{y}{x}\right)^2}\left(\frac{y}{x}\right)_y$$

$$= 2y \cdot \tan^{-1}\frac{y}{x} + (x^2 + y^2) \cdot \frac{x^2}{x^2 + y^2} \cdot \frac{1}{x} = 2y \cdot \tan^{-1}\frac{y}{x} + x$$

$$\therefore g_y(1,\ \sqrt{3}) = 2 \cdot \sqrt{3} \cdot \tan^{-1}\frac{\sqrt{3}}{1} + 1 = 2\sqrt{3} \cdot \boxed{(ウ)} + 1 = \frac{2}{\sqrt{3}}\pi + 1$$ ……(答)

解答 (ア) $2x$　(イ) $\frac{2}{3}\pi$　(ウ) $\frac{\pi}{3}$

演習問題 100	●2階の偏導関数（Ⅰ）●

関数 $f(x,\ y)=\sinh^{-1}(xy)$ の2階の偏導関数 f_{xx}，f_{xy}，f_{yx}，f_{yy} をそれぞれ求めよ。

ヒント！ 公式：$(\sinh^{-1}u)'=\dfrac{1}{\sqrt{u^2+1}}$ (P42) を使う。

解答＆解説

$f(x,\ y)=\sinh^{-1}(xy)$ について，まず $f_x(x,\ y)$ と $f_y(x,\ y)$ を求める。（xy を u とおく）

$$\begin{cases}\cdot\ f_x=\dfrac{1}{\sqrt{(xy)^2+1}}\cdot(xy)_x=\dfrac{y}{\sqrt{x^2y^2+1}}\\[2ex] \cdot\ f_y=\dfrac{1}{\sqrt{(xy)^2+1}}\cdot(xy)_y=\dfrac{x}{\sqrt{x^2y^2+1}}\end{cases}$$

公式：$(\sinh^{-1}u)'=\dfrac{1}{\sqrt{u^2+1}}$ を使った。

以上より，求める2階の各偏導関数は，

（y は定数扱い）（$x^2y^2+1=u$ とおいて，合成関数の偏微分）

(i) $f_{xx}=\left\{y\cdot(x^2y^2+1)^{-\frac{1}{2}}\right\}_x=y\cdot\left(-\dfrac{1}{2}\right)(x^2y^2+1)^{-\frac{3}{2}}\cdot(x^2y^2+1)_x$

$=-\dfrac{1}{2}y\cdot(x^2y^2+1)^{-\frac{3}{2}}\cdot 2xy^2=-\dfrac{xy^3}{(x^2y^2+1)\sqrt{x^2y^2+1}}$ …………(答)

(ii) $f_{xy}=\left\{y\cdot(x^2y^2+1)^{-\frac{1}{2}}\right\}_y=1\cdot(x^2y^2+1)^{-\frac{1}{2}}+y\left\{(x^2y^2+1)^{-\frac{1}{2}}\right\}_y$

（$(f\cdot g)_x=f_x\cdot g+f\cdot g_x$）

$=(x^2y^2+1)^{-\frac{1}{2}}+y\cdot\left(-\dfrac{1}{2}\right)(x^2y^2+1)^{-\frac{3}{2}}\cdot(x^2y^2+1)_y$

$=(x^2y^2+1)^{-\frac{1}{2}}-\dfrac{1}{2}y(x^2y^2+1)^{-\frac{3}{2}}\cdot 2x^2y$

$=\dfrac{(x^2y^2+1)-x^2y^2}{(x^2y^2+1)^{\frac{3}{2}}}=\dfrac{1}{(x^2y^2+1)\sqrt{x^2y^2+1}}$ …………(答)

(iii) $f_{yx}=\left\{x\cdot(x^2y^2+1)^{-\frac{1}{2}}\right\}_x=1\cdot(x^2y^2+1)^{-\frac{1}{2}}+x\cdot\left\{(x^2y^2+1)^{-\frac{1}{2}}\right\}_x$

$=(x^2y^2+1)^{-\frac{1}{2}}+x\cdot\left(-\dfrac{1}{2}\right)(x^2y^2+1)^{-\frac{3}{2}}\cdot\underbrace{(x^2y^2+1)_x}_{2xy^2}$

$=\dfrac{(x^2y^2+1)-x^2y^2}{(x^2y^2+1)^{\frac{3}{2}}}=\dfrac{1}{(x^2y^2+1)\sqrt{x^2y^2+1}}$ …………(答)

(iv) $f_{yy}=\left\{x\cdot(x^2y^2+1)^{-\frac{1}{2}}\right\}_y=x\cdot\left(-\dfrac{1}{2}\right)(x^2y^2+1)^{-\frac{3}{2}}\cdot\underbrace{(x^2y^2+1)_y}_{2x^2y}$

$=-\dfrac{x^3y}{(x^2y^2+1)\sqrt{x^2y^2+1}}$ …………(答)

演習問題 101 ● 2 階の偏導関数 (Ⅱ) ●

関数 $f(x,\ y) = \tanh^{-1}(xy)$ の 2 階の偏導関数 f_{xx}, f_{xy}, f_{yx}, f_{yy} をそれぞれ求めよ。

ヒント! 公式 : $(\tanh^{-1}u)' = \frac{1}{1-u^2}$ (P42) と合成関数の偏微分法を使って，まず f_x と f_y を求めよう。

解答＆解説

$f(x,\ y) = \tanh^{-1}(xy)$ (xy を u とおく) について，まず $f_x(x,\ y)$ と $f_y(x,\ y)$ を求める。

$$\begin{cases} \cdot\ f_x = \dfrac{1}{1-(xy)^2}\cdot(xy)_x = \dfrac{y}{1-x^2y^2} \\ \cdot\ f_y = \dfrac{1}{1-(xy)^2}\cdot(xy)_y = \dfrac{x}{1-x^2y^2} \end{cases}$$

$\leftarrow \frac{\partial z}{\partial x} = \frac{dz}{du}\cdot\frac{\partial u}{\partial x}$, $\frac{\partial z}{\partial y} = \frac{dz}{du}\cdot\frac{\partial u}{\partial y}$ 公式 : $(\tanh^{-1}u)' = \frac{1}{1-u^2}$

以上より，求める 2 階の各偏導関数は，

(ⅰ) $f_{xx} = \left(\dfrac{y}{1-x^2y^2}\right)_x = -\dfrac{y}{(1-x^2y^2)^2}\cdot(1-x^2y^2)_x$ (y は定数扱い，$1-x^2y^2 = u$ とおいて，合成関数の偏微分)

$$= -\frac{y}{(1-x^2y^2)^2}\cdot(-2xy^2) = \frac{2xy^3}{(1-x^2y^2)^2} \quad \cdots\cdots(答)$$

(ⅱ) $f_{xy} = \left(\dfrac{y}{1-x^2y^2}\right)_y = \dfrac{1\cdot(1-x^2y^2)-y(1-x^2y^2)_y}{(1-x^2y^2)^2}$ $\leftarrow$ 公式 : $\left(\frac{f}{g}\right)_x = \frac{f_x\cdot g - f\cdot g_x}{g^2}$

$$= \frac{1-x^2y^2-y(-2x^2y)}{(1-x^2y^2)^2} = \frac{1+x^2y^2}{(1-x^2y^2)^2} \quad \cdots\cdots(答)$$

(ⅲ) $f_{yx} = \left(\dfrac{x}{1-x^2y^2}\right)_x = \dfrac{1\cdot(1-x^2y^2)-x(1-x^2y^2)_x}{(1-x^2y^2)^2}$

$$= \frac{1-x^2y^2-x(-2xy^2)}{(1-x^2y^2)^2} = \frac{1+x^2y^2}{(1-x^2y^2)^2} \quad \cdots\cdots(答)$$

(ⅳ) $f_{yy} = \left(\dfrac{x}{1-x^2y^2}\right)_y = -\dfrac{x}{(1-x^2y^2)^2}\cdot(1-x^2y^2)_y$

$$= -\frac{x}{(1-x^2y^2)^2}\cdot(-2x^2y) = \frac{2x^3y}{(1-x^2y^2)^2} \quad \cdots\cdots(答)$$

(ⅱ)(ⅲ) より，f_{xy} と f_{yx} は共に連続な関数から，$f_{xy} = f_{yx}$ が成り立っているのが分かる。(シュワルツの定理)

演習問題 102　● 2 階の偏導関数 (Ⅲ) ●

関数 $f(x,\ y)=\sqrt{x^2+y^2}$ の 2 階の偏導関数 f_{xx}, f_{xy}, f_{yx}, f_{yy} をそれぞれ求めよ。

ヒント！ $u=x^2+y^2$ とおいて，合成関数の偏微分にもち込んで解こう。

解答＆解説

$f(x,\ y)=(x^2+y^2)^{\frac{1}{2}}$ について，$f_x(x,\ y)$ と $f_y(x,\ y)$ を求める。（x^2+y^2 を u とおく）

$$\cdot\ f_x=\frac{1}{2\sqrt{x^2+y^2}}\cdot(x^2+y^2)_x=\frac{2x}{2\sqrt{x^2+y^2}}=\frac{x}{\sqrt{x^2+y^2}} \quad \leftarrow \frac{\partial z}{\partial x}=\frac{dz}{du}\cdot\frac{\partial u}{\partial x}$$

$$\cdot\ f_y=\frac{1}{2\sqrt{x^2+y^2}}\cdot(x^2+y^2)_y=\text{(ア)} \quad \leftarrow \frac{\partial z}{\partial y}=\frac{dz}{du}\cdot\frac{\partial u}{\partial y}$$

以上より，求める 2 階の各偏導関数は，

公式：$\left(\frac{f}{g}\right)_x=\frac{f_x\cdot g-f\cdot g_x}{g^2}$

(i) $$f_{xx}=\left(\frac{x}{\sqrt{x^2+y^2}}\right)_x=\frac{1\cdot\sqrt{x^2+y^2}-x\left\{(x^2+y^2)^{\frac{1}{2}}\right\}_x}{\left(\sqrt{x^2+y^2}\right)^2}$$

$$=\frac{\sqrt{x^2+y^2}-x\cdot\frac{1}{2}(x^2+y^2)^{-\frac{1}{2}}\cdot 2x}{x^2+y^2}=\frac{(x^2+y^2)-x^2}{(x^2+y^2)\sqrt{x^2+y^2}}=\frac{y^2}{(x^2+y^2)^{\frac{3}{2}}}$$

……(答)

(ii) （x は定数扱い）
$$f_{xy}=\left(\frac{x}{\sqrt{x^2+y^2}}\right)_y=x\left\{(x^2+y^2)^{-\frac{1}{2}}\right\}_y=x\cdot\left(-\frac{1}{2}\right)(x^2+y^2)^{-\frac{3}{2}}\cdot 2y$$

$=$ (イ) ……(答)

(iii) （y は定数扱い）
$$f_{yx}=\left(\frac{y}{\sqrt{x^2+y^2}}\right)_x=y\cdot\left\{(x^2+y^2)^{-\frac{1}{2}}\right\}_x=\text{(ウ)}$$ ……(答)

(iv) $$f_{yy}=\left(\frac{y}{\sqrt{x^2+y^2}}\right)_y=\frac{1\cdot\sqrt{x^2+y^2}-y\cdot\frac{1}{2}(x^2+y^2)^{-\frac{1}{2}}\cdot 2y}{x^2+y^2}=\text{(エ)}$$

……(答)

解答　(ア) $\frac{y}{\sqrt{x^2+y^2}}$　(イ) $-\frac{xy}{(x^2+y^2)^{\frac{3}{2}}}$　(ウ) $-\frac{xy}{(x^2+y^2)^{\frac{3}{2}}}$　(エ) $\frac{x^2}{(x^2+y^2)^{\frac{3}{2}}}$

演習問題 103　● 2 階の偏導関数 (Ⅳ) ●

関数 $f(x, y) = x^y$ $(x > 0)$ の 2 階の偏導関数 f_{xx}, f_{xy}, f_{yx}, f_{yy} をそれぞれ求めよ。

ヒント！ $(x^p)' = px^{p-1}$ (p：定数), $(a^x)' = a^x \cdot \log a$ (a：正の定数) を使う。

解答＆解説

$f(x, y) = x^y$ $(x > 0)$ について, $f_x(x, y)$ と $f_y(x, y)$ を求める。

・$f_x = (x^{y})_x = yx^{y-1}$ （y：定数扱い）

・$f_y = (x^y)_y =$ (ア)　　　 （x：定数扱い）

以上より, 求める 2 階の各偏導関数は,

(i) $f_{xx} = (yx^{y-1})_x = y(y-1)x^{y-2}$ （y, $y-1$：定数扱い） ……………………(答)

(ii) $f_{xy} = (yx^{y-1})_y = 1 \cdot x^{y-1} + y \cdot (x^{y-1})_y$ ← 公式：$(f \cdot g)_x = f_x \cdot g + f \cdot g_x$

$= x^{y-1} + y \cdot$ (イ)　　　 $= x^{y-1}(1 + y \cdot \log x)$ ……………………(答)

(iii) $f_{yx} = (x^y \cdot \log x)_x = (x^y)_x \cdot \log x + x^y \cdot (\log x)_x$

$= yx^{y-1} \cdot \log x + x^y \cdot$ (ウ)

$= yx^{y-1} \cdot \log x + x^{y-1} = x^{y-1}(1 + y \cdot \log x)$ ……………………(答)

(iv) $f_{yy} = (x^y \cdot \log x)_y = (\log x) \cdot (x^y)_y$ （x, $\log x$：定数扱い）

$= (\log x) \cdot x^y \cdot (\log x) =$ (エ)　　　 ……………………(答)

解答　(ア) $x^y \cdot \log x$　(イ) $x^{y-1} \cdot \log x$　(ウ) $\dfrac{1}{x}$　(エ) $x^y \cdot (\log x)^2$

演習問題 104　● 関数の全微分と接平面 (Ⅰ) ●

全微分可能な関数 $z=f(x,\ y)=x^2+2y^2$ について，

(1) 点 $A_0(2,\ 1)$ における z の全微分を求めよ。

(2) 点 $A(2,\ 1,\ 6)$ における曲面 $z=f(x,\ y)$ の接平面の方程式を求めよ。

ヒント！ まず，$f_x(2,\ 1)$，$f_y(2,\ 1)$ を求める。(1) は全微分の公式 $dz=f_xdx+f_ydy$ を，(2) では接平面の公式：$z-z_1=f_x(x_1,\ y_1)\cdot(x-x_1)+f_y(x_1,\ y_1)\cdot(y-y_1)$ を使う。

解答＆解説

$z=f(x,\ y)=x^2+2y^2$ について，

点 $A_0(2,\ 1)$ における偏微分を求める。

$$\begin{cases} f_x(x,\ y)=(x^2+2y^2)_x=2x \\ f_y(x,\ y)=(x^2+2y^2)_y=4y \end{cases}$$

$\therefore\ f_x(2,\ 1)=2\cdot 2=4,\ f_y(2,\ 1)=4\cdot 1=4$

(1) 点 $A_0(2,\ 1)$ における全微分 dz は，

$dz=f_x(2,\ 1)dx+f_y(2,\ 1)dy=4dx+4dy$ ……………………………(答)

(2) $z=f(x,\ y)=x^2+2y^2$ 上の点 $A(2,\ 1,\ \underset{f(2,\ 1)}{6})$ における接平面の方程式は，

$z-6=\underset{f_x(2,\ 1)}{4}(x-2)+\underset{f_y(2,\ 1)}{4}(y-1)$

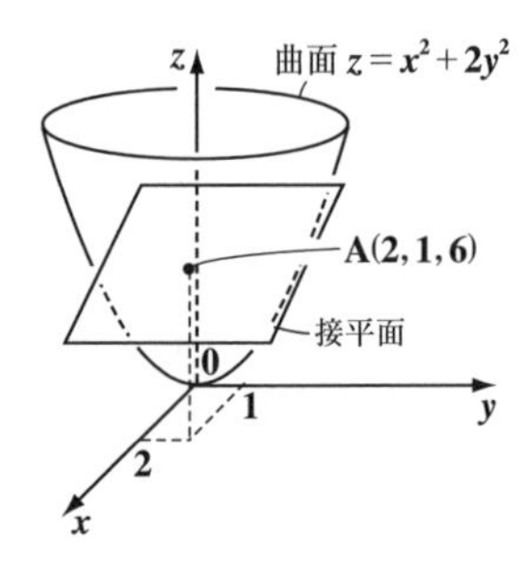

> 接平面の方程式：
> $z-z_1=f_x(x_1,\ y_1)\cdot(x-x_1)+f_y(x_1,\ y_1)\cdot(y-y_1)$

$z-6=4x+4y-12$

$\therefore\ 4x+4y-z-6=0$ …………(答)

演習問題 105　● 関数の全微分と接平面(Ⅱ) ●

全微分可能な関数 $z=f(x,\ y)=\sqrt{4-x^2-y^2}$ について，

(1) 点 $A_0(1,\ \sqrt{2})$ における z の全微分を求めよ。

(2) 点 $A(1,\ \sqrt{2},\ 1)$ における曲面 $z=f(x,\ y)$ の接平面の方程式を求めよ。

ヒント！ まず，偏微分係数 $f_x(1,\ \sqrt{2})$，$f_y(1,\ \sqrt{2})$ から求めよう。

解答＆解説

$z=f(x,\ y)=\sqrt{4-x^2-y^2}$ について，（原点を中心とする半径 2 の半球面 $(z \geqq 0)$）

点 $A_0(1,\ \sqrt{2})$ における偏微分係数を求める。

（合成関数の微分 $\dfrac{\partial z}{\partial x}=\dfrac{dz}{du}\cdot\dfrac{\partial u}{\partial x}$ を使った。）

（$4-x^2-y^2$ を u とおく）

$$\begin{cases} f_x(x,\ y)=\left\{(4-x^2-y^2)^{\frac{1}{2}}\right\}_x=\dfrac{1}{2}(4-x^2-y^2)^{-\frac{1}{2}}\cdot(-2x)=-x(4-x^2-y^2)^{-\frac{1}{2}} \\ f_y(x,\ y)=\left\{(4-x^2-y^2)^{\frac{1}{2}}\right\}_y=\dfrac{1}{2}(4-x^2-y^2)^{-\frac{1}{2}}\cdot(-2y)=-y(4-x^2-y^2)^{-\frac{1}{2}} \end{cases}$$

$\therefore f_x(1,\ \sqrt{2})=-1\cdot(4-1-2)^{-\frac{1}{2}}=$ (ア)，$f_y(1,\ \sqrt{2})=-\sqrt{2}(4-1-2)^{-\frac{1}{2}}=$ (イ)

(1) 点 $A_0(1,\ \sqrt{2})$ における全微分 dz は，

$dz=f_x(1,\ \sqrt{2})dx+f_y(1,\ \sqrt{2})dy=$ (ウ) ……………………………(答)

(2) $z=f(x,\ y)=\sqrt{4-x^2-y^2}$ 上の点 $A(1,\ \sqrt{2},\ 1)$ における接平面の方程式は，

$z-1=-1\cdot(x-1)-\sqrt{2}(y-\sqrt{2})$

（$z-z_1=f_x(x_1,\ y_1)\cdot(x-x_1)+f_y(x_1,\ y_1)\cdot(y-y_1)$）

$z-1=-x-\sqrt{2}y+3$

$\therefore$ (エ) ……………(答)

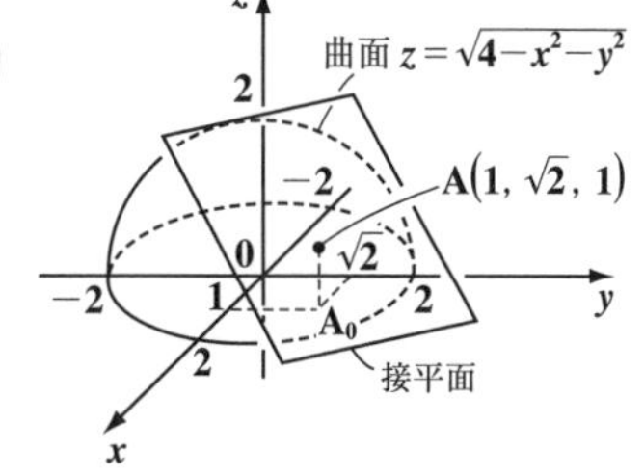

解答　(ア) -1　(イ) $-\sqrt{2}$　(ウ) $-dx-\sqrt{2}dy$　(エ) $x+\sqrt{2}y+z-4=0$

演習問題 106　● 関数の全微分と接平面 (Ⅲ) ●

全微分可能な関数 $z = f(x,\ y) = \tan^{-1}\dfrac{y}{x}$ について，

(1) 点 $A_0(1,\ 1)$ における z の全微分を求めよ。

(2) 点 $A\left(1,\ 1,\ \dfrac{\pi}{4}\right)$ における曲面 $z = f(x,\ y)$ の接平面の方程式を求めよ。

ヒント！ (1) $f_x(x,\ y)$，$f_y(x,\ y)$ を計算後，$x=y=1$ を代入して，$f_x(1,\ 1)$，$f_y(1,\ 1)$ を求める。(2) 接平面の公式通り求める。

解答＆解説

$z = f(x,\ y) = \tan^{-1}\dfrac{y}{x}$ について，点 $A_0(1,\ 1)$ における偏微分係数を求める。

$$\begin{cases} f_x(x,\ y) = \left(\tan^{-1}\dfrac{y}{x}\right)_x = \dfrac{1}{1+\left(\dfrac{y}{x}\right)^2}\cdot\left(\dfrac{y}{x}\right)_x = \dfrac{x^2}{x^2+y^2}\cdot\left(-\dfrac{y}{x^2}\right) = -\dfrac{y}{x^2+y^2} \\ f_y(x,\ y) = \left(\tan^{-1}\dfrac{y}{x}\right)_y = \dfrac{1}{1+\left(\dfrac{y}{x}\right)^2}\cdot\left(\dfrac{y}{x}\right)_y = \dfrac{x^2}{x^2+y^2}\cdot\dfrac{1}{x} = \dfrac{x}{x^2+y^2} \end{cases}$$

$$\therefore\ f_x(1,\ 1) = -\frac{1}{1^2+1^2} = -\frac{1}{2},\quad f_y(1,\ 1) = \frac{1}{1^2+1^2} = \frac{1}{2}$$

(1) 点 $A_0(1,\ 1)$ における全微分 dz は，

$$dz = f_x(1,\ 1)dx + f_y(1,\ 1)dy = -\frac{1}{2}dx + \frac{1}{2}dy \quad \cdots\cdots(答)$$

(2) $z = f(x,\ y) = \tan^{-1}\dfrac{y}{x}$ 上の点 $\left(1,\ 1,\ \dfrac{\pi}{4}\right)$ における接平面の方程式は，

$$z - \frac{\pi}{4} = -\frac{1}{2}(x-1) + \frac{1}{2}(y-1)$$

$z - z_1 = f_x(x_1,\ y_1)\cdot(x-x_1) + f_y(x_1,\ y_1)\cdot(y-y_1)$

$$z - \frac{\pi}{4} = -\frac{1}{2}x + \frac{1}{2}y$$

$$2z - \frac{\pi}{2} = -x + y$$

$$\therefore\ x - y + 2z - \frac{\pi}{2} = 0 \quad \cdots\cdots(答)$$

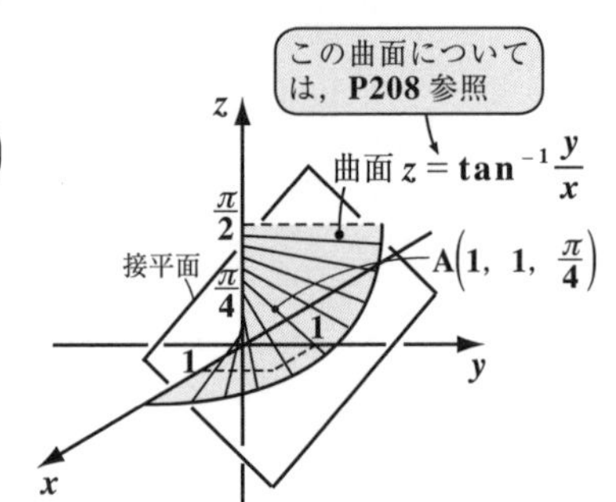

演習問題 107　● 関数の全微分と接平面 (IV) ●

全微分可能な関数 $z=f(x,\ y)=xy$ について，

(1) 点 $A_0(2,\ 1)$ における z の全微分を求めよ。

(2) 点 $A(2,\ 1,\ 2)$ における曲面 $z=f(x,\ y)$ の接平面の方程式を求めよ。

ヒント！ 前回同様，偏微分係数 $f_x(2,\ 1)$，$f_y(2,\ 1)$ を，まず求める。

解答＆解説

$z=f(x,\ y)=xy$ について，（双曲放物面という。）

点 $A_0(2,\ 1)$ における偏微分係数を求める。

$$\begin{cases} f_x(x,\ y)=(xy)_x=y \\ f_y(x,\ y)=(xy)_y=x \end{cases}$$

$\therefore f_x(2,\ 1)=$ (ア)，$f_y(2,\ 1)=$ (イ)

(1) 点 $A_0(2,\ 1)$ における全微分 dz は，

$dz=f_x(2,\ 1)dx+f_y(2,\ 1)dy=$ (ウ) ……………………(答)

(2) $z=f(x,\ y)=xy$ の点 $(2,\ 1,\ 2)$ における接平面の方程式は，

$z-2=1\cdot(x-2)+2\cdot(y-1)$

（$z-z_1=f_x(x_1,\ y_1)\cdot(x-x_1)+f_y(x_1,\ y_1)\cdot(y-y_1)$）

$z-2=x+2y-4$

$\therefore$ (エ) …………(答)

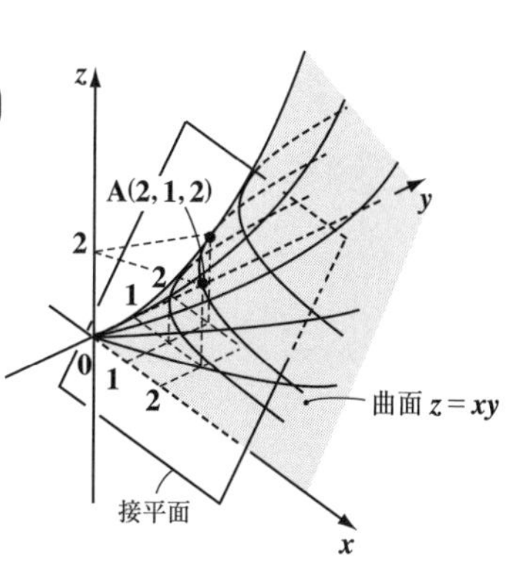

解答　(ア) 1　(イ) 2　(ウ) $dx+2dy$　(エ) $x+2y-z-2=0$

演習問題 108　● 全微分の変数変換(Ⅰ) ●

全微分可能な関数 $z = e^{-x} \cdot \cos y$ について，

(1) $x = ht$，$y = kt$（h，k：定数）のとき，$\dfrac{dz}{dt}$ を求めよ。

(2) $x = u^2 + v^2$，$y = 3u + 2v$ のとき，$\dfrac{\partial z}{\partial u}$，$\dfrac{\partial z}{\partial v}$ を求めよ。

ヒント！ (1) 公式：$\dfrac{dz}{dt} = \dfrac{\partial z}{\partial x} \cdot \dfrac{dx}{dt} + \dfrac{\partial z}{\partial y} \cdot \dfrac{dy}{dt}$ を使う。
(2) 公式：$\dfrac{\partial z}{\partial u} = \dfrac{\partial z}{\partial x} \cdot \dfrac{\partial x}{\partial u} + \dfrac{\partial z}{\partial y} \cdot \dfrac{\partial y}{\partial u}$ を使う。$\dfrac{\partial z}{\partial v}$ も同様に公式を用いる。

解答＆解説

$$\frac{\partial z}{\partial x} = (e^{-x} \cdot \underbrace{\cos y}_{\text{定数扱い}})_x = -e^{-x} \cdot \cos y,\quad \frac{\partial z}{\partial y} = (\underbrace{e^{-x}}_{\text{定数扱い}} \cdot \cos y)_y = -e^{-x} \cdot \sin y$$

(1) $x = ht$，$y = kt$ より，$\dfrac{dx}{dt} = h$，$\dfrac{dy}{dt} = k$

$$\therefore \frac{dz}{dt} = \frac{\partial z}{\partial x} \cdot \frac{dx}{dt} + \frac{\partial z}{\partial y} \cdot \frac{dy}{dt} = -e^{-x} \cdot \cos y \cdot h - e^{-x} \cdot \sin y \cdot k$$

$$= -e^{-\overset{ht}{x}} \cdot (h\cos \overset{kt}{y} + k\sin \overset{kt}{y}) = -e^{-ht}\{h\cos(kt) + k\sin(kt)\}$$

……(答)

(2) $x = u^2 + v^2$，$y = 3u + 2v$ より，

$$\frac{\partial x}{\partial u} = 2u,\quad \frac{\partial x}{\partial v} = 2v,\quad \frac{\partial y}{\partial u} = 3,\quad \frac{\partial y}{\partial v} = 2$$

$$\therefore \frac{\partial z}{\partial u} = \frac{\partial z}{\partial x} \cdot \frac{\partial x}{\partial u} + \frac{\partial z}{\partial y} \cdot \frac{\partial y}{\partial u} = -e^{-x} \cdot \cos y \cdot 2u - e^{-x} \cdot \sin y \cdot 3$$

$$= -e^{-\overset{u^2+v^2}{x}}(2u \cdot \cos \overset{3u+2v}{y} + 3\sin \overset{3u+2v}{y})$$

$$= -e^{-(u^2+v^2)}\{2u \cdot \cos(3u + 2v) + 3\sin(3u + 2v)\}$$ …………(答)

$$\frac{\partial z}{\partial v} = \frac{\partial z}{\partial x} \cdot \frac{\partial x}{\partial v} + \frac{\partial z}{\partial y} \cdot \frac{\partial y}{\partial v} = -e^{-x} \cdot \cos y \cdot 2v - e^{-x} \cdot \sin y \cdot 2$$

$$= -2e^{-x}(v \cdot \cos y + \sin y)$$

$$= -2e^{-(u^2+v^2)}\{v \cdot \cos(3u + 2v) + \sin(3u + 2v)\}$$ ……………(答)

演習問題 109　● 全微分の変数変換 (Ⅱ) ●

全微分可能な関数 $z = xy$ について，

(1) $x = \cos\theta$，$y = \sin\theta$ のとき，$\dfrac{dz}{d\theta}$ を求めよ。

(2) $x = u + v$，$y = 7u + 4v$ のとき，$\dfrac{\partial z}{\partial u}$，$\dfrac{\partial z}{\partial v}$ を求めよ。

ヒント！ (1) $\dfrac{dz}{d\theta} = \dfrac{\partial z}{\partial x}\cdot\dfrac{dx}{d\theta} + \dfrac{\partial z}{\partial y}\cdot\dfrac{dy}{d\theta}$ を使う。(2) 公式通りに求める。

解答＆解説

$\dfrac{\partial z}{\partial x} = (xy)_x = \boxed{(ア)}$，$\dfrac{\partial z}{\partial y} = (xy)_y = x$

(1) $x = \cos\theta$，$y = \sin\theta$ より，$\dfrac{dx}{d\theta} = -\sin\theta$，$\dfrac{dy}{d\theta} = \cos\theta$

$$\therefore \frac{dz}{d\theta} = \frac{\partial z}{\partial x}\cdot\frac{dx}{d\theta} + \frac{\partial z}{\partial y}\cdot\frac{dy}{d\theta} = \underset{\sin\theta}{y}\cdot(-\sin\theta) + \underset{\cos\theta}{x}\cdot\cos\theta$$

$$= -\sin^2\theta + \cos^2\theta = \cos^2\theta - \sin^2\theta = \boxed{(イ)} \quad \cdots\cdots(答)$$

2 倍角の公式：
$\cos 2\theta = \cos^2\theta - \sin^2\theta$

(2) $x = u + v$，$y = 7u + 4v$ より，$\dfrac{\partial x}{\partial u} = 1$，$\dfrac{\partial x}{\partial v} = 1$，$\dfrac{\partial y}{\partial u} = 7$，$\dfrac{\partial y}{\partial v} = 4$

$$\therefore \frac{\partial z}{\partial u} = \frac{\partial z}{\partial x}\cdot\frac{\partial x}{\partial u} + \frac{\partial z}{\partial y}\cdot\frac{\partial y}{\partial u} = \underset{7u+4v}{y}\cdot 1 + \underset{u+v}{x}\cdot 7$$

$$= (7u + 4v) + 7(u + v) = \boxed{(ウ)} \quad \cdots\cdots(答)$$

$$\frac{\partial z}{\partial v} = \frac{\partial z}{\partial x}\cdot\frac{\partial x}{\partial v} + \frac{\partial z}{\partial y}\cdot\frac{\partial y}{\partial v} = y\cdot 1 + x\cdot 4$$

$$= (7u + 4v) + 4(u + v) = \boxed{(エ)} \quad \cdots\cdots(答)$$

解答　(ア) y　(イ) $\cos 2\theta$　(ウ) $14u + 11v$　(エ) $11u + 8v$

演習問題 110　●全微分の変数変換（Ⅲ）●

全微分可能な関数 $z=\sinh^{-1}(x+y)$ について，

(1) $x=ht$，$y=kt$（h，k：定数）のとき，$\dfrac{dz}{dt}$ を求めよ。

(2) $x=u+v$，$y=u-v$ のとき，$\dfrac{\partial z}{\partial u}$，$\dfrac{\partial z}{\partial v}$ を求めよ。

ヒント！ (1) z は t の1変数関数だから，$\dfrac{dz}{dt}=\dfrac{\partial z}{\partial x}\cdot\dfrac{dx}{dt}+\dfrac{\partial z}{\partial y}\cdot\dfrac{dy}{dt}$ を使う。
(2) x，y が共に u と v の2変数関数だから，z も u と v の2変数関数となる。

解答＆解説

・$(\cosh^{-1}x)'=\dfrac{1}{\sqrt{x^2-1}}$　$(x>1)$

・$(\sinh^{-1}x)'=\dfrac{1}{\sqrt{x^2+1}}$

・$(\tanh^{-1}x)'=\dfrac{1}{1-x^2}$　$(-1<x<1)$

ξ とおいて，合成関数の偏微分

$$\frac{\partial z}{\partial x}=\{\sinh^{-1}(x+y)\}_x=\frac{1}{\sqrt{(x+y)^2+1}}\cdot(x+y)_x=\frac{1}{\sqrt{(x+y)^2+1}}$$

$$\frac{\partial z}{\partial y}=\frac{1}{\sqrt{(x+y)^2+1}}$$ ←同様に

(1) $x=ht$，$y=kt$ より，$\dfrac{dx}{dt}=h$，$\dfrac{dy}{dt}=k$

$$\therefore\ \frac{dz}{dt}=\frac{\partial z}{\partial x}\cdot\frac{dx}{dt}+\frac{\partial z}{\partial y}\cdot\frac{dy}{dt}=\frac{1}{\sqrt{(x+y)^2+1}}\cdot h+\frac{1}{\sqrt{(x+y)^2+1}}\cdot k$$

$$=\frac{h+k}{\sqrt{(x+y)^2+1}}=\frac{h+k}{\sqrt{(h+k)^2t^2+1}}$$ ……………………（答）

（$x+y=(h+k)t$）

(2) $x=u+v$，$y=u-v$ より，

$$\frac{\partial x}{\partial u}=1,\quad \frac{\partial x}{\partial v}=1,\quad \frac{\partial y}{\partial u}=1,\quad \frac{\partial y}{\partial v}=-1$$

$$\therefore\ \frac{\partial z}{\partial u}=\frac{\partial z}{\partial x}\cdot\frac{\partial x}{\partial u}+\frac{\partial z}{\partial y}\cdot\frac{\partial y}{\partial u}=\frac{1}{\sqrt{(x+y)^2+1}}\cdot 1+\frac{1}{\sqrt{(x+y)^2+1}}\cdot 1$$

$$=\frac{2}{\sqrt{(x+y)^2+1}}=\frac{2}{\sqrt{(2u)^2+1}}=\frac{2}{\sqrt{4u^2+1}}$$ ……………………（答）

（$x+y=2u$）

$$\therefore\ \frac{\partial z}{\partial v}=\frac{\partial z}{\partial x}\cdot\frac{\partial x}{\partial v}+\frac{\partial z}{\partial y}\cdot\frac{\partial y}{\partial v}=\frac{1}{\sqrt{(x+y)^2+1}}\cdot 1+\frac{1}{\sqrt{(x+y)^2+1}}\cdot(-1)=0$$

……（答）

演習問題 111 ● 全微分の変数変換 (Ⅳ) ●

全微分可能な関数 $z=(x+1)^y$ $(x>-1)$ について，

(1) $x=\cos\theta$， $y=\sin\theta$ のとき，$\dfrac{dz}{d\theta}$ を求めよ。

(2) $x=u+v$， $y=uv$ のとき，$\dfrac{\partial z}{\partial u}$，$\dfrac{\partial z}{\partial v}$ を求めよ。

ヒント！ (1) z は θ の 1 変数関数，(2) z は u と v の 2 変数関数になる。

解答＆解説

$$\frac{\partial z}{\partial x}=\{(x+1)^y\}_x=y(x+1)^{y-1}\cdot 1=y(x+1)^{y-1}$$

（y：定数扱い，$x+1$ を α とおいて，合成関数の偏微分）

$$\frac{\partial z}{\partial y}=\{(x+1)^y\}_y=\boxed{(ア)\qquad}$$

（$x+1$：定数扱い）

(1) $x=\cos\theta$， $y=\sin\theta$ より，$\dfrac{dx}{d\theta}=-\sin\theta$， $\dfrac{dy}{d\theta}=\cos\theta$

$$\therefore \frac{dz}{d\theta}=\frac{\partial z}{\partial x}\cdot\frac{dx}{d\theta}+\frac{\partial z}{\partial y}\cdot\frac{dy}{d\theta}$$

$$=y(x+1)^{y-1}\cdot(-\sin\theta)+(x+1)^y\cdot\log(x+1)\cdot\cos\theta$$

（y に $\sin\theta$，x に $\cos\theta$ を代入）

$$=(\cos\theta+1)^{\sin\theta-1}\cdot\left\{\boxed{(イ)\qquad}\right\}$$

……(答)

(2) $x=u+v$， $y=uv$ より，$\dfrac{\partial x}{\partial u}=1$，$\dfrac{\partial x}{\partial v}=1$，$\dfrac{\partial y}{\partial u}=v$，$\dfrac{\partial y}{\partial v}=u$

$$\therefore \frac{\partial z}{\partial u}=\frac{\partial z}{\partial x}\cdot\frac{\partial x}{\partial u}+\frac{\partial z}{\partial y}\cdot\frac{\partial y}{\partial u}=y(x+1)^{y-1}\cdot 1+(x+1)^y\cdot\log(x+1)\cdot v$$

（y に uv，x に $(u+v)$ を代入）

$$=v\cdot(u+v+1)^{uv-1}\cdot\left\{\boxed{(ウ)\qquad}\right\}$$

………(答)

$$\therefore \frac{\partial z}{\partial v}=\frac{\partial z}{\partial x}\cdot\frac{\partial x}{\partial v}+\frac{\partial z}{\partial y}\cdot\frac{\partial y}{\partial v}=y(x+1)^{y-1}\cdot 1+(x+1)^y\cdot\log(x+1)\cdot u$$

（y に uv，x に $(u+v)$ を代入）

$$=u\cdot(u+v+1)^{uv-1}\cdot\left\{\boxed{(エ)\qquad}\right\}$$

……(答)

解答 (ア) $(x+1)^y\cdot\log(x+1)$ (イ) $(\cos\theta+1)\cdot\log(\cos\theta+1)\cdot\cos\theta-\sin^2\theta$
(ウ) $u+(u+v+1)\cdot\log(u+v+1)$ (エ) $v+(u+v+1)\cdot\log(u+v+1)$

演習問題 112　●2 変数関数のテイラー展開●

関数 $f(x,\ y)=\tan^{-1}(x+y)$ を点 $(1,\ 0)$ のまわりにテイラー展開せよ。

ヒント! $f(1+h,\ 0+k)=f(1,\ 0)+\dfrac{1}{1!}\left(h\dfrac{\partial}{\partial x}+k\dfrac{\partial}{\partial y}\right)\cdot f(1,\ 0)+\dfrac{1}{2!}\left(h\dfrac{\partial}{\partial x}+k\dfrac{\partial}{\partial y}\right)^2\cdot f(1,\ 0)+\cdots$ を使って求める。

解答&解説

（$x+y=u$ とおいて，合成関数の偏微分）

$$f_x=\{\tan^{-1}(\underbrace{x+y}_{u})\}_x=\frac{1}{1+(x+y)^2}\cdot(x+y)_x=\frac{1}{1+(x+y)^2},$$

$$f_y=\frac{1}{1+(x+y)^2}\quad\leftarrow\text{同様に}$$

$$f_{xx}=(f_x)_x=\left[\{1+(x+y)^2\}^{-1}\right]_x=-1\cdot\{1+(x+y)^2\}^{-2}\cdot\{1+(x+y)^2\}_x$$

$$=-\frac{2(x+y)}{\{1+(x+y)^2\}^2}$$

（同様に）

$$f_{xy}=(f_x)_y=\left[\{1+(x+y)^2\}^{-1}\right]_y=-\frac{2(x+y)}{\{1+(x+y)^2\}^2}\quad[=f_{xx}]$$

$$f_{yy}=(f_y)_y=\left[\{1+(x+y)^2\}^{-1}\right]_y=-\frac{2(x+y)}{\{1+(x+y)^2\}^2}\quad[=f_{xx}]$$

よって，まず，$f(1,\ 0)=\tan^{-1}(1+0)=\tan^{-1}1=\dfrac{\pi}{4}$ で，各偏微分係数は，

$$f_x(1,\ 0)=f_y(1,\ 0)=\frac{1}{2},\qquad f_{xx}(1,\ 0)=f_{xy}(1,\ 0)=f_{yy}(1,\ 0)=-\frac{1}{2}$$

以上より，$f(x,\ y)$ を点 $(1,\ 0)$ のまわりでテイラー展開したものは，

$$f(1+h,\ 0+k)=\underbrace{f(1,\ 0)}_{\frac{\pi}{4}}+\frac{1}{1!}\underbrace{\left(h\frac{\partial}{\partial x}+k\frac{\partial}{\partial y}\right)\cdot f(1,\ 0)}_{\substack{hf_x(1,\ 0)+kf_y(1,\ 0)\\=h\cdot\frac{1}{2}+k\cdot\frac{1}{2}=\frac{1}{2}(h+k)}}+\frac{1}{2!}\underbrace{\left(h\frac{\partial}{\partial x}+k\frac{\partial}{\partial y}\right)^2 f(1,\ 0)}_{\substack{h^2f_{xx}(1,\ 0)+2hkf_{xy}(1,\ 0)+k^2f_{yy}(1,\ 0)\\=(h^2+2hk+k^2)\cdot\left(-\frac{1}{2}\right)=-\frac{1}{2}(h+k)^2}}+\cdots$$

$$=\frac{\pi}{4}+\frac{1}{2}(h+k)-\frac{1}{4}(h+k)^2+\cdots\quad\cdots\cdots\cdots(\text{答})$$

演習問題 113 ● 2 変数関数のマクローリン展開 ●

関数 $f(x,\ y) = \log(2+x+y)$ をマクローリン展開せよ。

ヒント！ $f(x,\ y) = \log(2+x+y)$ を点 $(0,\ 0)$ のまわりにテイラー展開したものが，マクローリン展開なんだね。公式通り求める。

解答＆解説

（$2+x+y=u$ とおいて，合成関数の偏微分）

$$f_x = \{\log(2+x+y)\}_x = \frac{(2+x+y)_x}{2+x+y} = \boxed{(ア)\qquad},\quad f_y = \frac{1}{2+x+y} \text{（同様に）}$$

$$f_{xx} = \{(2+x+y)^{-1}\}_x = \boxed{(イ)\qquad},\quad f_{xy} = \{(2+x+y)^{-1}\}_y = -\frac{1}{(2+x+y)^2} \text{（同様に）}$$

$$f_{yy} = \{(2+x+y)^{-1}\}_y = -\frac{1}{(2+x+y)^2} \text{（同様に）}$$

よって，まず，$f(0,\ 0) = \log(2+0+0) = \log 2$ で，各偏微分係数は，

$$f_x(0,\ 0) = f_y(0,\ 0) = \frac{1}{2},\quad f_{xx}(0,\ 0) = f_{xy}(0,\ 0) = f_{yy}(0,\ 0) = \boxed{(ウ)\quad}$$

以上より，$f(x,\ y)$ を点 $(0,\ 0)$ のまわりにマクローリン展開したものは，

$$f(h,\ k) = \underbrace{f(0,\ 0)}_{\log 2} + \frac{1}{1!}\underbrace{\left(h\frac{\partial}{\partial x} + k\frac{\partial}{\partial y}\right)f(0,\ 0)}_{hf_x(0,\ 0)+kf_y(0,\ 0) = \frac{1}{2}(h+k)} + \frac{1}{2!}\underbrace{\left(h\frac{\partial}{\partial x} + k\frac{\partial}{\partial y}\right)^2 f(0,\ 0)}_{h^2f_{xx}(0,\ 0)+2hkf_{xy}(0,\ 0)+k^2f_{yy}(0,\ 0) = -\frac{1}{4}(h+k)^2} + \cdots$$

$$= \boxed{(エ)\qquad\qquad}$$

この h と k を，それぞれ x と y に置き換えて，求める

$f(x,\ y) = \log(2+x+y)$ のマクローリン展開は，

$$f(x,\ y) = \log(2+x+y) = \log 2 + \frac{1}{2}(x+y) - \frac{1}{8}(x+y)^2 + \cdots \quad \cdots\cdots\cdots\cdots(答)$$

解答 (ア) $\dfrac{1}{2+x+y}$　(イ) $-\dfrac{1}{(2+x+y)^2}$　(ウ) $-\dfrac{1}{4}$

(エ) $\log 2 + \dfrac{1}{2}(h+k) - \dfrac{1}{8}(h+k)^2 + \cdots$

演習問題 114　●2 変数関数の極値(Ⅰ)●

2 変数関数 $f(x,\ y)=e^{-x^2+2x-y^2}$ の極値を調べよ。

ヒント！ まず $f_x=f_y=0$ となる点 $(a,\ b)$ を求める。次に，A の符号と B^2-AC の符号を調べる。(ⅰ) $A<0$ かつ $B^2-AC<0$ ならば極大値，(ⅱ) $A>0$ かつ $B^2-AC<0$ ならば極小値をとる。

解答＆解説

$z=f(x,\ y)=e^{-x^2+2x-y^2}$ とおく。

まず，1 階の偏導関数を求めると，

$$\begin{cases} f_x=\left(e^{-x^2+2x-y^2}\right)_x=(-2x+2)\underbrace{e^{-x^2+2x-y^2}}_{\oplus} \\ f_y=\left(e^{-x^2+2x-y^2}\right)_y=-2y\underbrace{e^{-x^2+2x-y^2}}_{\oplus} \end{cases}$$

$f_x=0$ かつ $f_y=0$ のとき，$\begin{cases} -2x+2=0 & \cdots\cdots① ,\ かつ \\ -2y=0 & \cdots\cdots② \end{cases}$

①より，$x=1$　　②より，$y=0$

$\therefore (x,\ y)=(1,\ 0)$ ……③

次に，2 階の偏導関数を求めると，

$(f\cdot g)_x=f_x\cdot g+f\cdot g_x$

$-2\cdot e^{-x^2+2x-y^2}+(-2x+2)(-2x+2)e^{-x^2+2x-y^2}$

$4x^2-8x+4$

$$\begin{cases} f_{xx}=(f_x)_x=\left\{(-2x+2)e^{-x^2+2x-y^2}\right\}_x=\{-2+(-2x+2)^2\}e^{-x^2+2x-y^2} \\ \quad =(4x^2-8x+2)e^{-x^2+2x-y^2} \\ f_{xy}=(f_x)_y=\{(-2x+2)e^{-x^2+2x-y^2}\}_y=(-2x+2)(-2y)e^{-x^2+2x-y^2} \\ \quad =4(x-1)ye^{-x^2+2x-y^2} \\ f_{yy}=(f_y)_y=\left(-2ye^{-x^2+2x-y^2}\right)_y=\{-2+(-2y)^2\}e^{-x^2+2x-y^2} \\ \quad =2(2y^2-1)e^{-x^2+2x-y^2} \end{cases}$$

これに③を代入して，それぞれ A，B，C とおくと，

$$\begin{cases} A=f_{xx}(1,\ 0)=-2e<0 \\ B=f_{xy}(1,\ 0)=0 \\ C=f_{yy}(1,\ 0)=-2e \end{cases}$$

$\therefore B^2-AC=0^2-4e^2=-4e^2<0$

$B^2-AC<0$ かつ $A<0$ より，点 $(1,\ 0)$ で $f(x,\ y)$ は極大となる。

極大値 $f(1,\ 0)=e$ ……………………………………………………(答)

演習問題 115　● 2 変数関数の極値 (Ⅱ) ●

2 変数関数 $f(x, y) = x^3 - 3x + 2y^2 - 12y$ の極値を調べよ。

ヒント！ A, B, C を計算して, $B^2 - AC$ と A の符号により, 極値かどうかを判定する。もし, $B^2 - AC > 0$ ならば, 極値をとらない。

解答&解説

$z = f(x, y) = x^3 - 3x + 2y^2 - 12y$ とおく。

まず, 1 階の偏導関数を求めると,

$$\begin{cases} f_x = (x^3 - 3x + 2y^2 - 12y)_x = 3x^2 - 3 \\ f_y = (x^3 - 3x + 2y^2 - 12y)_y = 4y - 12 \end{cases}$$

$f_x = 0$ かつ $f_y = 0$ のとき, $\begin{cases} 3x^2 - 3 = 0 & \cdots\cdots ① \\ 4y - 12 = 0 & \cdots\cdots ② \end{cases}$

①より, $x = \pm 1$　　②より, $y = 3$

$\therefore (x, y) = (-1, 3)$, または (ア)

次に, 2 階の偏導関数を求めると,

$f_{xx} = (3x^2 - 3)_x =$ (イ), $f_{xy} = (3x^2 - 3)_y = 0$, $f_{yy} = (4y - 12)_y = 4$

(i) $(x, y) = (-1, 3)$ のとき,

$A = f_{xx} = -6$, $B = f_{xy} = 0$, $C = f_{yy} = 4$ とおくと,

$B^2 - AC = 0^2 - (-6) \times 4 = 24 > 0$ より,

点 $(-1, 3)$ で, $z = f(x, y)$ は極値を (ウ) ……………………………(答)

(ii) $(x, y) = (1, 3)$ のとき,

$A = f_{xx} = 6$, $B = f_{xy} = 0$, $C = f_{yy} = 4$ とおくと,

$B^2 - AC = 0^2 - 6 \times 4 = -24 < 0$ かつ $A > 0$ より,

点 $(1, 3)$ で, $z = f(x, y)$ は極小値をとる。

極小値 $f(1, 3) =$ (エ) ……………………………(答)

解答　(ア) $(1, 3)$　(イ) $6x$　(ウ) とらない (または, もたない)
(エ) $1 - 3 + 18 - 36 = -20$

演習問題 116　●2 変数関数の極値 (Ⅲ) ●

2 変数関数 $f(x, y)=(x^2+2y^2)e^{-(x^2+y^2)}$ の極値を調べよ。

ヒント！ まず，$f_x=0$ かつ $f_y=0$ となる点 (a, b) を求める。

解答＆解説

$x=f(x, y)=(x^2+2y^2)e^{-(x^2+y^2)}$ とおく。

まず，1 階の偏導関数を求めると，

$$f_x=2xe^{-(x^2+y^2)}+(x^2+2y^2)\cdot(-2x)e^{-(x^2+y^2)}$$
$$=2xe^{-(x^2+y^2)}(1-x^2-2y^2)$$
$$f_y=4ye^{-(x^2+y^2)}+(x^2+2y^2)\cdot(-2y)e^{-(x^2+y^2)}$$
$$=2ye^{-(x^2+y^2)}(2-x^2-2y^2)$$

$f_x=0$ かつ $f_y=0$ のとき，

$$\begin{cases} 2xe^{-(x^2+y^2)}\cdot(1-x^2-2y^2)=0 \cdots\cdots① \quad \text{かつ} \\ 2ye^{-(x^2+y^2)}\cdot(2-x^2-2y^2)=0 \cdots\cdots② \end{cases}$$

①より，$x=0$，または，$x^2+2y^2=1$

②より，$y=0$，または，$x^2+2y^2=2$

(Ⅰ) ①で $x=0$ のとき，②より，

$y=0$，または，$2y^2=2$　$\therefore y=0$，または，$y=\pm1$

$\therefore (x, y)=(0, 0), (0, \pm1)$

(Ⅰ) $x=0$ のとき，②より，$y=0$ または $x^2+2y^2=2$

(Ⅱ) ①で $x^2+2y^2=1$ のとき，②より，

$y=0$

$\therefore x^2+2\overset{0}{y^2}=x^2=1$ より，$x=\pm1$

$\therefore (x, y)=(\pm1, 0)$

(Ⅱ) $x^2+2y^2=1$ のとき，②より，$y=0$ または ~~$x^2+2y^2=2$~~ ← これはあり得ない

以上より，$(x, y)=(0, 0), (0, \pm1), (\pm1, 0)$ ……③

ここで，2 階の偏導関数を求めると，

公式：$(f\cdot g\cdot h)_x=f_xgh+fg_xh+fgh_x$ より

$$f_{xx}=2e^{-(x^2+y^2)}(1-x^2-2y^2)+2x(-2x)e^{-(x^2+y^2)}(1-x^2-2y^2)$$
$$+2xe^{-(x^2+y^2)}\cdot(-2x)$$
$$=2e^{-(x^2+y^2)}\{1-x^2-2y^2-2x^2(1-x^2-2y^2)-2x^2\}$$
$$=2e^{-(x^2+y^2)}(1-5x^2+2x^4+4x^2y^2-2y^2)$$

$$\underline{\underline{f_{xy}}} = 2x\left\{(-2y)e^{-(x^2+y^2)}(1-x^2-2y^2) + e^{-(x^2+y^2)}\cdot(-4y)\right\}$$
$$= -4xye^{-(x^2+y^2)}(1-x^2-2y^2+2)$$
$$= \underline{\underline{-4xye^{-(x^2+y^2)}(3-x^2-2y^2)}}$$

$(f\cdot g\cdot h)_y = f_y gh + fg_y h + fgh_y$

$$\underline{f_{yy}} = 2e^{-(x^2+y^2)}(2-x^2-2y^2) + 2y(-2y)e^{-(x^2+y^2)}(2-x^2-2y^2) + 2ye^{-(x^2+y^2)}\cdot(-4y)$$
$$= 2e^{-(x^2+y^2)}\{2-x^2-2y^2-2y^2(2-x^2-2y^2)-4y^2\}$$
$$= \underline{2e^{-(x^2+y^2)}(2-x^2+2x^2y^2-10y^2+4y^4)}$$

これらに③の各組の値を代入したものを，それぞれ $\underset{\sim}{A}$，$\underline{\underline{B}}$，$\underline{C}$ とおく。

(ⅰ) $(x,\ y)=(0,\ 0)$ のとき，

$$\begin{cases} A = f_{xx}(0,\ 0) = 2e^0 = 2 > 0 \\ B = f_{xy}(0,\ 0) = 0 \\ C = f_{yy}(0,\ 0) = 2e^0\cdot 2 = 4 \end{cases}$$

$\therefore\ B^2 - AC = 0^2 - 2\cdot 4 = -8 < 0$

$B^2-AC<0$ かつ $A>0$ より，点 $(0,\ 0)$ で $f(x,\ y)$ は極小となる。

極小値 $f(0,\ 0)=0$ ……………………………………(答)

(ⅱ) $(x,\ y)=(0,\ \pm1)$ のとき，

$$\begin{cases} A = f_{xx}(0,\ \pm1) = 2e^{-1}\cdot(-1) = -2e^{-1} < 0 \\ B = f_{xy}(0,\ \pm1) = 0 \\ C = f_{yy}(0,\ \pm1) = 2e^{-1}\cdot(-4) = -8e^{-1} \end{cases}$$

$\therefore\ B^2 - AC = 0^2 - (-2e^{-1})\cdot(-8e^{-1}) = -16e^{-2} < 0$

$B^2-AC<0$ かつ $A<0$ より，点 $(0,\ \pm1)$ で $f(x,\ y)$ は極大となる。

極大値 $f(0,\ \pm1)=2e^{-1}$ ……………………………………(答)

(ⅲ) $(x,\ y)=(\pm1,\ 0)$ のとき，

$$\begin{cases} A = f_{xx}(\pm1,\ 0) = 2e^{-1}\cdot(-2) = -4e^{-1} < 0 \\ B = f_{xy}(\pm1,\ 0) = 0 \\ C = f_{yy}(\pm1,\ 0) = 2e^{-1} \end{cases}$$

$\therefore\ B^2 - AC = 0^2 - (-4e^{-1})\cdot 2e^{-1} = 8e^{-2} > 0$ より，

点 $(\pm1,\ 0)$ で $f(x,\ y)$ は極値をとらない。 ……………………(答)

演習問題 117　●2変数関数の極値(Ⅳ)●

2変数関数 $f(x,\ y)=2x^3-2y^3-3x^2+6xy-3y^2$ の極値を調べよ。

ヒント！ A の符号と，B^2-AC の符号で極値を調べよう。

解答&解説

$z=f(x,\ y)=2x^3-2y^3-3x^2+6xy-3y^2$ ……①　とおく。

まず，1階の偏導関数を求めると，

$$\begin{cases} f_x=6x^2-6x+6y=6(x^2-x+y) \\ f_y=-6y^2+6x-6y=-6(y^2-x+y) \end{cases}$$

$f_x=0$ かつ $f_y=0$ のとき，$\begin{cases} x^2-x+y=0 & \text{……②} \\ y^2-x+y=0 & \text{……③} \end{cases}$

③－②より，$y^2-x^2=(y+x)(y-x)=0$　$\therefore y=\pm x$

・$y=x$ のとき，②より，$x^2-\cancel{x}+\cancel{x}=x^2=0$　$\therefore x=y=0$

・$y=-x$ のとき，②より，$x^2-x-x=x(x-2)=0$

$\therefore x=0,\ 2$ より，$(x,\ y)=(0,\ 0),\ (2,\ -2)$

以上より，$(x,\ y)=(0,\ 0),\ (2,\ -2)$ ……④ → 極値をとる可能性のある点は，この $(0,\ 0)$，$(2,\ -2)$ の2点

次に，2階の偏導関数を求めると，

$f_{xx}=12x-6$，　$f_{xy}=6$，　$f_{yy}=-12y-6$

これに④の各組の値を代入したものを，それぞれ A，B，C とおく。

(i) $(x,\ y)=(2,\ -2)$ のとき，

$$\begin{cases} A=f_{xx}(2,\ -2)=12\times 2-6=24-6=18>0 \\ B=f_{xy}(2,\ -2)=6 \\ C=f_{yy}(2,\ -2)=-12\times(-2)-6=18 \end{cases}$$

$\therefore B^2-AC=6^2-18^2<0$

$B^2-AC<0$ かつ $A>0$ より，点 $(2,\ -2)$ で $f(x,\ y)$ は極小となる。

極小値 $f(2,\ -2)=\underbrace{2\cdot 2^3}_{16}-\underbrace{2\cdot(-2)^3}_{-16}-\underbrace{3\cdot 2^2}_{12}+\underbrace{6\cdot 2\cdot(-2)}_{-24}-\underbrace{3\cdot(-2)^2}_{12}$

$=16+16-12-24-12=-16$ …………………(答)

(ⅱ) $(x,\ y)=(0,\ 0)$ のとき，

$$\begin{cases} A=f_{xx}(0,\ 0)=12\times 0-6=-6<0 \\ B=f_{xy}(0,\ 0)=6 \\ C=f_{yy}(0,\ 0)=-12\times 0-6=-6 \end{cases}$$

ここで，$B^2-AC=6^2-(-6)\times(-6)=0$

よって，これだけでは，$z=f(x,\ y)$ が点 $(0,\ 0)$ で極値をとるかどうか判定できない。

よって，極値か否か未定だが，$f(0,\ 0)=0$ である。

ここで，試しに，$y=x$ ……⑤　上の点について調べてみよう。

⑤を①に代入して，

$f(x,\ y)=f(x,\ x)=\cancel{2x^3}-\cancel{2x^3}-\cancel{3x^2}+\cancel{6x^2}-\cancel{3x^2}=0\ [=f(0,\ 0)]$

よって，直線 $y=x$ $(x\neq 0)$ 上のどの点 $P(x,\ y)$ をとっても，

$f(x,\ y)=0=f(0,\ 0)$ となるから，$f(0,\ 0)$ は極小値でも極大値でもない。

すなわち，点 $(0,\ 0)$ で $z=f(x,\ y)$ は極値をとらない。 ……………(答)

参考

$y=-x$ のとき，

$$\begin{aligned} f(x,\ y)&=f(x,\ -x) \\ &=2x^3-2\cdot(-x)^3-3x^2 \\ &\qquad +6x\cdot(-x)-3\cdot(-x)^2 \\ &=2x^3+2x^3-3x^2-6x^2-3x^2 \\ &=4x^3-12x^2 \\ &=4x^2(x-3) \end{aligned}$$

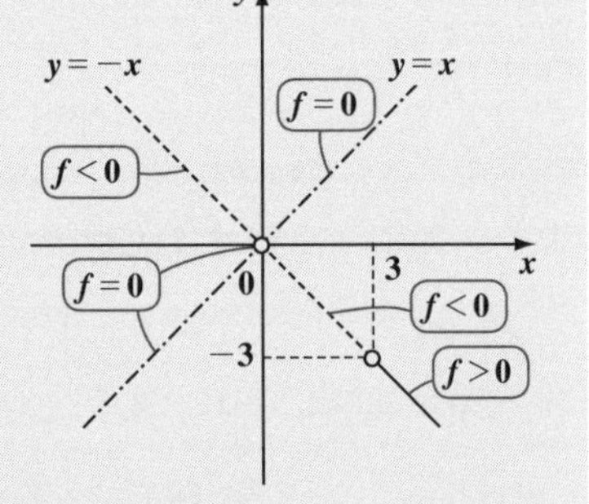

より，xy 平面上で点 $(0,\ 0)$ の付近における 2 直線 $y=\pm x$ 上の点 $P(x,\ y)$ に対する $f(x,\ y)$ の符号を右上図に示す。この図から，$f(0,\ 0)$ は極大でも極小でもないことが分かる。

演習問題 118 ●ラグランジュの未定乗数法(I)●

$x^2+xy+y^2-1=0$ の条件の下で，$z=x^2+y^2$ が極値をもつ可能性のある点を求めよ。

ヒント！ ラグランジュの未定乗数法の問題である。$g(x,\ y)=x^2+xy+y^2-1$，$z=f(x,\ y)=x^2+y^2$ とおいて，$g(x,\ y)=0$ かつ $\frac{f_x}{g_x}=\frac{f_y}{g_y}$ をみたす点 $(x,\ y)$ を求めるといい。

解答＆解説

$g(x,\ y)=x^2+xy+y^2-1$，$z=f(x,\ y)=x^2+y^2$ とおいて，

$g(x,\ y)=0$ の条件の下で，$z=f(x,\ y)$ が極値をもつ可能性のある点を調べる。

まず，各偏導関数を求めると，

$$f_x=(x^2+y^2)_x=2x,\qquad f_y=(x^2+y^2)_y=2y$$

$$g_x=(x^2+xy+y^2-1)_x=2x+y$$

$$g_y=(x^2+xy+y^2-1)_y=x+2y$$

$$\begin{cases} g(x,\ y)=\boxed{x^2+xy+y^2-1}=0 & \cdots\cdots① \quad \text{かつ} \\ \dfrac{f_x}{g_x}=\dfrac{f_y}{g_y} \text{ より，} \boxed{\dfrac{2x}{2x+y}=\dfrac{2y}{x+2y}} & \cdots\cdots② \end{cases}$$

をみたす点 $(x,\ y)$ が，求める点である。

②より，$2x(x+2y)=2y(2x+y)$，　$x^2=y^2$　$\therefore y=\pm x$

(i) $y=x$ のとき，①より，$x^2+x^2+x^2-1=0$

$$\therefore x=\pm\frac{1}{\sqrt{3}} \text{ より，} y=\pm\frac{1}{\sqrt{3}}$$

$$\therefore (x,\ y)=\left(\pm\frac{1}{\sqrt{3}},\ \pm\frac{1}{\sqrt{3}}\right) \text{ (複号同順)}$$

(ii) $y=-x$ のとき，①より，$x^2-x^2+x^2-1=0$

$$\therefore x=\pm 1 \text{ より，} y=\mp 1$$

$$\therefore (x,\ y)=(\pm 1, \mp 1) \text{ (複号同順)}$$

以上(i)(ii)より，$g(x,\ y)=0$ の下で，$z=f(x,\ y)$ が極値をとる可能性のある点は，$(\pm 1,\ \mp 1)$，$\left(\pm\frac{1}{\sqrt{3}},\ \pm\frac{1}{\sqrt{3}}\right)$(複号同順)である。 ………(答)

演習問題 119　●ラグランジュの未定乗数法(Ⅱ)●

$x^2+y^2-1=0$ の条件の下で，$z=xy+2$ が極値をもつ可能性のある点を求めよ。

ヒント！ これも，$g(x,\ y)=x^2+y^2-1$，$z=f(x,\ y)=xy+2$ とおいて，ラグランジュの未定乗数法を使う。

解答＆解説

$g(x,\ y)=x^2+y^2-1$，$z=f(x,\ y)=xy+2$ とおいて，

$g(x,\ y)=0$ の条件の下で，$z=f(x,\ y)$ が極値をもつ可能性のある点を調べる。

まず，各偏導関数を求めると，

$f_x=(xy+2)_x=$ (ア)，　$f_y=(xy+2)_y=x$

$g_x=(x^2+y^2-1)_x=$ (イ)，　$g_y=(x^2+y^2-1)_y=2y$

以上より，

$$\begin{cases} g(x,\ y)=\boxed{x^2+y^2-1=0} & \cdots\cdots① \quad \text{かつ} \\ \dfrac{f_x}{g_x}=\dfrac{f_y}{g_y} \text{ より，} \boxed{\dfrac{y}{2x}=\dfrac{x}{2y}} & \cdots\cdots② \end{cases}$$

をみたす点 $(x,\ y)$ が，求める点である。

②より，　$2y^2=2x^2$，　$y^2-x^2=0$，　$(y+x)(y-x)=0$　$\therefore y=$ (ウ)

(i) $y=x$ のとき，①より，$2x^2-1=0$　$\therefore x=\pm\dfrac{1}{\sqrt{2}}$

$\therefore (x,\ y)=\left(\pm\dfrac{1}{\sqrt{2}},\ \pm\dfrac{1}{\sqrt{2}}\right)$ (複号同順)

(ii) $y=-x$ のとき，①より，$2x^2-1=0$　$\therefore x=\pm\dfrac{1}{\sqrt{2}}$

$\therefore (x,\ y)=\left(\pm\dfrac{1}{\sqrt{2}},\ \mp\dfrac{1}{\sqrt{2}}\right)$ (複号同順)

以上 (i)(ii) より，極値をとる可能性のある点は，

(エ)　　　　(複号同順) である。

解答　(ア) y　(イ) $2x$　(ウ) $\pm x$　(エ) $\left(\pm\dfrac{1}{\sqrt{2}},\ \pm\dfrac{1}{\sqrt{2}}\right)$，$\left(\pm\dfrac{1}{\sqrt{2}},\ \mp\dfrac{1}{\sqrt{2}}\right)$

講義 Lecture 5 多変数関数の重積分 ● methods & formulae

1. 重積分の定義と性質

領域 D において，連続な関数 $z = f(x,\ y) \geqq 0$ が表す曲面と xy 平面で挟まれる立体の体積 V を，次式で表す。

$$V = \iint_D f(x,\ y)\,dxdy \quad \cdots\cdots ①$$

これを，“**重積分**”という。$f(x,\ y) < 0$ のときは，①式によって，負の体積が計算される。
重積分の性質を，下に示す。

重積分の性質

(1) $\displaystyle\iint_D kf(x,\ y)\,dxdy = k\iint_D f(x,\ y)\,dxdy$ （k：実数定数）

(2) $\displaystyle\iint_D \{hf(x,\ y) \pm kg(x,\ y)\}\,dxdy$

$\displaystyle = h\iint_D f(x,\ y)\,dxdy \pm k\iint_D g(x,\ y)\,dxdy$ （$h,\ k$：実数定数）

(3) 領域 D を D_1, D_2 に分割する場合，

$\displaystyle\iint_D f(x,\ y)\,dxdy$

$\displaystyle = \iint_{D_1} f(x,\ y)\,dxdy + \iint_{D_2} f(x,\ y)\,dxdy$

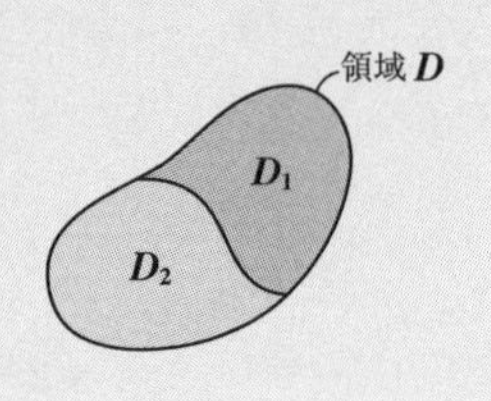

具体的に重積分を計算するとき，x と y に順序をつけて積分する。これを“**累次積分**”という。これには，次の 2 通りがある。

(Ⅰ) まず x を固定し y で積分した後で，x で積分する。
(Ⅱ) まず y を固定し x で積分した後で，y で積分する。

これは，通常，体積計算をする際に，立体の平面 $x = t$ による切り口の面積 $S(t)$ を，$t = a$ から $t = b$ まで積分する手法と，本質的に同じである。以上を，次に具体的に示す。

累次積分

(Ⅰ) まず y で積分した後で，x で積分する場合：

$$D=\left\{(x,\ y)\,\middle|\,a \leqq x \leqq b,\ g_1(x) \leqq y \leqq g_2(x)\right\} \text{ のとき，}$$

$$\iint_D f(x,\ y)\,dxdy=\int_a^b\left\{\int_{g_1(x)}^{g_2(x)} f(x,\ y)\,dy\right\}dx$$

y での積分　←　断面積 $S(x)$ のこと

x での積分

(Ⅱ) まず x で積分した後で，y で積分する場合：

$$D=\left\{(x,\ y)\,\middle|\,c \leqq y \leqq d,\ h_1(y) \leqq x \leqq h_2(y)\right\} \text{ のとき，}$$

$$\iint_D f(x,\ y)\,dxdy=\int_c^d\left\{\int_{h_1(y)}^{h_2(y)} f(x,\ y)dx\right\}dy$$

x での積分　←　断面積 $S(y)$ のこと

y での積分

もし，関数 $z=f(x,\ y)$ が領域 D 内に不連続な点をもったり，領域自体が有界でない場合は，1 変数関数の定積分と同様に，重積分の広義積分や無限積分を定義する。

2. 変数変換による重積分

2 変数 $x,\ y$ による重積分を他の変数，例えば $u,\ v$ に変換して重積分すると，計算が楽になる場合がある。この手法によって，解ける問題の幅がさらに広がる。ここでは，“**ヤコビアン**” J によって，面積要素 $dxdy$ が，$dxdy=|J|dudv$ となる。2 重積分における変数変換の公式を，次に示す。

2 重積分の変数変換

$x=x(u,\ v)$，$y=y(u,\ v)$ の変換によって，xy 平面上の領域 D と uv 平面上の領域 D' とが 1 対 1 に対応し，さらに，$x=x(u,\ v)$，$y=y(u,\ v)$ が連続な偏導関数をもつとき，D 上の連続な関数 $z=f(x,\ y)$ について，

$$\iint_D f(x,\ y)\,dxdy=\iint_{D'} f(x(u,\ v),\ y(u,\ v))\,|J|\,dudv$$ が成り立つ。

$$\left(\text{ここに，ヤコビアン } J=\frac{\partial(x,\ y)}{\partial(u,\ v)}=\begin{vmatrix}\dfrac{\partial x}{\partial u} & \dfrac{\partial x}{\partial v}\\[2mm] \dfrac{\partial y}{\partial u} & \dfrac{\partial y}{\partial v}\end{vmatrix} \quad (\neq 0) \text{ である。}\right)$$

x と y の変数変換の中でも特に重要な変換は，次の極座標変換である。

$x = r\cos\theta$，$y = r\sin\theta$ とおくと，

$$\frac{\partial x}{\partial r} = \cos\theta,\quad \frac{\partial x}{\partial \theta} = -r\sin\theta,\quad \frac{\partial y}{\partial r} = \sin\theta,\quad \frac{\partial y}{\partial \theta} = r\cos\theta$$

$$\therefore J = \frac{\partial(x,\ y)}{\partial(r,\ \theta)} = \begin{vmatrix} \frac{\partial x}{\partial r} & \frac{\partial x}{\partial \theta} \\ \frac{\partial y}{\partial r} & \frac{\partial y}{\partial \theta} \end{vmatrix} = \begin{vmatrix} \cos\theta & -r\sin\theta \\ \sin\theta & r\cos\theta \end{vmatrix} = r\cos^2\theta - (-r\sin^2\theta)$$

$$= r\,(\underbrace{\cos^2\theta + \sin^2\theta}_{1}) = r \quad \text{となる。}$$

したがって，2 変数関数 $f(x,\ y)$ の xy 平面上の領域 D における重積分を，極座標の変数 r と θ に変換して重積分するとき，D と 1 対 1 に対応する $r\theta$ 平面上の新たな領域を D' として，

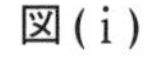

$$\iint_D f(x,\ y)\,dxdy = \iint_{D'} f(r\cos\theta,\ r\sin\theta)\,\underbrace{r}_{|J|}\,drd\theta$$

となる。

3. 重積分の応用：曲面の面積

領域 D における曲面 $z = f(x,\ y)$ の面積の公式を，下に示す。

曲面積

領域 D において，関数 $f(x,\ y)$ が連続な偏導関数をもつとき，曲面 $z = f(x,\ y)$ の D 上の曲面の面積 S は，次式で与えられる。

$$S = \iint_D \sqrt{f_x{}^2 + f_y{}^2 + 1}\,dxdy \quad \cdots\cdots(*)$$

$(*)$ の公式を証明しておこう。

図 (i) に示すような，曲面上の微小面積 dS を求める。これは，次ページの図 (ii) に示すように，2 つのベクトル

$\boldsymbol{u} = [dx,\ 0,\ f_x dx]$

$\boldsymbol{v} = [0,\ dy,\ f_y dy]$

を 2 辺にもつ平行四辺形の面積に等しい。

図 (i)

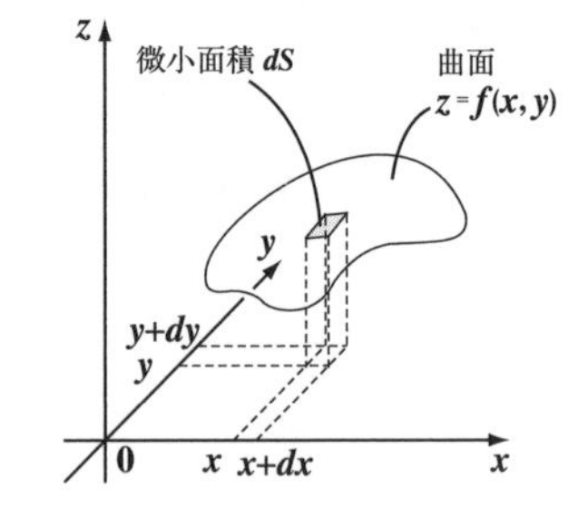

この平行四辺形の面積は，$\boldsymbol{u}$ と $\boldsymbol{v}$ の外積の大きさになるので，

図(ii)

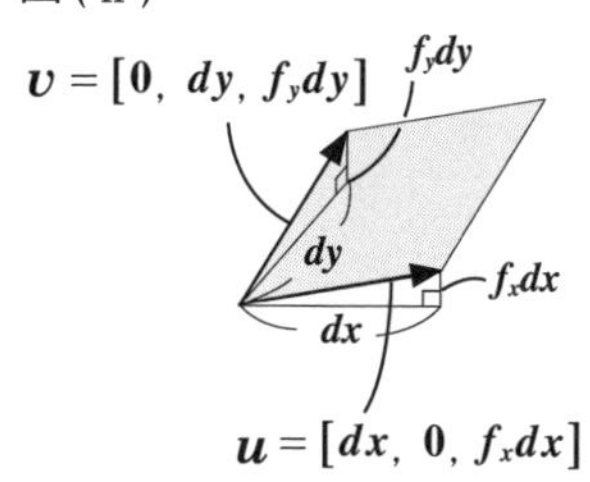

「演習 線形代数キャンパス・ゼミ」参照

$\boldsymbol{u}\times\boldsymbol{v}=[-f_xdxdy,\ -f_ydxdy,\ dxdy]$ より，

外積 $\boldsymbol{u}\times\boldsymbol{v}$ の計算

$dx \quad 0 \quad f_xdx \quad dx$

$0 \quad dy \quad f_ydy \quad 0$

$,\ dxdy]\ [-f_xdxdy,\ -f_ydxdy$

曲面の微小面積 dS は，

$$dS=\|\boldsymbol{u}\times\boldsymbol{v}\|=\sqrt{(-f_xdxdy)^2+(-f_ydxdy)^2+(dxdy)^2}$$
$$=\sqrt{(f_x{}^2+f_y{}^2+1)(dxdy)^2}$$
$$=\sqrt{f_x{}^2+f_y{}^2+1}\,dxdy$$

よって，関数 $f(x,\ y)=\sqrt{f_x{}^2+f_y{}^2+1}$ を，領域 D において重積分すれば，曲面の面積 S が求まるので，

$S=\iint_D\sqrt{f_x{}^2+f_y{}^2+1}\,dxdy$ ………$(*)$ が導かれる。

後は，これを累次積分すればよい。

4. 3重積分

2変数関数 $f(x, y)$ の重積分と同様の考え方で，3変数関数 $f(x, y, z)$ の3重積分を行なう。その定義を次に示す。

3重積分の定義

xyz 座標空間において，閉曲面で囲まれた領域 D で，3変数関数 $f(x, y, z)$ が連続であるとき，領域 D における $f(x, y, z)$ の "**3重積分**" V を，次式で定義する。

$$V=\iiint_D f(x, y, z)dxdydz \qquad (dxdydz：体積要素)$$

3重積分は，2重積分と同様に，累次積分で計算すればよい。
次に，3変数 x, y, z を u, v, w に変数変換して，領域 D を新しい領域 D' に写して，この D' 上で $f(x(u, v, w), y(u, v, w), z(u, v, w))$ を3重積分するとき，体積要素 $dxdydz$ は，$dxdydz=|J|dudvdw$ となる。

よって，変数変換による3重積分の公式は，次式で表される。

$$\iiint_D f(x, y, z)dxdydz=\iiint_{D'} f(x(u, v, w), y(u, v, w), z(u, v, w))|J|\,dudvdw$$

ここに，変数変換による3重積分のヤコビアン J は，次式で示される。

$$J=\frac{\partial(x, y, z)}{\partial(u, v, w)}=\begin{vmatrix}\frac{\partial x}{\partial u} & \frac{\partial x}{\partial v} & \frac{\partial x}{\partial w}\\ \frac{\partial y}{\partial u} & \frac{\partial y}{\partial v} & \frac{\partial y}{\partial w}\\ \frac{\partial z}{\partial u} & \frac{\partial z}{\partial v} & \frac{\partial z}{\partial w}\end{vmatrix}=\begin{vmatrix}x_u & x_v & x_w\\ y_u & y_v & y_w\\ z_u & z_v & z_w\end{vmatrix} \quad (\neq 0)$$

$(ex1)$ 球座標変換：$x = r\sin\theta\cos\varphi$，$y = r\sin\theta\sin\varphi$，$z = r\cos\theta$ とおくと，

$x_r = \sin\theta\cos\varphi$，$x_\theta = r\cos\theta\cos\varphi$，$x_\varphi = -r\sin\theta\sin\varphi$

$y_r = \sin\theta\sin\varphi$，$y_\theta = r\cos\theta\sin\varphi$，$y_\varphi = r\sin\theta\cos\varphi$

$z_r = \cos\theta$，$z_\theta = -r\sin\theta$，$z_\varphi = 0$

よって，ヤコビアン J は，

$$J = \begin{vmatrix} x_r & x_\theta & x_\varphi \\ y_r & y_\theta & y_\varphi \\ z_r & z_\theta & z_\varphi \end{vmatrix} = \begin{vmatrix} \sin\theta\cos\varphi & r\cos\theta\cos\varphi & -r\sin\theta\sin\varphi \\ \sin\theta\sin\varphi & r\cos\theta\sin\varphi & r\sin\theta\cos\varphi \\ \cos\theta & -r\sin\theta & 0 \end{vmatrix}$$

$$= 0 + r^2\sin\theta\cos^2\theta\cos^2\varphi + r^2\sin^3\theta\sin^2\varphi + r^2\sin\theta\cos^2\theta\sin^2\varphi + r^2\sin^3\theta\cos^2\varphi - 0$$

← サラスの公式

$$= r^2\sin\theta\cos^2\theta(\underbrace{\cos^2\varphi + \sin^2\varphi}_{1}) + r^2\sin^3\theta(\underbrace{\sin^2\varphi + \cos^2\varphi}_{1})$$

$$= r^2\sin\theta(\underbrace{\cos^2\theta + \sin^2\theta}_{1}) = r^2\sin\theta \qquad \therefore\ J = r^2\sin\theta$$

$(ex2)$ 円筒座標変換：$x = r\cos\theta$，$y = r\sin\theta$，$z = z$ とおくと，

$x_r = \cos\theta$，$x_\theta = -r\sin\theta$，$x_z = 0$

$y_r = \sin\theta$，$y_\theta = r\cos\theta$，$y_z = 0$

$z_r = 0$，$z_\theta = 0$，$z_z = 1$

よって，ヤコビアン J は，

$$J = \begin{vmatrix} x_r & x_\theta & x_z \\ y_r & y_\theta & y_z \\ z_r & z_\theta & z_z \end{vmatrix} = \begin{vmatrix} \cos\theta & -r\sin\theta & 0 \\ \sin\theta & r\cos\theta & 0 \\ 0 & 0 & 1 \end{vmatrix}$$

$$= r\cos^2\theta + r\sin^2\theta = r(\underbrace{\cos^2\theta + \sin^2\theta}_{1}) = r \qquad \therefore\ J = r$$

$(ex1)$ 球座標

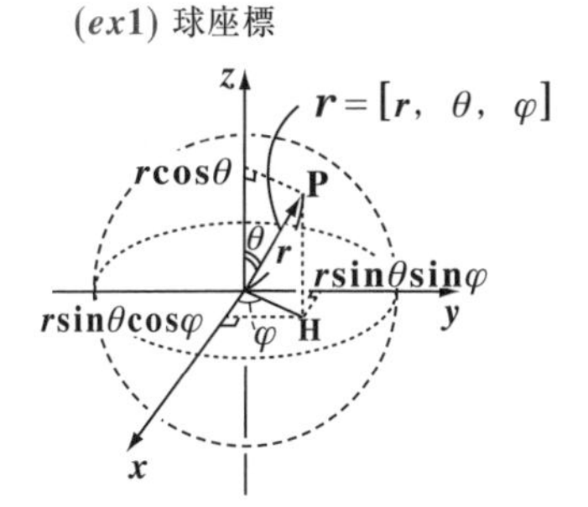

$(ex2)$ 円筒座標

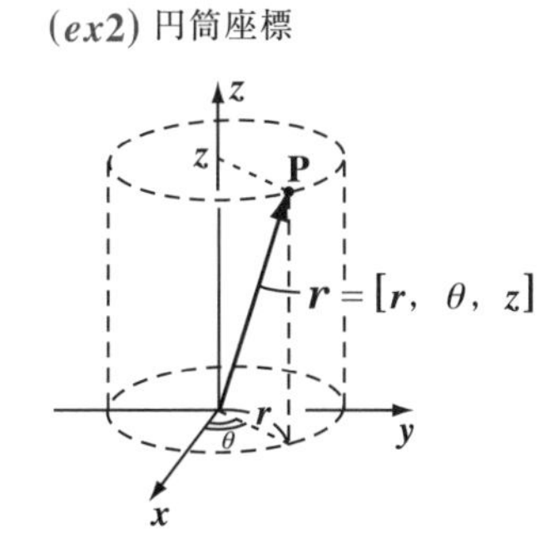

演習問題 120　●累次積分(Ⅰ)●

領域 $D=\left\{(x,\ y)\ \middle|\ \dfrac{x^2}{4}+y^2\leqq 1,\ x\geqq 0,\ y\geqq 0\right\}$ における関数 $f(x,\ y)=x(1+y)$ の重積分 V を，$\displaystyle\int_0^2\left\{\int_{g_1(x)}^{g_2(x)}f(x,\ y)\,dy\right\}dx$ の形で求めよ。

ヒント！ 領域 D について，まず x を固定する。
$\dfrac{x^2}{4}+y^2=1$ から，$y=\dfrac{1}{2}\sqrt{4-x^2}$　よって，$g_1(x)=0$，$g_2(x)=\dfrac{1}{2}\sqrt{4-x^2}$ となる。したがって，まず $0\leqq y\leqq\dfrac{1}{2}\sqrt{4-x^2}$ の範囲で $f(x,\ y)=x(1+y)$ を y について積分する。次に，x で積分する。

解答＆解説

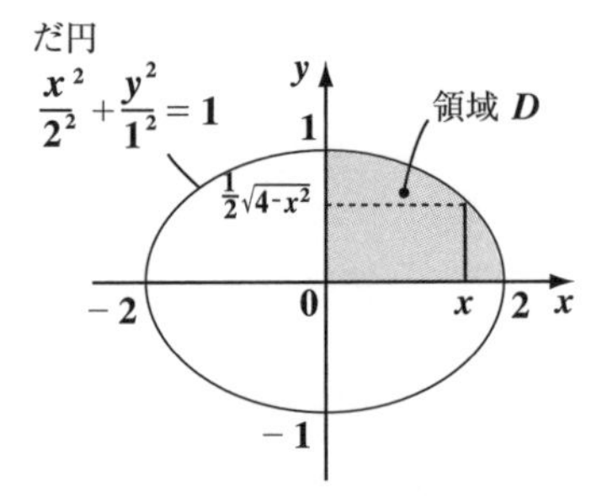

$\dfrac{x^2}{4}+y^2\leqq 1,\ x\geqq 0,\ y\geqq 0$ で表される領域 D を，右図に網目部で示す。

ここで，$\dfrac{x^2}{4}+y^2=1$ を変形して，

$$y=\frac{1}{2}\sqrt{4-x^2}\quad(0\leqq x\leqq 2)$$

まず，x を固定して，y で積分し，それをさらに，$0\leqq x\leqq 2$ の範囲で x で積分すればよい。

断面積 $S(x)=\displaystyle\int_0^{\frac{1}{2}\sqrt{4-x^2}}f(x,y)\,dy$　（$f(x,y)=x(1+y)$）

以上より，領域 D における $f(x,y)=x(1+y)$ の重積分 V は，

$$V=\int_0^2\left\{\int_0^{\frac{1}{2}\sqrt{4-x^2}}(x+xy)\,dy\right\}dx=\int_0^2\left[xy+\frac{1}{2}xy^2\right]_0^{\frac{1}{2}\sqrt{4-x^2}}dx$$

（$x+xy=f(x,\ y)$，$\{\ \}$ 内＝断面積 $S(x)$）

$$=\int_0^2\left\{\frac{1}{2}x\sqrt{4-x^2}+\frac{1}{2}x\cdot\frac{1}{4}(4-x^2)\right\}dx$$

（$\{\ \}$ 内 $=\dfrac{1}{8}(4x\sqrt{4-x^2}+4x-x^3)$）

$$=\frac{1}{8}\int_0^2(4x\sqrt{4-x^2}+4x-x^3)\,dx$$

$\left\{(4-x^2)^{\frac{3}{2}}\right\}'=\dfrac{3}{2}(4-x^2)^{\frac{1}{2}}\cdot(-2x)=-3x(4-x^2)^{\frac{1}{2}}$

$$=\frac{1}{8}\left[-\frac{4}{3}(4-x^2)^{\frac{3}{2}}+2x^2-\frac{1}{4}x^4\right]_0^2$$

$$=\frac{1}{8}\left(8-4+\frac{4}{3}\cdot 4^{\frac{3}{2}}\right)=\frac{1}{8}\left(4+\frac{32}{3}\right)=\frac{1}{2}+\frac{4}{3}=\frac{11}{6}\quad\cdots\cdots(答)$$

（$4^{\frac{3}{2}}=(2^2)^{\frac{3}{2}}=2^3$）

演習問題 121　● 累次積分(Ⅱ)●

領域 $D=\left\{(x,\ y)\ \middle|\ \frac{x^2}{4}+y^2\leqq 1,\ x\geqq 0,\ y\geqq 0\right\}$ における関数 $f(x,\ y)=x(1+y)$ の重積分 V を，$\int_0^1\left\{\int_{h_1(y)}^{h_2(y)}f(x,\ y)dx\right\}dy$ の形で求めよ。

ヒント！ 前問と同問。今回は，まず y を固定して x で積分した後に，y で積分する。

解答＆解説

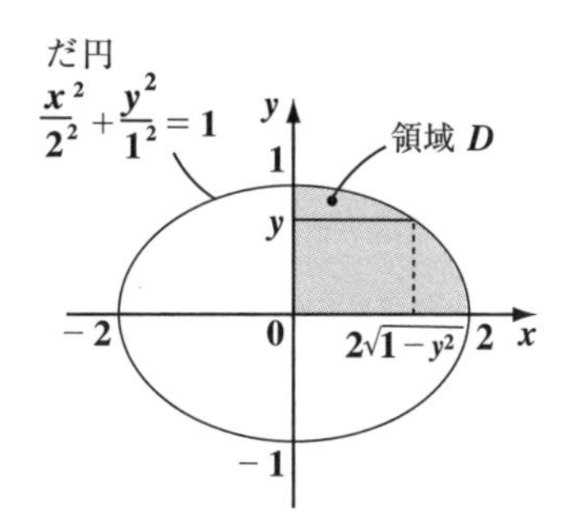

断面積
$S(y)=\int_0^{2\sqrt{1-y^2}}f(x,y)dx$　　$x(1+y)$

$\frac{x^2}{4}+y^2\leqq 1,\ x\geqq 0,\ y\geqq 0$ で表される領域 D を，右図に網目部で示す。

ここで，$\frac{x^2}{4}+y^2=1$ を変形して，

$$x=\boxed{(ア)\qquad}\quad(0\leqq y\leqq 1)$$

まず，y を固定して，x で積分し，それをさらに，$0\leqq y\leqq 1$ の範囲で y で積分すればよい。

以上より，領域 D における $f(x,\ y)=x(1+y)$ の重積分 V は，

$$V=\int_0^1\left\{\int_0^{2\sqrt{1-y^2}}(1+y)xdx\right\}dy=\int_0^1\Big[\boxed{(イ)\qquad}\Big]_0^{2\sqrt{1-y^2}}dy$$

$2(1+y)(1-y^2)=2(1+y-y^2-y^3)$

$$=\int_0^1\frac{1+y}{2}\cdot 4(1-y^2)dy=2\cdot\int_0^1(1+y-y^2-y^3)dy$$

$$=2\cdot\Big[\boxed{(ウ)\qquad}\Big]_0^1=2\left(1+\frac{1}{2}-\frac{1}{3}-\frac{1}{4}\right)$$

$$=2\left(\frac{2}{3}+\frac{1}{4}\right)=\boxed{(エ)\qquad}$$ ……………………(答)

解答　(ア) $2\sqrt{1-y^2}$　(イ) $\frac{1+y}{2}\cdot x^2$　(ウ) $y+\frac{1}{2}y^2-\frac{1}{3}y^3-\frac{1}{4}y^4$　(エ) $\frac{11}{6}$

演習問題 122 ●累次積分(Ⅲ)●

領域 $D = \{(x,\ y) \mid x^2+y^2 \leqq 2x,\ y \geqq 0\}$ における関数 $f(x,\ y) = \sqrt{4x-y^2}$ の重積分 $V = \iint_D f(x,\ y)\,dx\,dy$ を求めよ。

ヒント! まず，x を固定して，y で積分する。次に x で積分する際に，置換積分をうまく利用しよう。

解答＆解説

$x^2+y^2 = 2x$ より，$(x-1)^2+y^2 \leqq 1$

半円 $(x-1)^2+y^2=1\ (y \geqq 0)$

領域 D

$x^2+y^2 \leqq 2x,\ y \geqq 0$ で表される領域 D を，右図に網目部で示す。

ここで，$x^2+y^2 = 2x\ (y \geqq 0)$ を変形して，

$$y = \sqrt{2x-x^2} \quad (0 \leqq x \leqq 2)$$

$-x(x-2) \geqq 0$

まず，x を固定して，y で積分し，

それをさらに，$0 \leqq x \leqq 2$ の範囲で x で積分すればよい。

以上より，領域 D における $f(x,\ y) = \sqrt{4x-y^2}$ の重積分 V は，

$$V = \int_0^2 \left(\int_0^{\sqrt{2x-x^2}} \sqrt{4x-y^2}\,dy \right) dx$$

($\sqrt{4x-y^2}$ は $f(x,\ y)$，$4x$ は a^2，内側の積分は断面積 $S(x)$)

公式：$\int \sqrt{a^2-y^2}\,dy = \frac{1}{2}\left(y\sqrt{a^2-y^2} + a^2 \sin^{-1}\frac{y}{a} \right)$ を使った！

$$= \int_0^2 \left[\frac{1}{2}\left\{ y\sqrt{4x-y^2} + 4x \cdot \sin^{-1}\frac{y}{\sqrt{4x}} \right\} \right]_0^{\sqrt{2x-x^2}} dx$$

$$= \frac{1}{2}\int_0^2 \left\{ \sqrt{2x-x^2}\sqrt{4x-(2x-x^2)} + 4x \cdot \sin^{-1}\frac{\sqrt{2x-x^2}}{2\sqrt{x}} - 4x \cdot \sin^{-1}0 \right\} dx$$

($4x-(2x-x^2) = 2x+x^2$，$\sin^{-1}0 = 0$)

$$= \frac{1}{2}\int_0^2 \left\{ \sqrt{4x^2-x^4} + 4x \cdot \sin^{-1}\left(\frac{1}{2} \cdot \sqrt{2-x} \right) \right\} dx$$

$$= \frac{1}{2}\left\{ \underbrace{\int_0^2 x\sqrt{4-x^2}\,dx}_{I_1} + 4 \cdot \underbrace{\int_0^2 x \cdot \sin^{-1}\left(\frac{1}{2} \cdot \sqrt{2-x} \right) dx}_{I_2} \right\}$$

ここで，$I_1 = \int_0^2 x\sqrt{4-x^2}\,dx$，$I_2 = \int_0^2 x \cdot \sin^{-1}\left(\frac{1}{2} \cdot \sqrt{2-x} \right) dx$ とおくと，

$$V = \frac{1}{2}(I_1 + 4I_2) \quad \cdots\cdots①$$

(ⅰ) $I_1 = \int_0^2 x(4-x^2)^{\frac{1}{2}}dx$

$= -\frac{1}{3}\left[(4-x^2)^{\frac{3}{2}}\right]_0^2$

$= -\frac{1}{3}(0 - 4^{\frac{3}{2}}) = \frac{8}{3} \quad \cdots\cdots②$

$\left\{(4-x^2)^{\frac{3}{2}}\right\}' = \frac{3}{2}\cdot(-2x)\cdot(4-x^2)^{\frac{1}{2}}$
$= -3x(4-x^2)^{\frac{1}{2}}$

(ⅱ) $I_2 = \int_0^2 x\cdot\sin^{-1}\left(\frac{1}{2}\sqrt{2-x}\right)dx$ について，

両辺を 2 乗

$\sin^{-1}\left(\frac{1}{2}\sqrt{2-x}\right) = \theta$ とおくと，$\sin\theta = \frac{1}{2}\sqrt{2-x}$，$\sin^2\theta = \frac{1}{4}\cdot(2-x)$

$x = 2 - 4\sin^2\theta \quad dx = -8\sin\theta\cdot\cos\theta\, d\theta$

$x : 0 \to 2$ のとき，$\theta : \frac{\pi}{4} \to 0$

$x : 0 \to 2$ のとき，
$\sin\theta : \frac{1}{\sqrt{2}} \to 0$
$\therefore \theta : \frac{\pi}{4} \to 0$

$\therefore I_2 = \int_0^2 x\cdot\sin^{-1}\left(\frac{1}{2}\sqrt{2-x}\right)dx$

$= \int_{\frac{\pi}{4}}^0 (2 - 4\sin^2\theta)\cdot\theta\cdot(-8)\sin\theta\cos\theta\, d\theta$

$= 16\cdot\int_0^{\frac{\pi}{4}} (1 - 2\sin^2\theta)\cdot\theta\cdot\sin\theta\cdot\cos\theta\, d\theta$

（$\sin^2\theta = \frac{1-\cos 2\theta}{2}$，$1-2\sin^2\theta = \cos 2\theta$，$\sin\theta\cdot\cos\theta = \frac{1}{2}\sin 2\theta$）

$= 8\int_0^{\frac{\pi}{4}} \theta\cdot\cos 2\theta\cdot\sin 2\theta\, d\theta = 4\int_0^{\frac{\pi}{4}}\theta\cdot\sin 4\theta\, d\theta$

（$\cos 2\theta\cdot\sin 2\theta = \frac{1}{2}\sin 4\theta$，$\sin 4\theta = \left(-\frac{1}{4}\cos 4\theta\right)'$）

$= 4\int_0^{\frac{\pi}{4}}\theta\cdot\left(-\frac{1}{4}\cos 4\theta\right)'d\theta = 4\cdot\left\{\left[-\frac{\theta}{4}\cos 4\theta\right]_0^{\frac{\pi}{4}} + \frac{1}{4}\int_0^{\frac{\pi}{4}}\cos 4\theta\, d\theta\right\}$

$= 4\cdot\left\{-\frac{\pi}{16}(-1) + \frac{1}{4}\cdot\left[\frac{1}{4}\sin 4\theta\right]_0^{\frac{\pi}{4}}\right\} = \frac{\pi}{4} \quad \cdots\cdots③$

（$\left[\frac{1}{4}\sin 4\theta\right]_0^{\frac{\pi}{4}} = \frac{1}{4}(\sin\pi - \sin 0) = 0$）

②，③を①に代入して，求める重積分 V は，

$$V = \frac{1}{2}\left(\frac{8}{3} + 4\cdot\frac{\pi}{4}\right) = \frac{4}{3} + \frac{\pi}{2} \quad \cdots\cdots(答)$$

演習問題 123　● 広義の重積分(Ⅰ) ●

領域 $D=\{(x,\ y)\mid 0\leqq x\leqq y\leqq 1\}$ における関数 $f(x,\ y)=\dfrac{y}{\sqrt{4y^2-x^2}}$ の広義の重積分 V を求めよ。

ヒント！ 領域 D 上の点 $(0,\ 0)$ で $f(x,\ y)$ は不連続となるから，広義積分を用いて，極限から重積分 V の値を求める。

解答＆解説

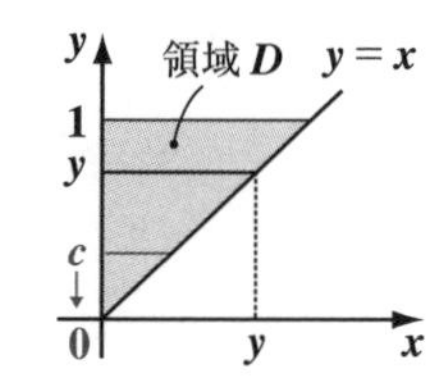

$0\leqq x\leqq y\leqq 1$ で表される領域 D を，右図に網目部で表す。

ここで，$f(x,\ y)=\dfrac{y}{\sqrt{4y^2-x^2}}$ は原点 $(0,\ 0)$ で不連続となる。よって，求める広義の重積分 V は，

$$V=\lim_{c\to+0}\int_c^1\left(\int_0^y\frac{y}{\sqrt{4y^2-x^2}}dx\right)dy \quad (0<c<1)$$

（y：まず定数扱い，$4y^2$：これを定数 (a^2) とみる）

まず，y を固定して，区間 $0\leqq x\leqq y$ で $f(x,\ y)$ を x で積分し，次に，区間 $c\leqq y\leqq 1$ $(0<c<1)$ で y で積分する。その後，$c\to+0$ として，極限を調べる。

$$=\lim_{c\to+0}\int_c^1 y\left[\sin^{-1}\frac{x}{2y}\right]_0^y dy$$

公式：$\displaystyle\int\frac{1}{\sqrt{a^2-x^2}}dx=\sin^{-1}\frac{x}{a}$

$$=\lim_{c\to+0}\int_c^1 y\cdot\left(\sin^{-1}\frac{1}{2}-\sin^{-1}0\right)dy$$

（$\sin^{-1}\frac{1}{2}=\frac{\pi}{6}$，$\sin^{-1}0=0$）

$$=\lim_{c\to+0}\int_c^1\frac{\pi}{6}y\,dy$$

$$=\lim_{c\to+0}\frac{\pi}{6}\left[\frac{1}{2}y^2\right]_c^1$$

$$=\lim_{c\to+0}\frac{\pi}{12}\cdot(1-c^2)=\frac{\pi}{12}$$ ……………………(答)

（$c^2\to 0$）

演習問題 124 ● 広義の重積分 (II) ●

領域 $D = \{(x,\ y) \mid 0 \leqq y \leqq 3x \leqq 3\}$ における関数 $f(x,\ y) = \dfrac{x}{9x^2+y^2}$ の広義の重積分 V を求めよ。

ヒント！ 領域 D において，原点 $(0,\ 0)$ で $f(x,\ y)$ は不連続となる。

解答＆解説

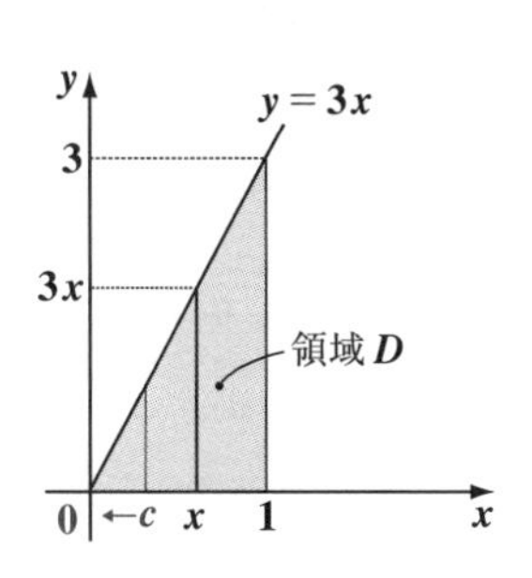

$0 \leqq y \leqq 3x,\ 0 \leqq x \leqq 1$ で表される領域 D を，右図に網目部で表す。

ここで，$f(x,\ y) = \dfrac{x}{9x^2+y^2}$ は，原点 $(0,0)$ で不連続となる。よって，求める広義の重積分 V は，

$$V = \lim_{c \to +0} \int_c^1 \left(\boxed{(ア)} \right) dx \quad (0 < c < 1)$$

まず，x を固定して，区間 $0 \leqq y \leqq 3x$ で $f(x,\ y)$ を y で積分し，次に，区間 $c \leqq x \leqq 1$ $(0<c<1)$ で x で積分する。その後，$c \to +0$ として，極限を調べる。

$$= \lim_{c \to +0} \int_c^1 \left[x \cdot \frac{1}{3x} \tan^{-1} \frac{y}{3x} \right]_0^{3x} dx$$

公式：$\displaystyle\int \frac{1}{a^2+y^2} dy = \frac{1}{a} \tan^{-1} \frac{y}{a}$

$$= \lim_{c \to +0} \int_c^1 \frac{1}{3} \left(\underbrace{\tan^{-1} 1}_{\frac{\pi}{4}} - \underbrace{\tan^{-1} 0}_{0} \right) dx$$

$$= \lim_{c \to +0} \int_c^1 \boxed{(イ)}\, dx = \lim_{c \to +0} \frac{\pi}{12} [x]_c^1$$

$$= \lim_{c \to +0} \frac{\pi}{12} (1 - \underset{\to 0}{c}) = \boxed{(ウ)}$$ ……………………（答）

解答 (ア) $\displaystyle\int_0^{3x} \frac{x}{9x^2+y^2}\, dy$ (イ) $\dfrac{\pi}{12}$ (ウ) $\dfrac{\pi}{12}$

演習問題 125　● 広義の無限積分（Ⅰ）●

領域 $D=\{(x,\ y)\mid x \geqq 0,\ y \geqq 0\}$ における関数 $f(x,\ y)=xye^{-(x^2+y^2)}$ の広義の重積分 V を求めよ。

ヒント！ D は有界な領域ではないので，無限積分にもち込む。つまり，$V=\lim_{p\to\infty}\int_0^p\left\{\int_0^p f(x,\ y)\,dx\right\}dy$ として，重積分 V を求めればよい。

解答＆解説

$x \geqq 0$，$y \geqq 0$ で表される領域 D を，右図に網目部で示す。

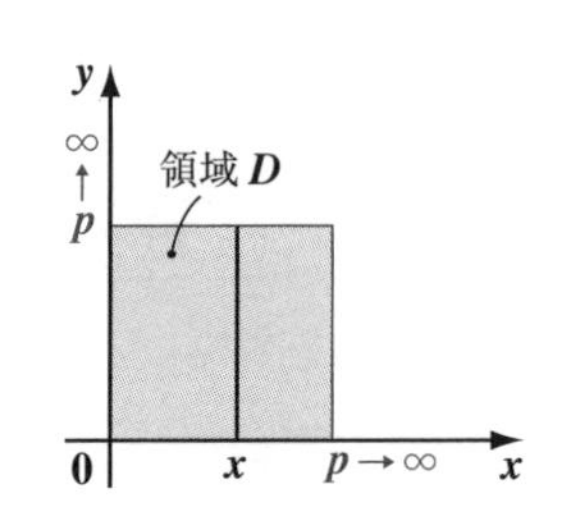

ここで，$0 \leqq x < \infty$，$0 \leqq y < \infty$ より，これは無限領域となるので，無限積分を用いて，広義の重積分 V を次のように求める。

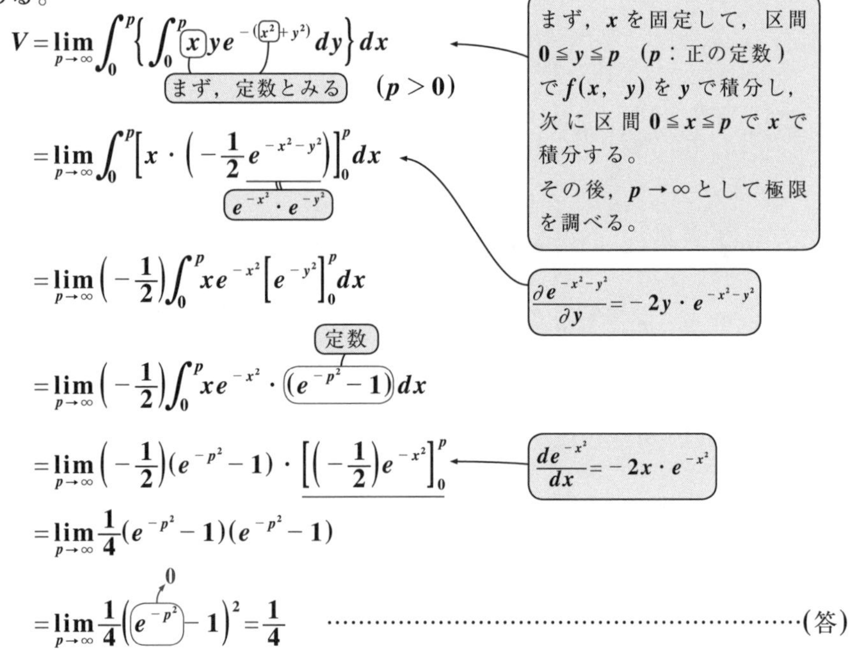

$$V=\lim_{p\to\infty}\int_0^p\left\{\int_0^p xye^{-(x^2+y^2)}dy\right\}dx \quad (p>0)$$

$$=\lim_{p\to\infty}\int_0^p\left[x\cdot\left(-\frac{1}{2}e^{-x^2-y^2}\right)\right]_0^p dx$$

$$=\lim_{p\to\infty}\left(-\frac{1}{2}\right)\int_0^p xe^{-x^2}\left[e^{-y^2}\right]_0^p dx$$

$$=\lim_{p\to\infty}\left(-\frac{1}{2}\right)\int_0^p xe^{-x^2}\cdot\left(e^{-p^2}-1\right)dx$$

$$=\lim_{p\to\infty}\left(-\frac{1}{2}\right)\left(e^{-p^2}-1\right)\cdot\left[\left(-\frac{1}{2}\right)e^{-x^2}\right]_0^p$$

$$=\lim_{p\to\infty}\frac{1}{4}\left(e^{-p^2}-1\right)\left(e^{-p^2}-1\right)$$

$$=\lim_{p\to\infty}\frac{1}{4}\left(e^{-p^2}-1\right)^2=\frac{1}{4}$$ ……………………（答）

演習問題 126　● 広義の無限積分 (Ⅱ) ●

領域 $D=\{(x,\ y)\mid 0\leqq x\leqq y\}$ における関数 $f(x,\ y)=\dfrac{1}{(x+y+2)^3}$ の広義の重積分 V を求めよ。

ヒント！ D は有界な領域ではないので，無限積分になる。具体的には，$V=\lim\limits_{p\to\infty}\int_0^p\left\{\int_0^y f(x,\ y)\,dx\right\}dy$ として，重積分 V を求める。

解答＆解説

$0\leqq x$，$x\leqq y$ で表される領域 D を，右図に網目部で示す。

ここで，$0\leqq y<\infty$ より，これは無限領域となるので，無限積分を用いて，広義の重積分 V を次のように求める。

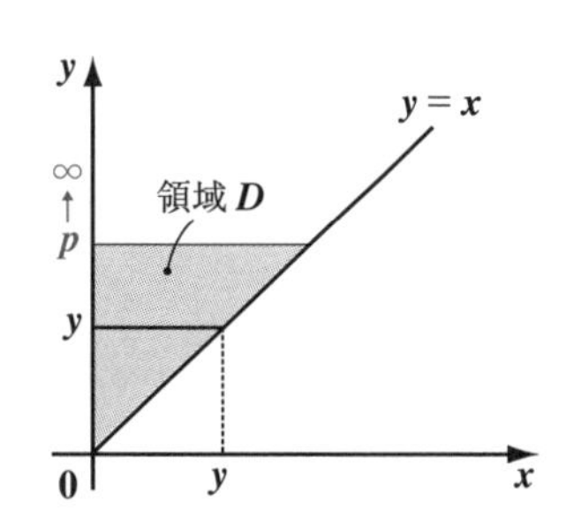

$$V=\lim_{p\to\infty}\int_0^p\left\{\int_0^y(x+y+2)^{-3}dx\right\}dy$$

（y：x での積分では定数扱い）

まず，y を固定して，区間 $0\leqq x\leqq y$ で $f(x,\ y)$ を x で積分し，次に区間 $0\leqq y\leqq p$ で y で積分する。その後，$p\to\infty$ として，極限を調べる。

$$=\lim_{p\to\infty}\int_0^p\Big[\ \boxed{(ア)}\ \Big]_0^y dy$$

$$=\lim_{p\to\infty}\int_0^p\left\{-\frac{1}{2}(2y+2)^{-2}+\frac{1}{2}(y+2)^{-2}\right\}dy$$

$$=\lim_{p\to\infty}\left(-\frac{1}{2}\right)\int_0^p\boxed{(イ)}\ dy$$

$$=\lim_{p\to\infty}\left(-\frac{1}{2}\right)\cdot\left[(-1)\cdot\frac{1}{2}(2y+2)^{-1}-(-1)(y+2)^{-1}\right]_0^p$$

$$=\lim_{p\to\infty}\frac{1}{2}\left\{\frac{1}{2}(2p+2)^{-1}-(p+2)^{-1}-\frac{1}{2}\cdot 2^{-1}+2^{-1}\right\}$$

$$=\lim_{p\to\infty}\left\{\frac{1}{4(2p+2)}-\frac{1}{2(p+2)}-\frac{1}{8}+\frac{1}{4}\right\}=\boxed{(ウ)}$$ ……………………(答)

（$\dfrac{1}{4(2p+2)}\to 0$，$\dfrac{1}{2(p+2)}\to 0$）

解答　(ア) $-\dfrac{1}{2}(x+y+2)^{-2}$　　(イ) $\{(2y+2)^{-2}-(y+2)^{-2}\}$　　(ウ) $\dfrac{1}{8}$

演習問題 127　●変数変換による重積分(Ⅰ)●

領域 $D=\left\{(x,\ y)\mid 0\leqq x-y\leqq 4,\ \ -2\leqq x+y\leqq 2\right\}$ における関数 $f(x,\ y)=(x-y)^2\cosh(x+y)$ の重積分 V を求めよ。

ヒント！ 領域と関数 $f(x,\ y)$ の式の形から，$x-y=u$，$x+y=v$ と変数変換し，ヤコビアン J を計算して，u,v での重積分にもち込もう。

解答＆解説

図(i) xy 座標系での領域 D

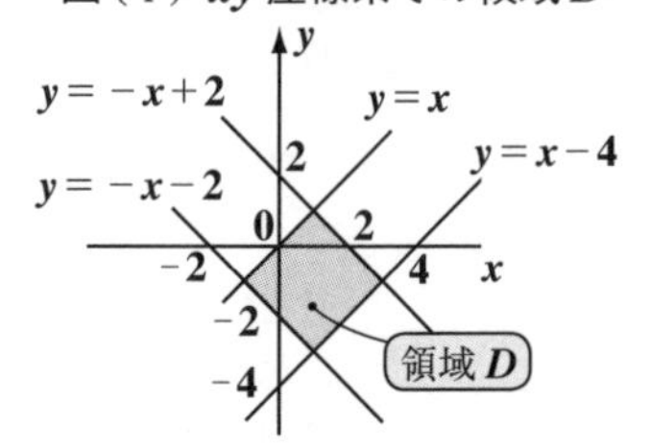

$x-y=u$ ……①，$x+y=v$ ……②

とおくと，図(i)に示す xy 座標系における

領域 D：$\begin{cases}0\leqq x-y\leqq 4,\\-2\leqq x+y\leqq 2\end{cases}$

図(ii) uv 座標系での領域 D'

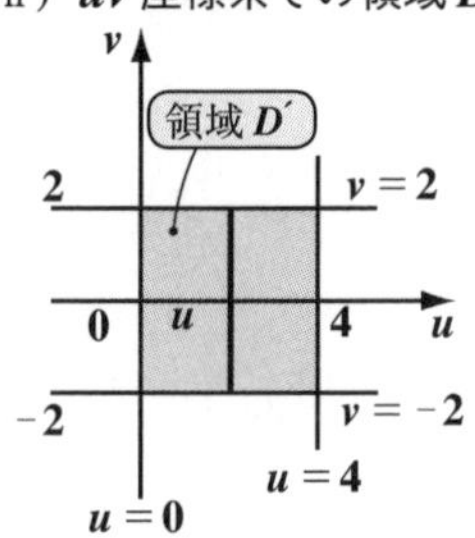

は，図(ii)に示すように，uv 座標系での

新たな領域 D'：$\begin{cases}0\leqq u\leqq 4,\\-2\leqq v\leqq 2\end{cases}$

に変換される。

$\dfrac{①+②}{2}$ より，$x=\dfrac{u+v}{2}$ ……③　　$\dfrac{②-①}{2}$ より，$y=\dfrac{-u+v}{2}$ ……④

よって，関数 $f(x,\ y)=(x-y)^2\cosh(x+y)$ も，

$f\left(\dfrac{u+v}{2},\ \dfrac{-u+v}{2}\right)=u^2\cdot\cosh v$ になる。

③，④より，

$$\frac{\partial x}{\partial u}=\frac{1}{2},\ \ \frac{\partial x}{\partial v}=\frac{1}{2},\ \ \frac{\partial y}{\partial u}=-\frac{1}{2},\ \ \frac{\partial y}{\partial v}=\frac{1}{2}$$

よって，ヤコビアン J は，

$$J=\frac{\partial(x,\ y)}{\partial(u,\ v)}=\begin{vmatrix}\dfrac{\partial x}{\partial u} & \dfrac{\partial x}{\partial v}\\ \dfrac{\partial y}{\partial u} & \dfrac{\partial y}{\partial v}\end{vmatrix}=\begin{vmatrix}\dfrac{1}{2} & \dfrac{1}{2}\\ -\dfrac{1}{2} & \dfrac{1}{2}\end{vmatrix}=\frac{1}{2}\cdot\frac{1}{2}-\frac{1}{2}\cdot\left(-\frac{1}{2}\right)=\frac{1}{2}$$

以上より，求める重積分Vを，D'における重積分に変換すると，

$$V=\iint_D f(x,\ y)\,dxdy=\iint_{D'} f\left(\frac{u-v}{2},\ \frac{-u+v}{2}\right)\cdot\underbrace{\frac{1}{2}}_{|J|}dudv$$

$$=\int_0^4\left(\int_{-2}^2 u^2\cdot\cosh v\cdot\frac{1}{2}dv\right)du$$

$$=\frac{1}{2}\underbrace{\int_0^4 u^2du}_{(\text{i})}\cdot\underbrace{\int_{-2}^2\cosh v\,dv}_{(\text{ii})}\ \cdots\cdots⑤$$

積分区間も含めて，
uとvでの積分をそれぞれ独立に行える。

ここで，

(ⅰ) $\displaystyle\int_0^4 u^2du=\left[\frac{1}{3}u^3\right]_0^4=\frac{1}{3}\cdot 4^3=\frac{64}{3}$

(ⅱ) $\displaystyle\int_{-2}^2 \underbrace{\cosh v}_{\text{偶関数}}dv=2\cdot\int_0^2\cosh v\,dv$

$$=2\cdot\Big[\sinh v\Big]_0^2$$

$$=2(\sinh 2-\underbrace{\sinh 0}_{0})$$

$$=2\sinh 2$$

公式：
$\displaystyle\int\cosh v\,dv=\sinh v$

以上(ⅰ)(ⅱ)を⑤に代入して，求める重積分Vは，

$$V=\frac{1}{2}\cdot\frac{64}{3}\cdot 2\sinh 2=\frac{64}{3}\cdot\sinh 2\ \cdots\cdots\cdots\cdots(\text{答})$$

演習問題 128　●変数変換による重積分(Ⅱ)●

領域 $D = \left\{(x, y) \mid 1 \leqq x \leqq 2,\ 0 \leqq y \leqq \sqrt{3}x\right\}$ における関数 $f(x, y) = \dfrac{1}{x^2 + y^2}$ の重積分 V を，$x = u$，$y = uv$ とおいて求めよ。

ヒント！ $0 \leqq y \leqq \sqrt{3}x$ の両辺を $x\ (>0)$ で割って，$0 \leqq \dfrac{y}{x} \leqq \sqrt{3}$
よって，$\dfrac{y}{x} = v$ とおくと，$0 \leqq v \leqq \sqrt{3}$
そして，$x = u$ とおけば，$y = uv$ となる。

解答＆解説

$x = u$ ……①，$y = uv$ ……②

とおくと，図(ⅰ)に示す xy 座標系における

領域 $D : 1 \leqq x \leqq 2,\ \underline{0 \leqq y \leqq \sqrt{3}x}$ は，

$\left(0 \leqq \dfrac{y}{x} \leqq \sqrt{3}\right)$

図(ⅱ)に示すように，uv 座標系での新たな

領域 $D' :$ (ア)＿＿＿＿＿ に変換される。

図(ⅰ) xy 座標系での領域 D

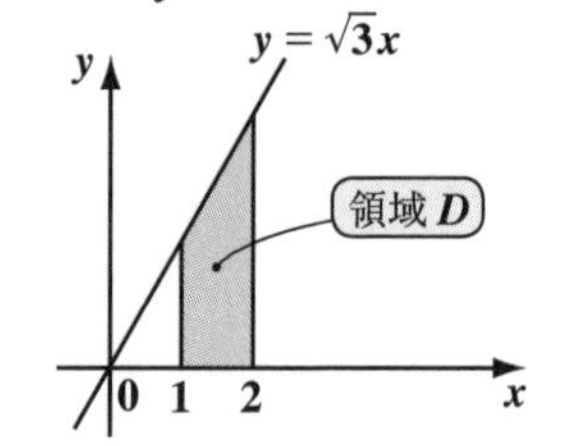

図(ⅱ) uv 座標系での領域 D'

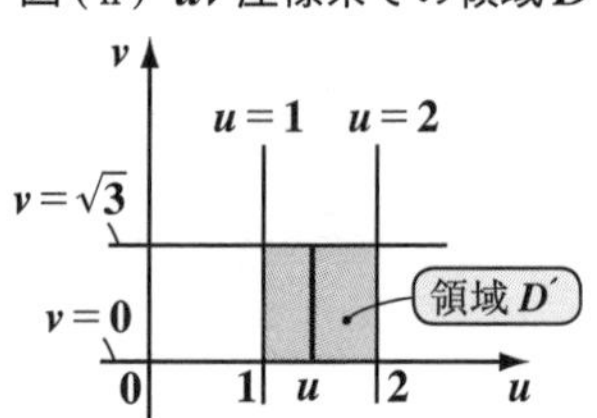

また，関数 $f(x, y) = \dfrac{1}{x^2 + y^2}$ も，

$$f(u, uv) = \frac{1}{u^2 + u^2v^2} \text{ になる。}$$

①，②より，

$$\frac{\partial x}{\partial u} = 1,\ \frac{\partial x}{\partial v} = 0,\ \frac{\partial y}{\partial u} = v,\ \frac{\partial y}{\partial v} = u$$

よって，ヤコビアン J は，

$$J = \frac{\partial(x, y)}{\partial(u, v)} = \begin{vmatrix} \dfrac{\partial x}{\partial u} & \dfrac{\partial x}{\partial v} \\ \dfrac{\partial y}{\partial u} & \dfrac{\partial y}{\partial v} \end{vmatrix} = \begin{vmatrix} 1 & 0 \\ v & u \end{vmatrix} = \text{(イ)＿＿＿＿＿}$$

以上より，求める重積分 V を，D' における重積分に変換すると，

$$V=\iint_D f(x,\ y)\,dxdy=\iint_{D'} \underbrace{f(u,\ uv)}_{\frac{1}{u^2+u^2v^2}}\underbrace{|J|}_{|u|=u\ (\because u>0)}dudv$$

$$=\iint_{D'}\frac{1}{u^2(1+v^2)}u\,dudv$$

$$=\int_1^2\left(\int_0^{\sqrt{3}}\frac{1}{u}\cdot\frac{1}{1+v^2}dv\right)du$$

積分区間も含めて，u と v での積分をそれぞれ独立に行える。

$$=\underbrace{\int_1^2\frac{1}{u}du}_{(\text{i})}\cdot\underbrace{\int_0^{\sqrt{3}}\frac{1}{1+v^2}dv}_{(\text{ii})}\ \cdots\cdots③$$

ここで，

(i) $\displaystyle\int_1^2\frac{1}{u}du=\Big[\log\underbrace{u}_{+}\Big]_1^2=\log2$

(ii) $\displaystyle\int_0^{\sqrt{3}}\frac{1}{1+v^2}dv=\Big[\ \boxed{(ウ)}\ \Big]_0^{\sqrt{3}}$

公式：$\displaystyle\int\frac{1}{1+x^2}dx=\tan^{-1}x$ より

$$=\underbrace{\tan^{-1}\sqrt{3}}_{\frac{\pi}{3}}-\underbrace{\tan^{-1}0}_{0}$$

$$=\frac{\pi}{3}$$

以上 (i)(ii) を③に代入して，求める重積分 V は，

$V=\boxed{(エ)}$ ……………………………………………………(答)

解答　(ア) $1\leqq u\leqq 2,\ 0\leqq v\leqq\sqrt{3}$　(イ) $1\cdot u-0\cdot v=u$

(ウ) $\tan^{-1}v$　(エ) $\dfrac{\pi}{3}\log 2$

演習問題 129 ● 変数変換による重積分(Ⅲ) ●

領域 $D=\left\{(x,\ y)\,\middle|\,\frac{x^2}{a^2}+\frac{y^2}{b^2}\leqq 1\right\}$ における関数 $f(x,\ y)=x^2+y^2$ の重積分 V を，$x=au$, $y=bv$ とおいて求めよ。 (a, b : 正の定数)

ヒント！ $\frac{x}{a}=u$, $\frac{y}{b}=v$ とおくことにより，領域 D は，新たな領域 D' : $u^2+v^2\leqq 1$ に変換される。

解答&解説

図(ⅰ) xy 座標系での領域 D

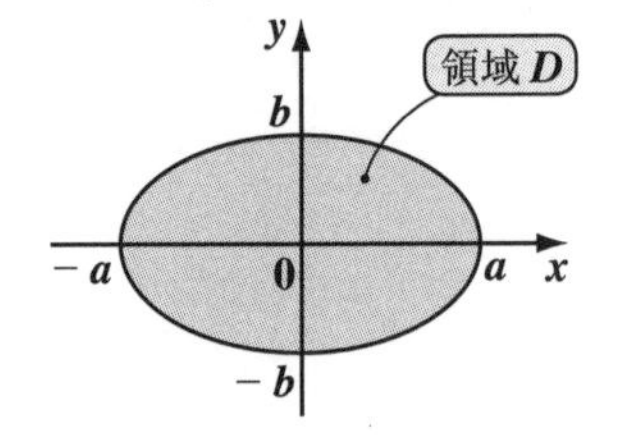

図(ⅱ) uv 座標系での領域 D'

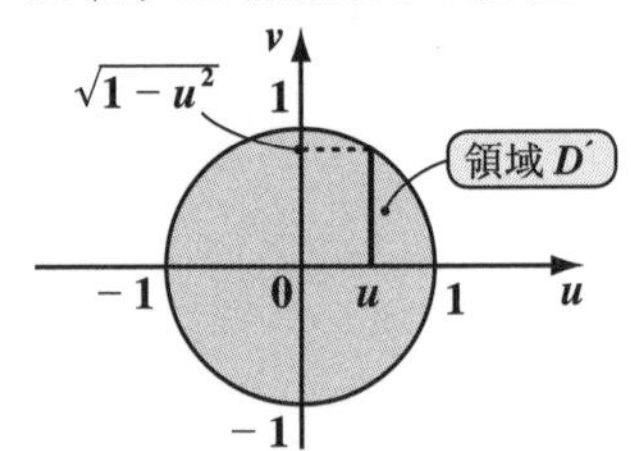

$x=au$ ……①， $y=bv$ ……②

とおくと，図(ⅰ)に示す xy 座標系における領域 D : $\frac{x^2}{a^2}+\frac{y^2}{b^2}\leqq 1$ は，図(ⅱ)に示すように，uv 座標系の新たな領域 D' : $u^2+v^2\leqq 1$ に変換される。

また，関数 $f(x,\ y)=x^2+y^2$ も

$f(au,\ bv)=a^2u^2+b^2v^2$ になる。

①，②より，

$$\frac{\partial x}{\partial u}=a,\quad \frac{\partial x}{\partial v}=0,\quad \frac{\partial y}{\partial u}=0,\quad \frac{\partial y}{\partial v}=b$$

よって，ヤコビアン J は，

$$J=\frac{\partial(x,y)}{\partial(u,v)}=\begin{vmatrix}\frac{\partial x}{\partial u} & \frac{\partial x}{\partial v}\\ \frac{\partial y}{\partial u} & \frac{\partial y}{\partial v}\end{vmatrix}=\begin{vmatrix}a & 0\\ 0 & b\end{vmatrix}=ab$$

また，領域 D' : $u^2+v^2\leqq 1$ の対称性と，$f(au,\ bv)=a^2u^2+b^2v^2$ の形から，V は，$u\geqq 0$, $v\geqq 0$ での重積分を 4 倍したものとして求まる。

以上より，求める重積分 V を，D' における重積分に変換すると，

$$V=\iint_D f(x,\ y)\,dxdy=\iint_{D'}\underbrace{f(au,\ bv)}_{a^2u^2+b^2v^2}\overbrace{ab}^{|J|}\,dudv$$

$$= 4 \cdot \iint_{\substack{u \geqq 0 \\ v \geqq 0}} (a^2u^2 + b^2v^2)\underbrace{ab}_{\text{定数}}\,du\,dv$$

$$= 4ab \cdot \int_0^1 \left\{ \int_0^{\sqrt{1-u^2}} (a^2u^2 + b^2v^2)\,dv \right\} du$$

$$= 4ab \cdot \int_0^1 \left[a^2u^2v + \frac{b^2}{3}v^3 \right]_0^{\sqrt{1-u^2}} du$$

$$= 4ab \cdot \int_0^1 \left\{ a^2u^2\sqrt{1-u^2} + \frac{b^2}{3}(1-u^2)\sqrt{1-u^2} \right\} du$$

$$= 4ab \cdot \int_0^1 \left\{ a^2u^2\sqrt{1-u^2} + \frac{b^2}{3}\sqrt{1-u^2} - \frac{b^2}{3}u^2\sqrt{1-u^2} \right\} du$$

$$= 4ab \cdot \int_0^1 \left\{ \frac{b^2}{3}\sqrt{1-u^2} + \left(a^2 - \frac{b^2}{3}\right)u^2\sqrt{1-u^2} \right\} du$$

ここで，$u = \sin\theta \left(0 \leqq \theta \leqq \frac{\pi}{2}\right)$ とおくと，$du = \cos\theta\,d\theta$

$u : 0 \to 1$ のとき，$\theta : 0 \to \frac{\pi}{2}$

$$\therefore V = 4ab \cdot \int_0^{\frac{\pi}{2}} \left\{ \frac{b^2}{3}\underbrace{\sqrt{1-\sin^2\theta}}_{\cos\theta} + \left(a^2 - \frac{b^2}{3}\right)\sin^2\theta\underbrace{\sqrt{1-\sin^2\theta}}_{\cos\theta} \right\} \cos\theta\,d\theta$$

$$= 4ab \cdot \int_0^{\frac{\pi}{2}} \left\{ \frac{b^2}{3}\cos^2\theta + \left(a^2 - \frac{b^2}{3}\right)\underbrace{\sin^2\theta}_{1-\cos^2\theta} \cdot \cos^2\theta \right\} d\theta$$

$$= 4ab \cdot \int_0^{\frac{\pi}{2}} \left\{ \frac{b^2}{3}\cos^2\theta + \left(a^2 - \frac{b^2}{3}\right)(1-\cos^2\theta)\cos^2\theta \right\} d\theta$$

$$= 4ab \cdot \int_0^{\frac{\pi}{2}} \left\{ \left(\frac{b^2}{3} + a^2 - \frac{b^2}{3}\right)\cos^2\theta - \left(a^2 - \frac{b^2}{3}\right)\cos^4\theta \right\} d\theta$$

$$= 4ab \cdot \left\{ a^2 \cdot \frac{1}{2} \cdot \frac{\pi}{2} - \left(a^2 - \frac{b^2}{3}\right) \cdot \frac{3}{4} \cdot \frac{1}{2} \cdot \frac{\pi}{2} \right\}$$

ウォリスの公式：
$J_n = \int_0^{\frac{\pi}{2}} \cos^n\theta\,d\theta$ のとき，
$J_n = \frac{n-1}{n}J_{n-2}$
$J_0 = \int_0^{\frac{\pi}{2}} d\theta = \frac{\pi}{2}$

$$= 4ab \cdot \frac{\pi}{16} \cdot \left\{ 4a^2 - 3\left(a^2 - \frac{b^2}{3}\right) \right\}$$

$$= \frac{\pi}{4}ab \cdot (a^2 + b^2) \quad \cdots\cdots\cdots\cdots(\text{答})$$

演習問題 130 ●変数変換による重積分(Ⅳ)：極座標変換●

領域 $D = \{(x, y) \mid x^2 + y^2 \leqq 4,\ x \geqq 0,\ y \geqq 0\}$ における関数 $f(x, y) = xy$ の重積分 V を求めよ。

ヒント！ 領域 $D: x^2 + y^2 \leqq 4\ (x \geqq 0, y \geqq 0)$ より，$x = r\cos\theta$，$y = r\sin\theta$ とおく。

解答＆解説

$x = r\cos\theta$ ……①，$y = r\sin\theta$ ……②

とおくと，図(ⅰ)に示す xy 座標系における領域 $D: x^2 + y^2 \leqq 4$，$x \geqq 0$，$y \geqq 0$ は，図(ⅱ)に示すように，極座標系での新たな領域 D'：$0 \leqq r \leqq 2$，$0 \leqq \theta \leqq \frac{\pi}{2}$ に変換される。

図(ⅰ) xy 座標系での領域 D

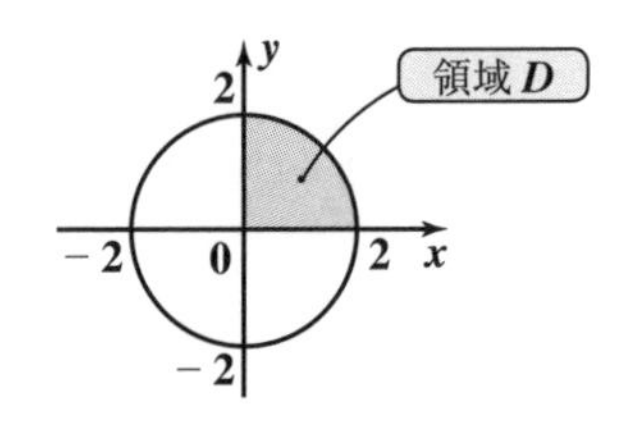

図(ⅱ) 極座標系での領域 D'

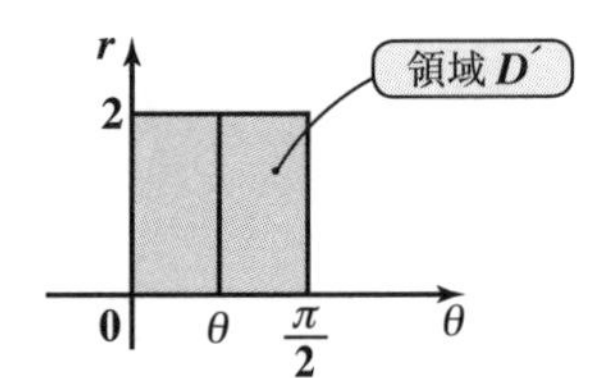

また，関数 $f(x, y) = xy$ も，

$$f(r\cos\theta, r\sin\theta) = r\cos\theta \cdot r\sin\theta$$
$$= r^2\sin\theta \cdot \cos\theta = \frac{1}{2}r^2\sin2\theta$$

2倍角の公式：$\sin2\theta = 2\sin\theta\cos\theta$

①，②より，$\frac{\partial x}{\partial r} = \cos\theta$，$\frac{\partial x}{\partial \theta} = -r\sin\theta$，$\frac{\partial y}{\partial r} = \sin\theta$，$\frac{\partial y}{\partial \theta} = r\cos\theta$

$$\therefore J = \frac{\partial(x, y)}{\partial(r, \theta)} = \begin{vmatrix} \frac{\partial x}{\partial r} & \frac{\partial x}{\partial \theta} \\ \frac{\partial y}{\partial r} & \frac{\partial y}{\partial \theta} \end{vmatrix} = \begin{vmatrix} \cos\theta & -r\sin\theta \\ \sin\theta & r\cos\theta \end{vmatrix} = r\underbrace{(\cos^2\theta + \sin^2\theta)}_{1} = r$$

（J：ヤコビアン）

以上より，求める重積分 V を，D' における重積分に変換すると，

$$V = \iint_D f(x, y)\,dxdy = \iint_{D'} \underbrace{f(r\cos\theta, r\sin\theta)}_{\frac{1}{2}r^2\sin2\theta}\underbrace{r}_{|J|}\,drd\theta$$

$$= \frac{1}{2}\int_0^{\frac{\pi}{2}} \sin2\theta d\theta \cdot \int_0^2 r^3 dr = \frac{1}{2}\left[-\frac{1}{2}\cos2\theta\right]_0^{\frac{\pi}{2}} \cdot \left[\frac{1}{4}r^4\right]_0^2$$

$$= -\frac{1}{16}(\underbrace{\cos\pi}_{-1} - \underbrace{\cos0}_{1}) \cdot 2^4 = 2$$ ……………………（答）

演習問題 131 ● 変数変換による重積分（V）：極座標変換 ●

領域 $D=\{(x,\ y)\mid x^2+y^2\leqq 1\}$ における関数 $f(x,\ y)=e^{\sqrt{x^2+y^2}}$ の重積分 V を求めよ。

ヒント！ 領域 D より，$x=r\cos\theta$，　$y=r\sin\theta$ と，極座標変換を行なう。

解答＆解説

図（ i ）xy 座標系での領域 D

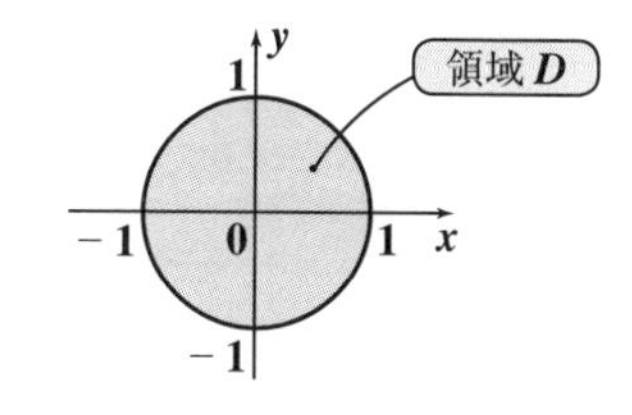

$x=r\cos\theta$ ……①，$y=r\sin\theta$ ……②

とおくと，図（ i ）に示す xy 座標系における

領域 D：$x^2+y^2\leqq 1$

は，図（ ii ）に示すように，極座標系での

新たな領域 D'：（ア）

に変換される。

図（ ii ）極座標系での領域 D'

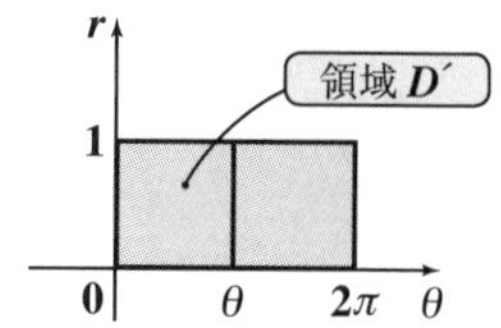

また，関数 $f(x,\ y)=e^{\sqrt{x^2+y^2}}$ も，

$f(r\cos\theta,\ r\sin\theta)=$ （イ） になる。

①，②より，$\dfrac{\partial x}{\partial r}=\cos\theta$，$\dfrac{\partial x}{\partial\theta}=-r\sin\theta$，$\dfrac{\partial y}{\partial r}=\sin\theta$，$\dfrac{\partial y}{\partial\theta}=r\cos\theta$

$$\therefore J=\frac{\partial(x,\ y)}{\partial(r,\ \theta)}=\begin{vmatrix}\dfrac{\partial x}{\partial r} & \dfrac{\partial x}{\partial\theta}\\ \dfrac{\partial y}{\partial r} & \dfrac{\partial y}{\partial\theta}\end{vmatrix}=\begin{vmatrix}\cos\theta & -r\sin\theta\\ \sin\theta & r\cos\theta\end{vmatrix}=\text{（ウ）}$$

（J：ヤコビアン）

以上より，求める重積分 V を，D' における重積分に変換すると，

$$V=\iint_D f(x,\ y)\,dxdy=\iint_{D'}\underbrace{f(r\cos\theta,\ r\sin\theta)}_{e^r}\overbrace{r}^{|J|}\,drd\theta=\int_0^{2\pi}\left(\int_0^1 re^r dr\right)d\theta$$

$$=\int_0^{2\pi}d\theta\cdot\int_0^1 r(e^r)'dr=[\theta]_0^{2\pi}\cdot\left([re^r]_0^1-\int_0^1 1\cdot e^r dr\right)$$

$$=2\pi\cdot(e-[e^r]_0^1)=\text{（エ）}$$

解答　（ア）$0\leqq r\leqq 1$，$0\leqq\theta\leqq 2\pi$　　（イ）e^r　　（ウ）r　　（エ）2π

演習問題 132　●変数変換による重積分(Ⅵ)：極座標変換●

領域 $D=\left\{(x,\ y)\mid 1\leqq x^2+y^2\leqq 4,\ 0\leqq y\leqq 1,\ 0\leqq x\right\}$ における関数

$f(x,\ y)=\dfrac{1}{(x^2+y^2)^{\frac{3}{2}}}$ の重積分 V を求めよ。

ヒント！ $x=r\cos\theta$, $y=r\sin\theta$ と極座標 $r\theta$ を使って変数変換する。新たな領域 D'を,(ⅰ) $0\leqq\theta\leqq\dfrac{\pi}{6}$ における領域 D_1 と,(ⅱ) $\dfrac{\pi}{6}\leqq\theta\leqq\dfrac{\pi}{2}$ における領域 D_2 に分割して，V を求める。

解答＆解説

図(ⅰ) xy 座標系での領域 D

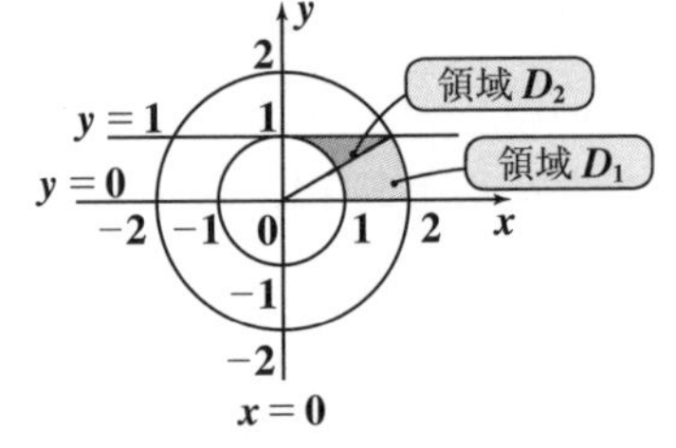

$x=r\cos\theta$ ……①, $y=r\sin\theta$ ……②

とおくと，図(ⅰ)に示す xy 座標系における

領域 D：$1\leqq x^2+y^2\leqq 4$，$0\leqq y\leqq 1$，$0\leqq x$

は，図(ⅱ)に示すように，極座標系での

新たな領域 D'：$\begin{cases} 1\leqq r\leqq 2 & \left(0\leqq\theta\leqq\dfrac{\pi}{6}\right) \\ 1\leqq r\leqq\dfrac{1}{\sin\theta} & \left(\dfrac{\pi}{6}\leqq\theta\leqq\dfrac{\pi}{2}\right)\end{cases}$

に変換される。

図(ⅱ) 極座標系での領域 D'

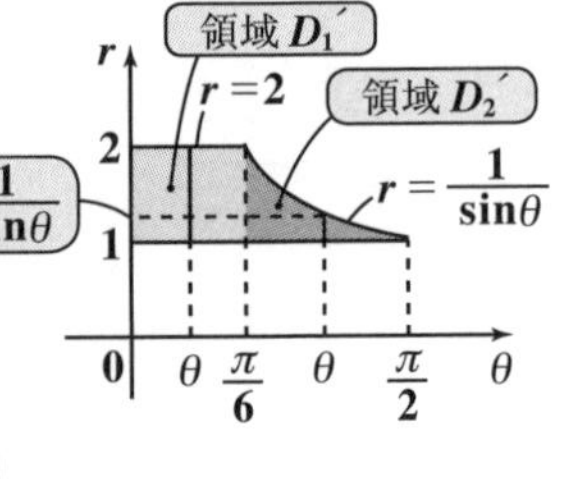

$a=\dfrac{1}{\sin\theta}$

また，関数 $f(x,\ y)=\dfrac{1}{(x^2+y^2)^{\frac{3}{2}}}$ も，

$f(r\cos\theta,\ r\sin\theta)=\dfrac{1}{r^3}$

となる。

$f=\left\{r^2\underbrace{(\cos^2\theta+\sin^2\theta)}_{1}\right\}^{-\frac{3}{2}}=r^{-3}$

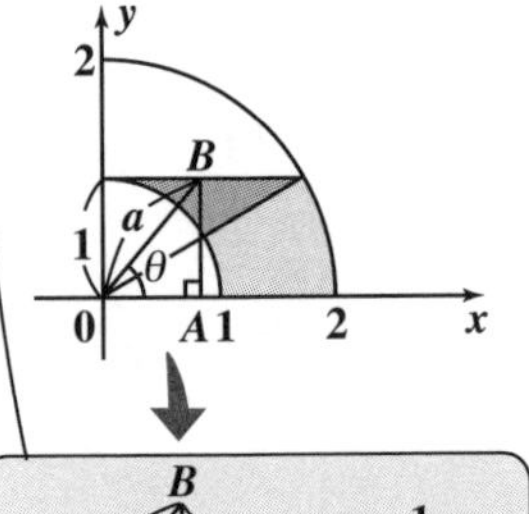

ここで，図(ⅰ)に示した2つの領域 D_1 と D_2 に対応する D' における領域をそれぞれ

D_1'：$1\leqq r\leqq 2$ $\left(0\leqq\theta\leqq\dfrac{\pi}{6}\right)$,

D_2'：$1\leqq r\leqq\dfrac{1}{\sin\theta}$ $\left(\dfrac{\pi}{6}\leqq\theta\leqq\dfrac{\pi}{2}\right)$

とおくと，$f(r\cos\theta,\ r\sin\theta)=\dfrac{1}{r^3}$ の D_1'，D_2' における重積分の和として，V が求められる。

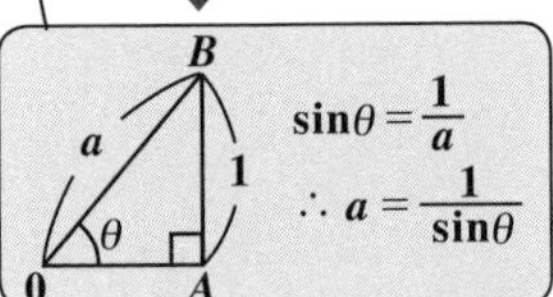

$\sin\theta=\dfrac{1}{a}$

$\therefore a=\dfrac{1}{\sin\theta}$

①，②より，$\frac{\partial x}{\partial r}=\cos\theta$，$\frac{\partial x}{\partial\theta}=-r\sin\theta$，$\frac{\partial y}{\partial r}=\sin\theta$，$\frac{\partial y}{\partial\theta}=r\cos\theta$

$$\therefore \text{ヤコビアン } J=\frac{\partial(x,\ y)}{\partial(r,\ \theta)}=\begin{vmatrix}\frac{\partial x}{\partial r} & \frac{\partial x}{\partial\theta}\\ \frac{\partial y}{\partial r} & \frac{\partial y}{\partial\theta}\end{vmatrix}=\begin{vmatrix}\cos\theta & -r\sin\theta\\ \sin\theta & r\cos\theta\end{vmatrix}$$

$$=r(\cos^2\theta+\sin^2\theta)=r$$

← 極座標変換では，$J=r$

以上より，求める重積分Vを，$D'(=D_1'+D_2')$における重積分に変換すると，

$$V=\iint_D f(x,\ y)\ dxdy=\iint_{D'}\underline{f(r\cos\theta,\ r\sin\theta)}\,\boxed{r}\,drd\theta$$

（r は $|J|$，$f(r\cos\theta,\ r\sin\theta)$ は $\frac{1}{r^3}$）

$$=\underbrace{\iint_{D_1'}\frac{1}{r^2}\,drd\theta}_{(\text{i})}+\underbrace{\iint_{D_2'}\frac{1}{r^2}\,drd\theta}_{(\text{ii})}\ \cdots\cdots③$$

← 領域の分割による重積分の計算（P164参照）

$$(\text{i})\iint_{D_1'}\frac{1}{r^2}\,drd\theta=\int_0^{\frac{\pi}{6}}\left(\int_1^2\frac{1}{r^2}dr\right)d\theta$$

（$\frac{1}{r^2}$ は r^{-2}）

$$=\int_0^{\frac{\pi}{6}}d\theta\cdot\int_1^2 r^{-2}\,dr=[\theta]_0^{\frac{\pi}{6}}\cdot\left[-\frac{1}{r}\right]_1^2$$

$$=\frac{\pi}{6}\cdot\left(-\frac{1}{2}+1\right)=\frac{\pi}{12}\ \cdots\cdots④$$

$$(\text{ii})\iint_{D_2'}\frac{1}{r^2}\,drd\theta=\int_{\frac{\pi}{6}}^{\frac{\pi}{2}}\left(\int_1^{\frac{1}{\sin\theta}}\frac{1}{r^2}\,dr\right)d\theta$$

$$=\int_{\frac{\pi}{6}}^{\frac{\pi}{2}}\left[-\frac{1}{r}\right]_1^{\frac{1}{\sin\theta}}d\theta=-\int_{\frac{\pi}{6}}^{\frac{\pi}{2}}\left(\frac{1}{\frac{1}{\sin\theta}}-1\right)d\theta$$

$$=\int_{\frac{\pi}{6}}^{\frac{\pi}{2}}(1-\sin\theta)d\theta=[\theta+\cos\theta]_{\frac{\pi}{6}}^{\frac{\pi}{2}}$$

$$=\frac{\pi}{2}-\left(\frac{\pi}{6}+\frac{\sqrt{3}}{2}\right)=\frac{\pi}{3}-\frac{\sqrt{3}}{2}\ \cdots\cdots⑤$$

以上④，⑤を③に代入して，求める重積分Vは，

$$V=\frac{\pi}{12}+\frac{\pi}{3}-\frac{\sqrt{3}}{2}=\frac{5}{12}\pi-\frac{\sqrt{3}}{2}$$ ……………………………………………(答)

演習問題 133　●変数変換による重積分(VII)：極座標変換●

領域 $D=\left\{(x,\ y)\mid(x-1)^2+y^2\leqq 1,\ x\geqq 1,\ y\geqq 0\right\}$ における

関数 $f(x,\ y)=\sqrt{\dfrac{2-(x-1)^2-y^2}{2+(x-1)^2+y^2}}$ の重積分 V を求めよ。

ヒント！ 領域 D を実際に描けば，$x=1+r\cos\theta$，$y=r\sin\theta$ とおけることに気付くね。

解答＆解説

$x=1+r\cos\theta$ ……①，$y=r\sin\theta$ ……②

とおくと，図(ⅰ)に示す xy 座標系における

領域 D：$(x-1)^2+y^2\leqq 1$，$x\geqq 1$，$y\geqq 0$

は，図(ⅱ)に示すように，極座標系での

新たな領域 D'：$0\leqq r\leqq 1$，$0\leqq\theta\leqq\dfrac{\pi}{2}$

に変換される。

図(ⅰ) xy 座標系での領域 D

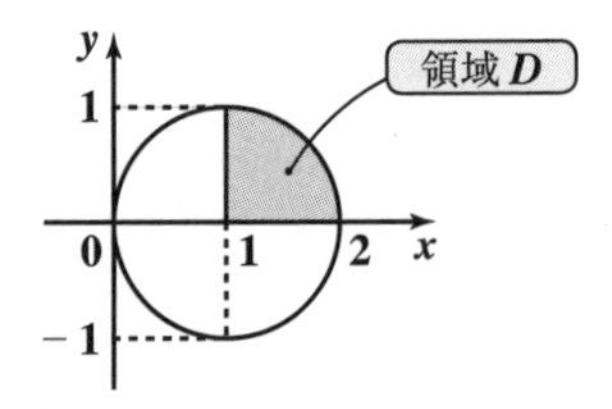

図(ⅱ) 極座標系での領域 D'

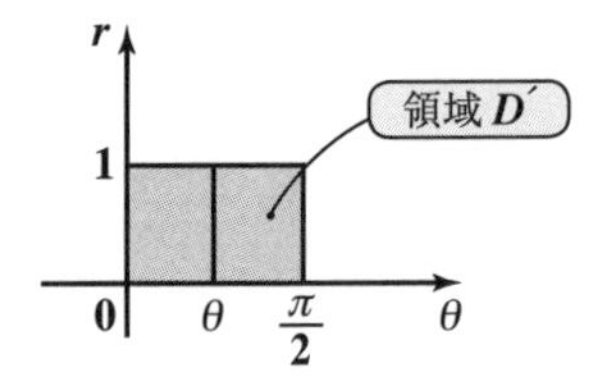

また，関数 $f(x,\ y)=\sqrt{\dfrac{2-(x-1)^2-y^2}{2+(x-1)^2+y^2}}$ も，

$$f(r\cos\theta,\ r\sin\theta)=\sqrt{\frac{2-(r\cos\theta)^2-(r\sin\theta)^2}{2+(r\cos\theta)^2+(r\sin\theta)^2}}$$

$$=\boxed{(ア)\qquad}$$ になる。

①，②より，

$$\frac{\partial x}{\partial r}=\cos\theta,\ \frac{\partial x}{\partial\theta}=-r\sin\theta,\ \frac{\partial y}{\partial r}=\sin\theta,\ \frac{\partial y}{\partial\theta}=r\cos\theta$$

よって，ヤコビアン J は，

$$J=\frac{\partial(x,\ y)}{\partial(r,\ \theta)}=\begin{vmatrix}\dfrac{\partial x}{\partial r} & \dfrac{\partial x}{\partial\theta}\\ \dfrac{\partial y}{\partial r} & \dfrac{\partial y}{\partial\theta}\end{vmatrix}=\begin{vmatrix}\cos\theta & -r\sin\theta\\ \sin\theta & r\cos\theta\end{vmatrix}=\boxed{(イ)\qquad}$$

以上より，求める重積分 V を，D' における重積分に変換すると，

$$V=\iint_D f(x,\ y)\,dxdy=\iint_{D'}\underbrace{f(r\cos\theta,\ r\sin\theta)}_{\sqrt{\frac{2-r^2}{2+r^2}}}\overbrace{r}^{|J|}drd\theta$$

$$=\int_0^{\frac{\pi}{2}}\left(\int_0^1\sqrt{\frac{2-r^2}{2+r^2}}\cdot rdr\right)d\theta$$

$$\therefore V=\underbrace{\int_0^{\frac{\pi}{2}}d\theta}_{(\text{i})}\cdot\underbrace{\int_0^1\sqrt{\frac{2-r^2}{2+r^2}}\cdot rdr}_{(\text{ii})}\ \cdots\cdots③$$

(i) $\int_0^{\frac{\pi}{2}}d\theta=[\theta]_0^{\frac{\pi}{2}}=\frac{\pi}{2}$ ……④

(ii) $\int_0^1\sqrt{\frac{2-r^2}{2+r^2}}\cdot rdr$ について，$r^2=t$ とおくと，(ウ) ______

$\therefore rdr=\frac{1}{2}dt$　　　$r:0\to1$ のとき，$t:0\to1$

$$\therefore\int_0^1\sqrt{\frac{2-r^2}{2+r^2}}\cdot rdr=\int_0^1\sqrt{\frac{2-t}{2+t}}\cdot\frac{1}{2}dt=\frac{1}{2}\int_0^1\frac{\sqrt{2-t}}{\sqrt{2+t}}dt$$

$$=\frac{1}{2}\int_0^1\frac{\sqrt{2-t}\cdot\sqrt{2-t}}{\sqrt{2+t}\cdot\sqrt{2-t}}dt=\frac{1}{2}\int_0^1\frac{2-t}{\sqrt{4-t^2}}dt$$

$$=\frac{1}{2}\int_0^1\left(\frac{2}{\sqrt{\underset{a^2}{4}-t^2}}-\frac{t}{\sqrt{4-t^2}}\right)dt$$

公式：$\int\frac{1}{\sqrt{a^2-t^2}}=\sin^{-1}\frac{t}{a}$

$$=\frac{1}{2}\cdot\Big[\ (エ)\ \_\_\_\_\_\_\ \Big]_0^1$$

$\{(4-t^2)^{\frac{1}{2}}\}'$
$=\frac{1}{2}(4-t^2)^{-\frac{1}{2}}\cdot(-2t)$
$=-t(4-t^2)^{-\frac{1}{2}}$

$$=\frac{1}{2}\cdot\left(2\underbrace{\sin^{-1}\frac{1}{2}}_{\frac{\pi}{6}}+\sqrt{3}-2\underbrace{\sin^{-1}0}_{0}-2\right)$$

$$=\frac{\pi}{6}+\frac{\sqrt{3}}{2}-1=\frac{1}{6}(\pi+3\sqrt{3}-6)\ \cdots\cdots⑤$$

④，⑤を③に代入して，求める重積分 V は，

$$V=\frac{\pi}{2}\cdot\frac{1}{6}(\pi+3\sqrt{3}-6)=\frac{\pi}{12}(\pi+3\sqrt{3}-6)$$ ……………………………(答)

解答　(ア) $\sqrt{\frac{2-r^2}{2+r^2}}$　(イ) r　(ウ) $2rdr=dt$　(エ) $2\sin^{-1}\frac{t}{2}+\sqrt{4-t^2}$

演習問題 134　● 立体の体積（Ⅰ）●

だ円体 $\frac{x^2}{a^2}+\frac{y^2}{b^2}+\frac{z^2}{c^2}=1$ の体積 V を求めよ。$(a>0,\ b>0,\ c>0)$

ヒント！ 重積分する領域 $D:\frac{x^2}{a^2}+\frac{y^2}{b^2}\leqq 1,\ z=0$ とおくと，$x=au,\ y=bv$ と変数変換することによって，領域 D は，$D':u^2+v^2\leqq 1$ に変換される。

解答＆解説

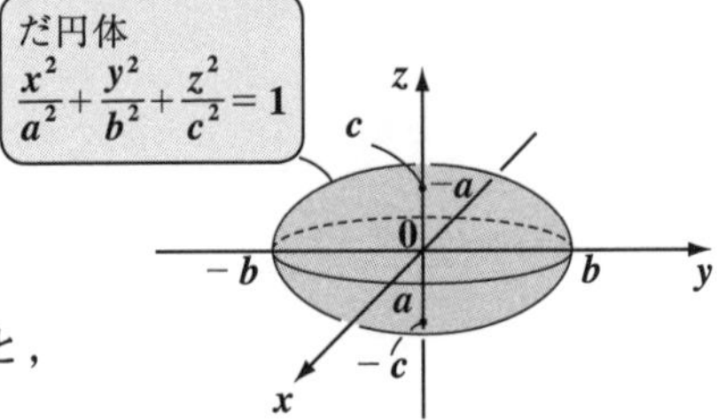

$$\frac{x^2}{a^2}+\frac{y^2}{b^2}+\frac{z^2}{c^2}=1 \quad (z\geqq 0)$$

を変形して，

$$z^2=c^2\cdot\left(1-\frac{x^2}{a^2}-\frac{y^2}{b^2}\right)$$

$z\geqq 0$ の半だ円面を $z=f(x,\ y)$ とおくと，

$$z=f(x,\ y)=c\cdot\sqrt{1-\frac{x^2}{a^2}-\frac{y^2}{b^2}}$$ とおける。

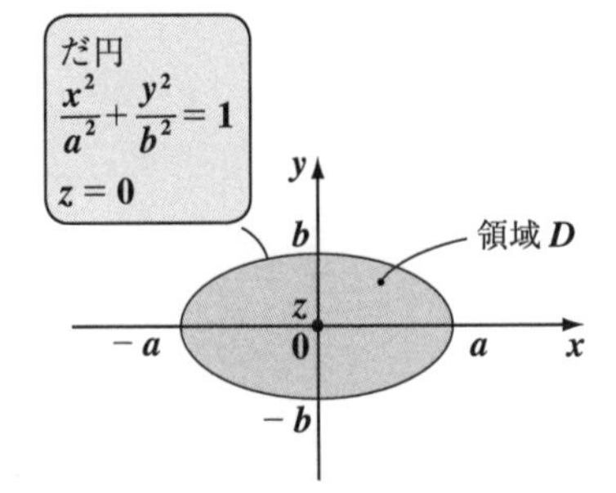

これを，領域 $D:\frac{x^2}{a^2}+\frac{y^2}{b^2}\leqq 1,\ z=0$ で重積分したものを 2 倍すれば，V が求まる。

$$V=2\cdot\iint_D f(x,\ y)\,dx\,dy \quad \cdots ①$$

ここで，

$x=au$ $\cdots②$，$y=bv$ $\cdots③$

とおくと，領域 $D:\frac{x^2}{a^2}+\frac{y^2}{b^2}\leqq 1$

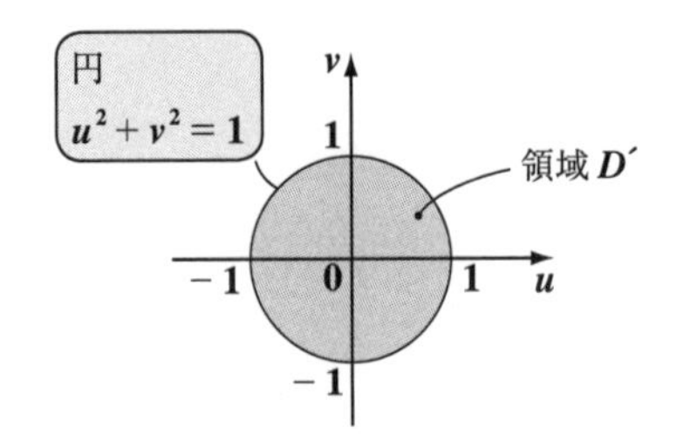

は，uv 座標系の新たな領域

$D':u^2+v^2\leqq 1$ に変換される。

また，関数 $f(x,\ y)=c\cdot\sqrt{1-\frac{x^2}{a^2}-\frac{y^2}{b^2}}$ も，

$f(au,\ bv)=c\cdot\sqrt{1-u^2-v^2}$ になる。

②，③より，

$$\frac{\partial x}{\partial u}=a,\ \frac{\partial x}{\partial v}=0,\ \frac{\partial y}{\partial u}=0,\ \frac{\partial y}{\partial v}=b$$

よって，ヤコビアン J は，

$$J=\frac{\partial(x,\ y)}{\partial(u,\ v)}=\begin{vmatrix}\frac{\partial x}{\partial u} & \frac{\partial x}{\partial v}\\ \frac{\partial y}{\partial u} & \frac{\partial y}{\partial v}\end{vmatrix}=\begin{vmatrix}a & 0\\ 0 & b\end{vmatrix}=ab$$

以上より，体積 V は，①より，

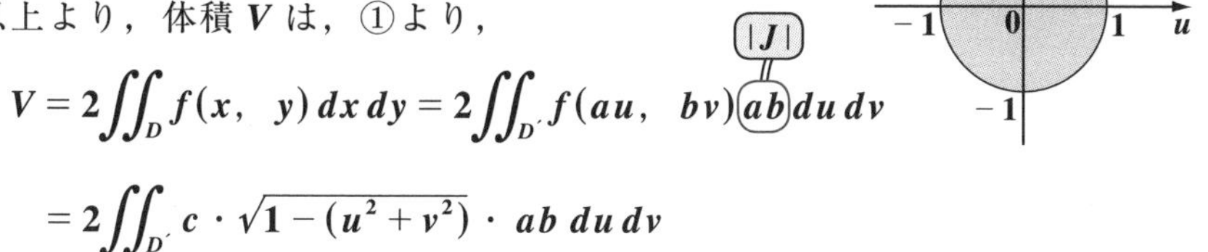

$$V=2\iint_D f(x,\ y)\,dx\,dy=2\iint_{D'} f(au,\ bv)\,ab\,du\,dv$$

$$=2\iint_{D'} c\cdot\sqrt{1-(u^2+v^2)}\cdot ab\,du\,dv$$

$$\therefore V=2abc\cdot\iint_{D'}\sqrt{1-(u^2+v^2)}\,du\,dv\quad\cdots①'$$

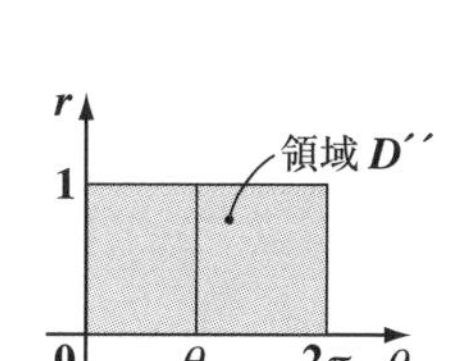

ここで更に，$u=r\cos\theta$，$v=r\sin\theta$ とおくと，

D' は，極座標系での新たな領域

D'':$0\leqq r\leqq 1$，$0\leqq\theta\leqq 2\pi$ に変換される。

また，①´の被積分関数も，

$\sqrt{1-(u^2+v^2)}=\sqrt{1-r^2}$　になる。

$$\text{ヤコビアン } J=\frac{\partial(u,\ v)}{\partial(r,\ \theta)}=\begin{vmatrix}\frac{\partial u}{\partial r} & \frac{\partial u}{\partial\theta}\\ \frac{\partial v}{\partial r} & \frac{\partial v}{\partial\theta}\end{vmatrix}=\begin{vmatrix}\cos\theta & -r\sin\theta\\ \sin\theta & r\cos\theta\end{vmatrix}=r$$

$r(\cos^2\theta+\sin^2\theta)=r$

∴①´より，

$$V=2abc\cdot\iint_{D'}\sqrt{1-(u^2+v^2)}\,du\,dv$$

$$=2abc\cdot\iint_{D''}\sqrt{1-r^2}\,r\,drd\theta=2abc\cdot\int_0^{2\pi}d\theta\cdot\int_0^1 r(1-r^2)^{\frac{1}{2}}dr$$

$$=2abc\cdot[\theta]_0^{2\pi}\cdot\left[-\frac{1}{3}(1-r^2)^{\frac{3}{2}}\right]_0^1$$

$$\left\{(1-r^2)^{\frac{3}{2}}\right\}'=\frac{3}{2}\cdot(-2r)(1-r^2)^{\frac{1}{2}}=-3\cdot r(1-r^2)^{\frac{1}{2}}$$

$$=2abc\cdot 2\pi\cdot\left(-\frac{1}{3}\right)\cdot(0-1)$$

$$=\frac{4}{3}\pi abc\quad\cdots\cdots\cdots\cdots(\text{答})$$

演習問題 135　● 立体の体積（Ⅱ）●

領域 $y^2+z^2 \leqq 4(-4 \leqq x \leqq 4)$ と領域 $z^2 \leqq \sqrt{2}y$ との共有部分の体積 V を求めよ。

ヒント！ 放物面 $z=2^{\frac{1}{4}}y^{\frac{1}{2}}$ を領域 $D_1:0 \leqq x \leqq 4,\ 0 \leqq y \leqq \sqrt{2},\ z=0$ において重積分し，円柱面 $z=\sqrt{4-y^2}$ を領域 $D_2:0 \leqq x \leqq 4,\ \sqrt{2} \leqq y \leqq 2,\ z=0$ において重積分して，それらの和をとって 4 倍する。

解答＆解説

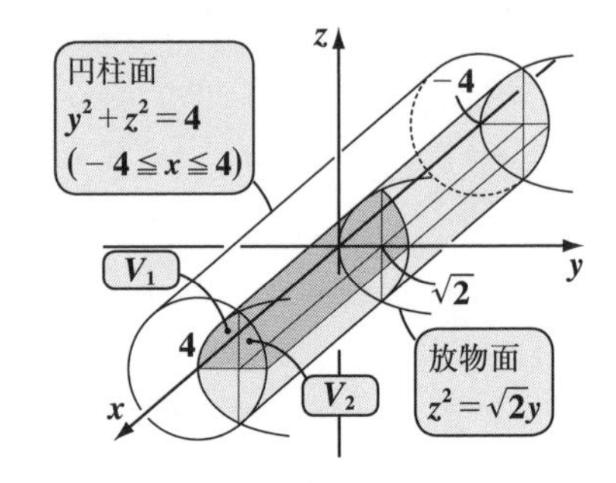

$z^2=\sqrt{2}y\ (z \geqq 0)$ を変形して，

$z=f(x,\ y)=2^{\frac{1}{4}}y^{\frac{1}{2}}$ ……①

$y^2+z^2=4\ (z \geqq 0)$ を変形して，

$z=g(x,\ y)=$ (ア) ……②

①と②より z を消去して 2 乗すると，

$(2^{\frac{1}{4}}y^{\frac{1}{2}})^2=(\sqrt{4-y^2})^2$

$2^{\frac{1}{2}}y=4-y^2$

$y^2+\sqrt{2}y-4=0$

この正の解 y は，

$y=\dfrac{-\sqrt{2}+\sqrt{2+16}}{2}=\dfrac{-\sqrt{2}+3\sqrt{2}}{2}$

$=\dfrac{2\sqrt{2}}{2}=\sqrt{2}$

よって，放物面①と円柱面②は

$y=$ (イ) において交わる。

$\begin{cases} \text{領域}\ D_1:0 \leqq x \leqq 4,\ 0 \leqq y \leqq \sqrt{2},\ z=0 \\ \text{領域}\ D_2:0 \leqq x \leqq 4,\ \sqrt{2} \leqq y \leqq 2,\ z=0 \end{cases}$

とおくと，

D_1 において①を，D_2 において②を重積分したものの和 V_0 を 4 倍したものが，求める立体の体積 V である。

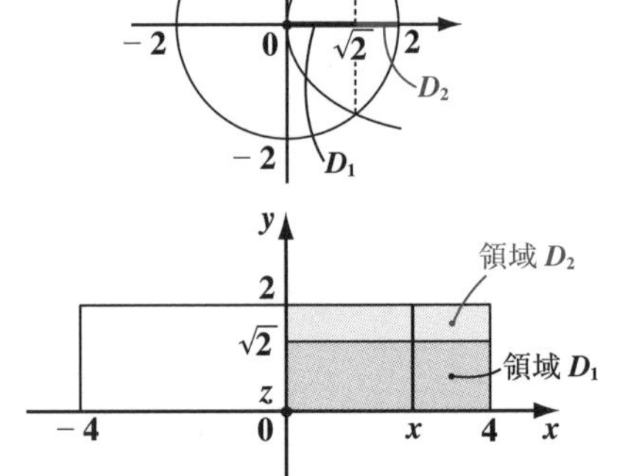

2つの領域
領域 $D_1:0 \leqq x \leqq 4,\ 0 \leqq y \leqq \sqrt{2},\ z=0$ と
領域 $D_2:0 \leqq x \leqq 4,\ \sqrt{2} \leqq y \leqq 2,\ z=0$
のそれぞれにおいて，放物面と円柱面を重積分して，4 倍する。

$$\therefore\ V = 4\cdot V_0 = 4\left\{\iint_{D_1} f(x,\ y)dxdy + \iint_{D_2} g(x,\ y)dxdy\right\}\ \cdots\cdots③$$

(i) (ii)

(i) $\displaystyle\iint_{D_1} f(x,\ y)dxdy = \iint_{D_1} 2^{\frac{1}{4}}y^{\frac{1}{2}}dxdy$

$$= \int_0^4\left(\int_0^{\sqrt{2}} 2^{\frac{1}{4}}y^{\frac{1}{2}}dy\right)dx$$

$$= \boxed{(ウ)}\cdot\int_0^{\sqrt{2}} 2^{\frac{1}{4}}y^{\frac{1}{2}}dy$$

$$= [x]_0^4\cdot 2^{\frac{1}{4}}\left[\frac{2}{3}y^{\frac{3}{2}}\right]_0^{\sqrt{2}}$$

$$= 4\cdot 2^{\frac{1}{4}}\cdot\frac{2}{3}\cdot(2^{\frac{1}{2}})^{\frac{3}{2}} = \frac{8}{3}\cdot\underbrace{2^{\frac{1}{4}}\cdot 2^{\frac{3}{4}}}_{2} = \frac{16}{3}\ \cdots\cdots④$$

(ii) $\displaystyle\iint_{D_2} g(x,\ y)dxdy = \iint_{D_2}\sqrt{4-y^2}dxdy$

$$= \int_0^4\left(\int_{\sqrt{2}}^2\sqrt{4-y^2}dy\right)dx$$

$$= \int_0^4 dx\cdot\int_{\sqrt{2}}^2\sqrt{4-y^2}dy$$

公式：
$$\int\sqrt{a^2-y^2}dy = \frac{1}{2}\left(y\sqrt{a^2-y^2} + a^2\sin^{-1}\frac{y}{a}\right)$$

$$= [x]_0^4\cdot\left[\boxed{(エ)}\right]_{\sqrt{2}}^2$$

$$= 4\cdot\frac{1}{2}\left(2\cdot 0 + 4\cdot\underbrace{\sin^{-1}1}_{\frac{\pi}{2}} - \sqrt{2}\cdot\sqrt{2} - 4\cdot\underbrace{\sin^{-1}\frac{1}{\sqrt{2}}}_{\frac{\pi}{4}}\right)$$

$$= 2\left(4\cdot\frac{\pi}{2} - 2 - 4\cdot\frac{\pi}{4}\right) = 2\pi - 4\ \cdots\cdots⑤$$

以上④，⑤を③に代入して，求める立体の体積 V は，

$$V = 4\cdot\left(\frac{16}{3} + 2\pi - 4\right) = \boxed{(オ)}\ \cdots\cdots(答)$$

解答

(ア) $\sqrt{4-y^2}$　(イ) $\sqrt{2}$　(ウ) $\displaystyle\int_0^4 dx$

(エ) $\displaystyle\frac{1}{2}\left(y\sqrt{4-y^2} + 4\cdot\sin^{-1}\frac{y}{2}\right)$　(オ) $\displaystyle 8\pi + \frac{16}{3}$ $\left(\text{または，} 8\left(\pi + \frac{2}{3}\right)\right)$

演習問題 136　● 立体の体積(Ⅲ) ●

2 本の半径 a の直円柱が，その軸が直交するように交わるとき，その共有部分の体積 V を求めよ。

ヒント！ 2 つの直円柱を $z^2+x^2 \leqq a^2$，$y^2+z^2 \leqq a^2$ とおいて考える。z 軸上方から眺めた図を描けば，領域 $D: 0 \leqq x \leqq y \leqq a$ で円柱面 $z=\sqrt{a^2-y^2}$ を重積分したものを 16 倍すればいいことが，分かるだろう。

解答＆解説

2 つの直円柱をそれぞれ，

$$\begin{cases} \cdot\, z^2+x^2 \leqq a^2 \\ \cdot\, y^2+z^2 \leqq a^2 \end{cases}$$

とおく。

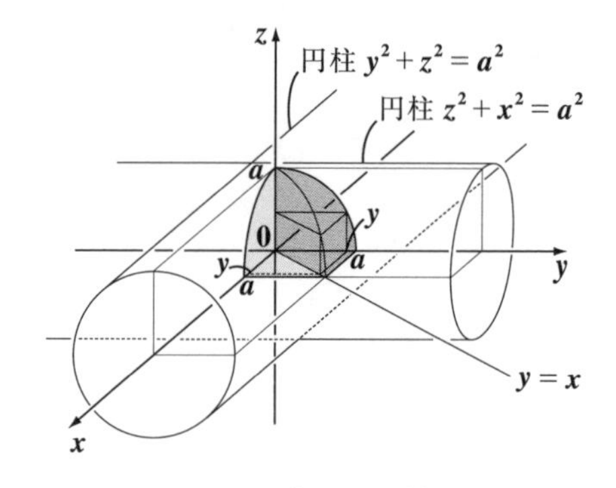

$y^2+z^2=a^2$ $(z \geqq 0)$ を変形して，

$$z=f(x,\ y)=\sqrt{a^2-y^2} \cdots\cdots ①$$

図形の対称性から，①を領域

$D: 0 \leqq x \leqq y \leqq a$，$z=0$

で重積分した体積 V_0 の 16 倍が，

求める立体の体積 V である。

真上から見た図

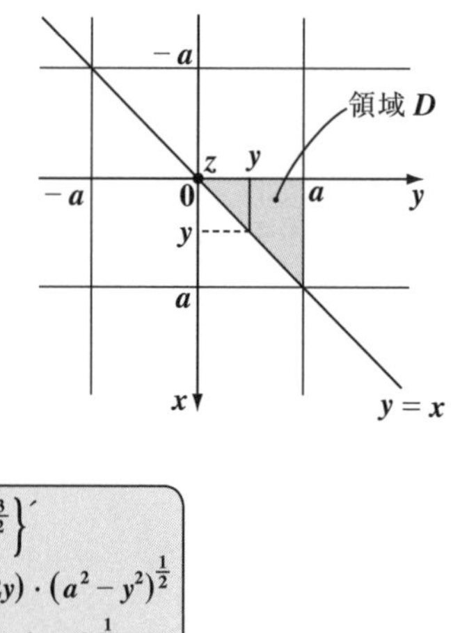

$$\therefore V=16 \cdot V_0=16 \cdot \iint_D f(x,\ y)\,dx\,dy$$

$$=16 \cdot \int_0^a \left(\int_0^y \sqrt{a^2-y^2}\,dx \right) dy$$

$$=16 \cdot \int_0^a \sqrt{a^2-y^2}\,[x]_0^y\,dy$$

$$=16 \cdot \int_0^a y(a^2-y^2)^{\frac{1}{2}}\,dy$$

$$\left\{ (a^2-y^2)^{\frac{3}{2}} \right\}' = \frac{3}{2} \cdot (-2y) \cdot (a^2-y^2)^{\frac{1}{2}} = -3 \cdot y(a^2-y^2)^{\frac{1}{2}}$$

$$=16 \cdot \left(-\frac{1}{3} \right) \left[(a^2-y^2)^{\frac{3}{2}} \right]_0^a$$

$$=-\frac{16}{3}(0-a^3)$$

$$=\frac{16}{3}a^3 \quad \cdots\cdots\cdots\cdots\cdots\cdots (答)$$

演習問題 137　● 立体の体積(Ⅳ) ●

3 本の半径 a の直円柱が，その軸が互いに直交するように交わってできる共有部分の体積 V を求めよ。

ヒント！ 前問の図に，z 軸を軸にもつ直円柱 $x^2+y^2 \leqq a^2$ を交わらせて考えよう。y での積分区間を $0 \leqq y \leqq \dfrac{a}{\sqrt{2}}$ と $\dfrac{a}{\sqrt{2}} \leqq y \leqq a$ に分けて，重積分する。

解答＆解説

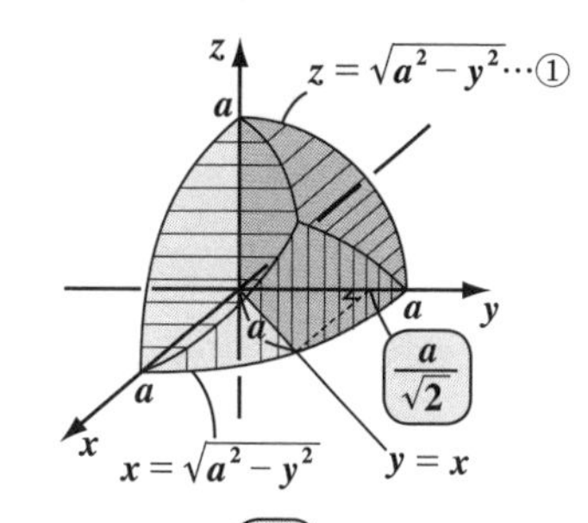

3 つの直円柱をそれぞれ，

$$z^2+x^2 \leqq a^2,\ \ y^2+z^2 \leqq a^2,\ \ x^2+y^2 \leqq a^2$$

とおく。$y^2+z^2=a^2\ \ (z \geqq 0)$ を変形して，

$$z=f(x,\ y)=\sqrt{a^2-y^2}\ \cdots\cdots①$$

図形の対称性から，①を領域

$$D:\begin{cases} 0 \leqq x \leqq y \leqq \dfrac{a}{\sqrt{2}},\ \ z=0 \\ 0 \leqq x \leqq \sqrt{a^2-y^2},\ \dfrac{a}{\sqrt{2}} \leqq y \leqq a,\ \ z=0 \end{cases}$$

で重積分した体積 V_1 を **16** 倍すればよい。

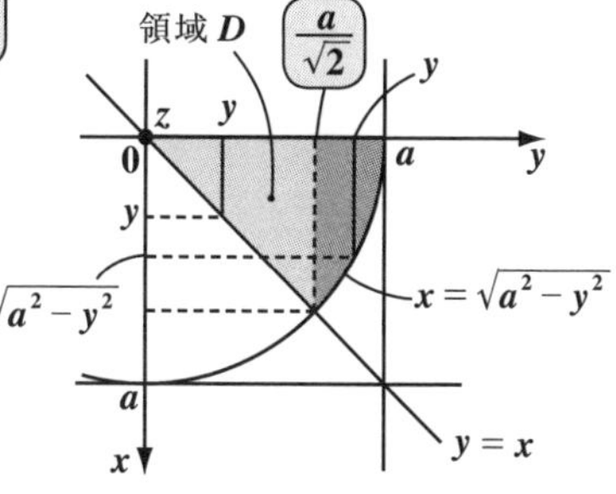

$$\therefore\ V=16\cdot V_1=16\cdot\iint_D f(x,\ y)\,dxdy$$

$$=16\cdot\left\{\int_0^{\frac{a}{\sqrt{2}}}\left(\int_0^{y}\sqrt{a^2-y^2}\,dx\right)dy+\int_{\frac{a}{\sqrt{2}}}^{a}\left(\int_0^{\sqrt{a^2-y^2}}\sqrt{a^2-y^2}\,dx\right)dy\right\}$$

$x=\sqrt{a^2-y^2}$ と $y=x$ から x を消去して，$y=\dfrac{a}{\sqrt{2}}$ が求まる。

$$=16\cdot\left(\int_0^{\frac{a}{\sqrt{2}}}\sqrt{a^2-y^2}\,[x]_0^{y}\,dy+\int_{\frac{a}{\sqrt{2}}}^{a}\sqrt{a^2-y^2}\,[x]_0^{\sqrt{a^2-y^2}}\,dy\right)$$

$$=16\cdot\left(\int_0^{\frac{a}{\sqrt{2}}}y\sqrt{a^2-y^2}\,dy+\int_{\frac{a}{\sqrt{2}}}^{a}(a^2-y^2)\,dy\right)$$

$$\left\{(a^2-y^2)^{\frac{3}{2}}\right\}'=\frac{3}{2}\cdot(-2y)\cdot(a^2-y^2)^{\frac{1}{2}}=-3\cdot y(a^2-y^2)^{\frac{1}{2}}$$

$$=16\cdot\left\{\left(-\frac{1}{3}\right)\left[(a^2-y^2)^{\frac{3}{2}}\right]_0^{\frac{a}{\sqrt{2}}}+\left[a^2y-\frac{1}{3}y^3\right]_{\frac{a}{\sqrt{2}}}^{a}\right\}$$

$$=16\cdot\left\{\left(-\frac{1}{3}\right)\left(\frac{a^2}{2}\right)^{\frac{3}{2}}+\frac{1}{3}(a^2)^{\frac{3}{2}}+\frac{2}{3}a^3-\left(\frac{a^3}{\sqrt{2}}-\frac{a^3}{6\sqrt{2}}\right)\right\}$$

$$=16\cdot\left(-\frac{1}{3}\cdot\frac{a^3}{2\sqrt{2}}+a^3-\frac{a^3}{\sqrt{2}}+\frac{a^3}{6\sqrt{2}}\right)=16\left(1-\frac{\sqrt{2}}{2}\right)a^3\ \cdots\cdots(答)$$

演習問題 138 ● 立体の体積(Ⅴ) ●

xyz 座標空間に，放物面体 $0 \leqq z \leqq 16-(x^2+y^2)$ と円柱 $(x-2)^2+y^2 \leqq 4$ がある。この 2 つの立体の共通部分の体積 V を求めよ。

ヒント！ $z=f(x,\ y)=16-(x^2+y^2)$ とおき，xy 平面上の領域 $D:(x-2)^2+y^2 \leqq 4$ $(z=0)$ とおくと，求める共通部分の立体の体積 V は，$V=\iint_D f(x,\ y)dxdy$ となる。ここで，$x=r\cos\theta$，$y=r\sin\theta$ とおいて，極座標 r と θ による積分に置き換えて解いていけばよい。

解答＆解説

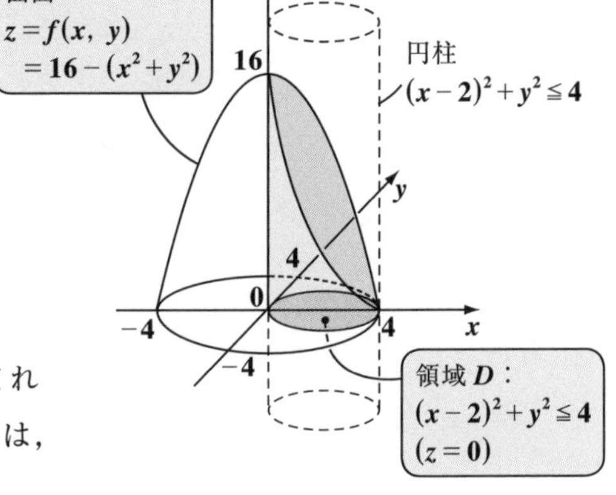

放物面体と円柱，すなわち，

$$\begin{cases} 0 \leqq z \leqq 16-(x^2+y^2) & \text{と} \\ (x-2)^2+y^2 \leqq 4 & \text{との} \end{cases}$$

共通部分の立体の体積 V は，右に示すように，xy 平面上の領域 $D:(x-2)^2+y^2 \leqq 4$ $(z=0)$ において，曲面 $z=f(x,\ y)=16-(x^2+y^2)$ と xy 平面とで挟まれる立体の体積と等しい。よって，V は，

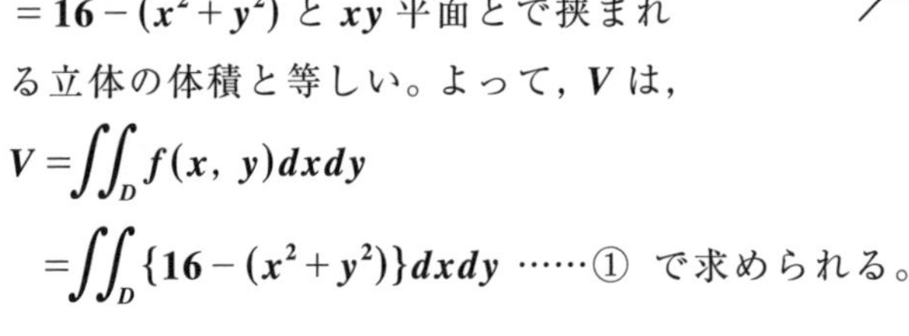

$$V=\iint_D f(x,\ y)dxdy$$

$$=\iint_D \{16-(x^2+y^2)\}dxdy \quad \cdots\cdots① \text{ で求められる。}$$

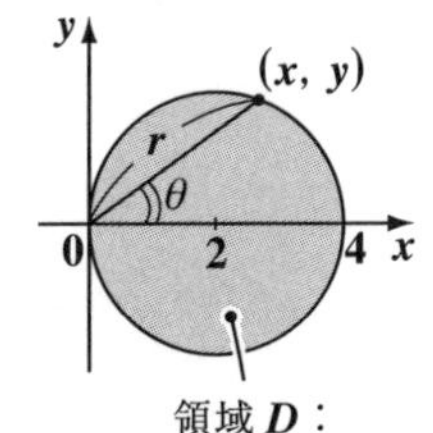

ここで，$x=r\cos\theta$，$y=r\sin\theta$ とおいて，領域 $D:(x-2)^2+y^2 \leqq 4$ $(z=0)$ を r と θ で表すと，

$(r\cos\theta-2)^2+r^2\sin^2\theta \leqq 4$ 　（$(r\cos\theta-2)^2 = r^2\cos^2\theta-4r\cos\theta+4$）

$r^2(\cos^2\theta+\sin^2\theta)-4r\cos\theta \leqq 0$ 　（$\cos^2\theta+\sin^2\theta = 1$）

$r(r-4\cos\theta) \leqq 0$ 　$\therefore 0 \leqq r \leqq 4\cos\theta$ 　$\left(-\dfrac{\pi}{2} \leqq \theta \leqq \dfrac{\pi}{2}\right)$

よって，領域 D を極座標系の新領域

D' : $0 \leqq r \leqq 4\cos\theta \quad \left(-\frac{\pi}{2} \leqq \theta \leqq \frac{\pi}{2}\right)$ に変換すると，

①の被積分関数は，

$16-(x^2+y^2)=16-(\underbrace{r^2\cos^2\theta+r^2\sin^2\theta}_{r^2(\cos^2\theta+\sin^2\theta)=r^2})=16-r^2$ となり，

また，ヤコビアン $J=\frac{\partial(x,\ y)}{\partial(r,\ \theta)}=\begin{vmatrix} \frac{\partial x}{\partial r} & \frac{\partial x}{\partial \theta} \\ \frac{\partial y}{\partial r} & \frac{\partial y}{\partial \theta} \end{vmatrix}=r$ となる。

よって，①の積分を極座標 r,θ での積分に置換して求めると，

$$V=\iint_{D'}(16-r^2)\cdot rdrd\theta$$

$$=\int_{-\frac{\pi}{2}}^{\frac{\pi}{2}}\left\{\underbrace{\int_0^{4\cos\theta}(16r-r^3)dr}_{\left[8r^2-\frac{1}{4}r^4\right]_0^{4\cos\theta}=128\cos^2\theta-64\cos^4\theta}\right\}d\theta$$

$$=64\times2\int_0^{\frac{\pi}{2}}(\underbrace{2\cos^2\theta-\cos^4\theta}_{\text{偶関数}})d\theta$$

$$=128\left(2\underbrace{\int_0^{\frac{\pi}{2}}\cos^2\theta d\theta}_{\frac{1}{2}\cdot\frac{\pi}{2}=\frac{\pi}{4}}-\underbrace{\int_0^{\frac{\pi}{2}}\cos^4\theta d\theta}_{\frac{3}{4}\cdot\frac{1}{2}\cdot\frac{\pi}{2}=\frac{3}{16}\pi}\right)$$

ウォリスの公式
$J_n=\int_0^{\frac{\pi}{2}}\cos^n x\,dx$
について，
$J_n=\frac{n-1}{n}\cdot J_{n-2}$

$$=128\left(2\cdot\frac{\pi}{4}-\frac{3}{16}\pi\right)=128\times\frac{5}{16}\pi$$

∴求める立体の体積 $V=40\pi$ ……………………………………………(答)

演習問題 139	● 立体の体積(VI) ●

xyz 座標空間に，点 $\mathbf{A}(0, 0, 2)$ を頂点として，xy 平面上の円 $x^2 + y^2 \leqq 4$ を底面とする直円すい C がある。C を，平面 $x = 1$ で切ってできる 2 つの立体のうち小さい方の立体を T とおく。T の体積 V を求めよ。

ヒント！ 直円すい C を底面と垂直な平面 $x = t$ $(1 \leqq t \leqq 2)$ で切ってできる断面は双曲線と直線とで囲まれた図形になる。この断面積 $S(t)$ を求め，これを t で，$1 \to 2$ の範囲で積分すればいい。かなり計算も大変だけれど，積分の計算力を鍛えるのに最適だから，頑張ってチャレンジしよう！

解答＆解説

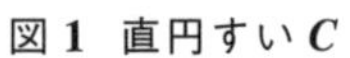
図 1　直円すい C

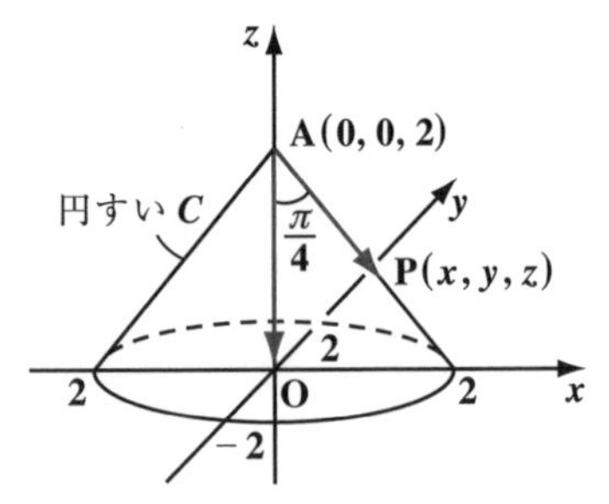

図 1 に示すように，頂点 $\mathbf{A}(0, 0, 2)$ の直円すい C の側面上の点を $\mathbf{P}(x, y, z)$ とおくと，

$$\begin{cases} \overrightarrow{\mathbf{AP}} = (x, y, z-2) \\ \overrightarrow{\mathbf{AO}} = (0, 0, -2) \end{cases}$$ であり，かつ

$\overrightarrow{\mathbf{AP}}$ と $\overrightarrow{\mathbf{AO}}$ のなす角は $\dfrac{\pi}{4}$(一定) なので

$$\overrightarrow{\mathbf{AP}} \cdot \overrightarrow{\mathbf{AO}} = \|\overrightarrow{\mathbf{AP}}\| \|\overrightarrow{\mathbf{AO}}\| \cos\frac{\pi}{4}$$

$$\cancel{x \cdot 0} + \cancel{y \cdot 0} + (z-2) \cdot (-2) = \sqrt{x^2 + y^2 + (z-2)^2}\sqrt{(-2)^2} \cdot \frac{1}{\sqrt{2}}$$

両辺を 2 乗して，2 で割ると，$2(z-2)^2 = x^2 + y^2 + (z-2)^2$

∴直円すい C の側面の方程式は，

$x^2 + y^2 = (z-2)^2$ ……① となる。

さらに，①より，$\underbrace{z-2}_{0\text{以下}} = \pm\sqrt{x^2 + y^2}$

$z \leqq 2$ より

$z = 2 - \sqrt{x^2 + y^2}$ ……② となる。

この直円すい C を平面 $x = 1$ で切ってできる小さい方の立体 T を図 2 に示す。

図 2　立体 T

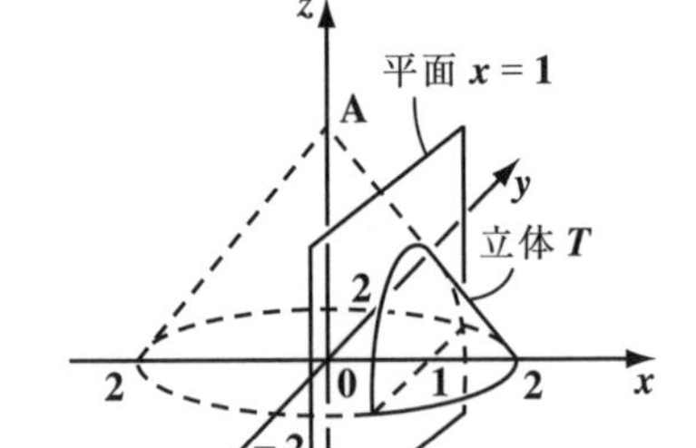

図3(ⅰ)，(ⅱ)に，この立体Tを，平面$x=t\ (1 \leqq t \leqq 2)$で切ってできる断面を示す。この断面積を$S(t)$とおくと，求める立体Tの体積Vは，次式で求まる。

$$V=\int_1^2 S(t)dt \quad \cdots\cdots ③$$

よって，まず$S(t)$を求める。

$x=t$を②に代入して

$$z=2-\sqrt{y^2+t^2} \quad \cdots\cdots ④$$

・$z=0$のとき，④より

$\sqrt{y^2+t^2}=2 \qquad y^2+t^2=4$

$y^2=4-t^2 \quad \therefore y=\pm\sqrt{4-t^2}$

・$y=0$のとき，④より

$z=2-\sqrt{t^2}=2-t$

図3　立体Tを平面$x=t$で切ってできる切り口の断面積$S(t)$

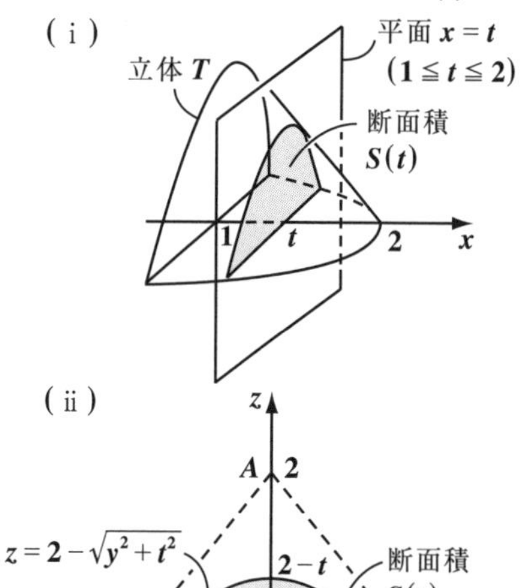

$x=t$を①に代入すると，$t^2+y^2=(z-2)^2 \qquad y^2-(z-2)^2=-t^2$ (tは定数扱い)
$\dfrac{y^2}{t^2}-\dfrac{(z-2)^2}{t^2}=-1$となって，これは，$yz$平面上で考えると，漸近線$z=\pm y+2$をもつ上下の双曲線の下の部分$(z=2-\sqrt{y^2+t^2})$のものであることが分かるね。

よって，求める断面積$S(t)$は，

$$S(t)=2\int_0^{\sqrt{4-t^2}}(2-\sqrt{y^2+t^2})dy \qquad \left[2\times \ \text{(図：}0 \sim \sqrt{4-t^2}\text{,}\ y\text{)}\right]$$

$$=2\left[2y-\frac{1}{2}\left(y\sqrt{y^2+t^2}+t^2\log\left|y+\sqrt{y^2+t^2}\right|\right)\right]_0^{\sqrt{4-t^2}}$$

公式：$\displaystyle\int\sqrt{y^2+\alpha}\,dy=\frac{1}{2}\left(y\sqrt{y^2+\alpha}+\alpha\log\left|y+\sqrt{y^2+\alpha}\right|\right)$を使った。

$$=4\sqrt{4-t^2}-\sqrt{4-t^2}\cdot 2-t^2\log(\sqrt{4-t^2}+2)+t^2\log t$$

$$=2\sqrt{4-t^2}+t^2\log t-t^2\log(\sqrt{4-t^2}+2)$$

$\therefore S(t) = 2\sqrt{4-t^2} + t^2\log t - t^2\log(\sqrt{4-t^2}+2)$ ……⑤

$V = \int_1^2 S(t)dt$ ……③

よって，⑤を③に代入して，立体 T の体積 V を求めると

$$V = \underbrace{2\int_1^2 \sqrt{4-t^2}dt}_{(\text{i})} + \underbrace{\int_1^2 t^2\log t dt}_{(\text{ii})} - \underbrace{\int_1^2 t^2\log(\sqrt{4-t^2}+2)dt}_{(\text{iii})}$$ ……⑥となる。

⑥の各積分を求めると

公式：$\int\sqrt{a^2-t^2}dt = \frac{1}{2}\left(t\sqrt{a^2-t^2}+a^2\sin^{-1}\frac{t}{a}\right)$

(ｉ) $\int_1^2 \sqrt{4-t^2}dt = \frac{1}{2}\left[t\sqrt{4-t^2}+4\sin^{-1}\frac{t}{2}\right]_1^2$

$= \frac{1}{2}\left(4\sin^{-1}1 - \sqrt{3} - 4\sin^{-1}\frac{1}{2}\right)$

$= \frac{1}{2}\left(4\cdot\frac{\pi}{2} - \sqrt{3} - 4\cdot\frac{\pi}{6}\right) = \frac{2}{3}\pi - \frac{\sqrt{3}}{2}$

(ii) $\int_1^2 t^2\log t dt = \int_1^2 \left(\frac{1}{3}t^3\right)' \log t dt$

部分積分
$\int f'\cdot g dt = f\cdot g - \int f\cdot g' dt$

$= \frac{1}{3}\left[t^3\log t\right]_1^2 - \frac{1}{3}\int_1^2 t^3\cdot\frac{1}{t}dt$

$= \frac{1}{3}\cdot 8\log 2 - \frac{1}{9}\left[t^3\right]_1^2 = \frac{8}{3}\log 2 - \frac{7}{9}$

(iii) $\int_1^2 t^2\log(\sqrt{4-t^2}+2)dt$ について

$\sqrt{4-t^2} = u$ とおくと，$t：1\to 2$ のとき，$u：\sqrt{3}\to 0$

また，$4-t^2=u^2$ より，$-2tdt = 2udu$

よって，$dt = -\frac{u}{t}du = -\frac{u}{\sqrt{4-u^2}}du$ となるので，

与式 $= \int_{\sqrt{3}}^0 (4-u^2)\log(u+2)\cdot\left(-\frac{u}{\sqrt{4-u^2}}\right)du$

$= \int_0^{\sqrt{3}} \underline{u\sqrt{4-u^2}}\log(u+2)du$

$\| \quad \left\{-\frac{1}{3}(4-u^2)^{\frac{3}{2}}\right\}'$

$\left\{(4-u^2)^{\frac{3}{2}}\right\}' = \frac{3}{2}(4-u^2)^{\frac{1}{2}}\cdot(-2u)$
$= -3u(4-u^2)^{\frac{1}{2}}$ より

$$与式=\int_0^{\sqrt{3}}\left\{-\frac{1}{3}(4-u^2)^{\frac{3}{2}}\right\}'\log(u+2)\,du$$

部分積分

$$=-\frac{1}{3}\Big[(4-u^2)^{\frac{3}{2}}\log(u+2)\Big]_0^{\sqrt{3}}+\frac{1}{3}\int_0^{\sqrt{3}}(4-u^2)^{\frac{3}{2}}\cdot\frac{1}{u+2}\,du$$

$$\frac{(2+u)^{\frac{3}{2}}(2-u)^{\frac{3}{2}}}{u+2}=(2+u)^{\frac{1}{2}}(2-u)^{\frac{3}{2}}=\left\{(2+u)(2-u)\right\}^{\frac{1}{2}}\cdot(2-u)=\sqrt{4-u^2}\,(2-u)$$

$$(2^2)^{\frac{3}{2}}=2^3=8$$

$$=-\frac{1}{3}\left\{\log(2+\sqrt{3})-4^{\frac{3}{2}}\log 2\right\}+\frac{1}{3}\int_0^{\sqrt{3}}(2-u)\sqrt{4-u^2}\,du$$

$$=-\frac{1}{3}\log(2+\sqrt{3})+\frac{8}{3}\log 2+\frac{1}{3}\left(2\int_0^{\sqrt{3}}\sqrt{4-u^2}\,du-\int_0^{\sqrt{3}}u\sqrt{4-u^2}\,du\right)$$

$$\left[\frac{1}{2}\left(u\sqrt{4-u^2}+4\sin^{-1}\frac{u}{2}\right)\right]_0^{\sqrt{3}}=\frac{1}{2}\left(\sqrt{3}+4\sin^{-1}\frac{\sqrt{3}}{2}\right)=\frac{\sqrt{3}}{2}+2\cdot\frac{\pi}{3}$$

$$-\frac{1}{3}\left[(4-u^2)^{\frac{3}{2}}\right]_0^{\sqrt{3}}=-\frac{1}{3}(1-4^{\frac{3}{2}})=-\frac{1}{3}(1-8)=\frac{7}{3}$$

$$=-\frac{1}{3}\log(2+\sqrt{3})+\frac{8}{3}\log 2+\frac{1}{3}\left(\sqrt{3}+\frac{4}{3}\pi-\frac{7}{3}\right)$$

$$=-\frac{1}{3}\log(2+\sqrt{3})+\frac{8}{3}\log 2+\frac{\sqrt{3}}{3}+\frac{4}{9}\pi-\frac{7}{9}$$

以上 (ⅰ)(ⅱ)(ⅲ) の結果を⑥に代入して，求める立体 T の体積 V は，

$$V=2\underbrace{\left(\frac{2}{3}\pi-\frac{\sqrt{3}}{2}\right)}_{(\text{i})}+\underbrace{\frac{8}{3}\log 2-\frac{7}{9}}_{(\text{ii})}-\underbrace{\left\{-\frac{1}{3}\log(2+\sqrt{3})+\frac{8}{3}\log 2+\frac{\sqrt{3}}{3}+\frac{4}{9}\pi-\frac{7}{9}\right\}}_{(\text{iii})}$$

$$=\frac{8}{9}\pi-\frac{4\sqrt{3}}{3}+\frac{1}{3}\log(2+\sqrt{3})$$

$$=\frac{1}{9}\left\{8\pi-12\sqrt{3}+3\log(2+\sqrt{3})\right\}$$ となる。 ……………………………(答)

演習問題 140　●曲面の面積（Ⅰ）●

領域 $z^2 \leqq \sqrt{2}y$ に含まれる円柱面 $y^2+z^2=4$ $(|x| \leqq 4)$ の面積 S を求めよ。

ヒント！ 放物面 $z^2=\sqrt{2}y$ と円柱面 $y^2+z^2=4$ は，$y=\sqrt{2}$ で交わる。ここでは，領域 $D_2: 0 \leqq x \leqq 4,\ \sqrt{2} \leqq y \leqq 2,\ z=0$ での重積分となる。

曲面の面積公式：$S=\iint\sqrt{f_x{}^2+f_y{}^2+1}\,dxdy$ を使う。

解答＆解説

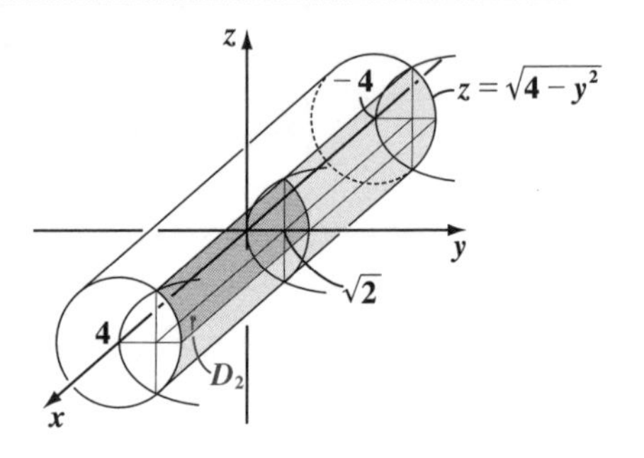

$y^2+z^2=4$ $(z \geqq 0)$ を変形して，

$$z=\sqrt{4-y^2}$$

これを，$z=f(x,\ y)=\sqrt{4-y^2}$

とおくと，

$$\begin{cases} f_x=\dfrac{\partial f}{\partial x}=0 \\ f_y=\dfrac{\partial f}{\partial y}=\dfrac{1}{2}\cdot\dfrac{-2y}{\sqrt{4-y^2}}=\dfrac{-y}{\sqrt{4-y^2}} \end{cases}$$

$$\therefore \sqrt{f_x{}^2+f_y{}^2+1}=\sqrt{\frac{y^2}{4-y^2}+1}=\sqrt{\frac{4}{4-y^2}}=\frac{2}{\sqrt{4-y^2}}\ \cdots\cdots①$$

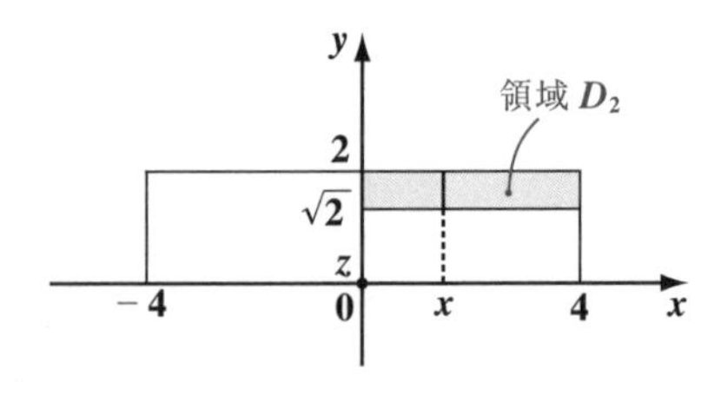

図形の対称性より，①を領域 $D_2: 0 \leqq x \leqq 4,\ \sqrt{2} \leqq y \leqq 2,\ z=0$ で重積分して，さらに 4 倍したものが求める曲面の面積 S である。

$$\therefore S=4\cdot\iint_{D_2}\sqrt{f_x{}^2+f_y{}^2+1}\,dxdy=4\cdot\iint_{D_2}\frac{2}{\sqrt{4-y^2}}\,dxdy$$

$$=4\cdot\int_0^4\left(\int_{\sqrt{2}}^2\frac{2}{\sqrt{4-y^2}}dy\right)dx=8\cdot\int_0^4 dx\cdot\int_{\sqrt{2}}^2\frac{1}{\sqrt{4-y^2}}dy$$

$$=8\cdot[x]_0^4\cdot\left[\sin^{-1}\frac{y}{2}\right]_{\sqrt{2}}^2$$

公式：$\displaystyle\int\frac{1}{\sqrt{a^2-y^2}}dy=\sin^{-1}\frac{y}{a}$

$$=8\cdot4\cdot\left(\underbrace{\sin^{-1}1}_{\frac{\pi}{2}}-\underbrace{\sin^{-1}\frac{1}{\sqrt{2}}}_{\frac{\pi}{4}}\right)=8\cdot4\cdot\frac{\pi}{4}=8\pi$$ ……………………（答）

演習問題 141　● 曲面の面積（Ⅱ）●

2 本の半径 a の直円柱が，その軸が直交するように交わるとき，その共有部分の表面積 S を求めよ。

ヒント！ $z=f(x,\ y)=\sqrt{a^2-y^2}$ を偏微分して，曲面積 S の公式を使う。

解答&解説

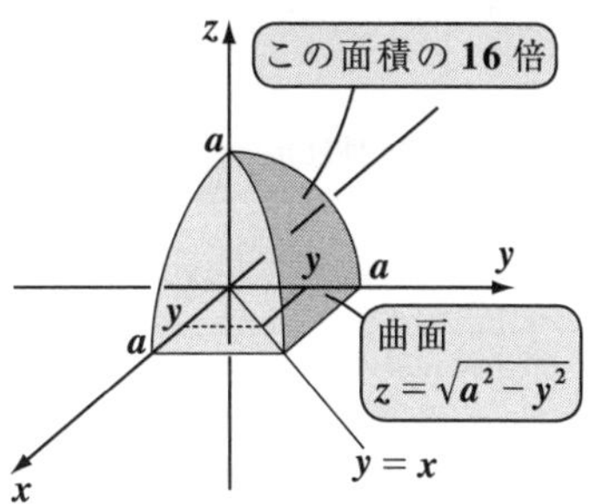

2 本の直円柱をそれぞれ，

$$\begin{cases} \cdot\ z^2+x^2 \leqq a^2 \\ \cdot\ y^2+z^2 \leqq a^2 \end{cases}$$ とおく。

$y^2+z^2=a^2 \quad (z \geqq 0)$ を変形して，

(ア) ＿＿＿＿

これを，$z=f(x,\ y)=\sqrt{a^2-y^2}$ とおくと，

$$f_x=\frac{\partial f}{\partial x}=0, \qquad f_y=\frac{\partial f}{\partial y}= \boxed{(イ)}$$

$$\therefore \sqrt{f_x{}^2+f_y{}^2+1}=\sqrt{\frac{y^2}{a^2-y^2}+1}$$

$$=\sqrt{\frac{a^2}{a^2-y^2}}=\frac{a}{\sqrt{a^2-y^2}} \quad \cdots\cdots ①$$

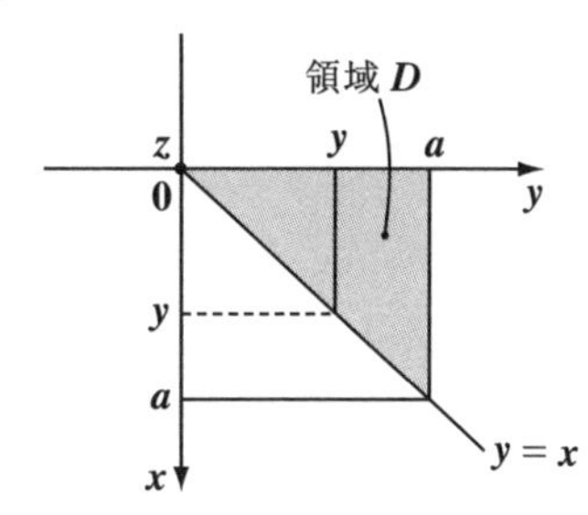

図形の対称性より，①を領域 $D: 0 \leqq x \leqq y \leqq a$，$z=0$ で重積分して，さらに **16** 倍したものが求める曲面の面積 S である。

$$\therefore S=16\cdot\iint_D \sqrt{f_x{}^2+f_y{}^2+1}\,dxdy=16\cdot\iint_D \frac{a}{\sqrt{a^2-y^2}}\,dxdy$$

$$=16a\cdot\int_0^a\left(\int_0^y \frac{1}{\sqrt{a^2-y^2}}\,dx\right)dy=16a\cdot\int_0^a \frac{1}{\sqrt{a^2-y^2}}[x]_0^y\,dy$$

$$=16a\cdot\int_0^a \frac{y}{\sqrt{a^2-y^2}}\,dy$$

$$\left\{(a^2-y^2)^{\frac{1}{2}}\right\}'=\frac{1}{2}\cdot(-2y)(a^2-y^2)^{-\frac{1}{2}}=-y(a^2-y^2)^{-\frac{1}{2}}$$

$$=16a\cdot\Big[\boxed{(ウ)}\Big]_0^a$$

$$=16a\cdot(0+a)=\boxed{(エ)}$$ ……………………………………（答）

解答　(ア) $z=\sqrt{a^2-y^2}$　(イ) $\dfrac{-y}{\sqrt{a^2-y^2}}$　(ウ) $-\sqrt{a^2-y^2}$　(エ) $16a^2$

演習問題 142　●曲面の面積(Ⅲ)●

曲面 $z=\sqrt{25-x^2-y^2}$　$(z \geqq 4)$ の面積 S を求めよ。

ヒント！　曲面の面積 S は，公式 $S=\iint_D \sqrt{f_x{}^2+f_y{}^2+1}\,dxdy$　$(x^2+y^2 \leqq 9)$ で計算することができる。積分の際，$x=r\cos\theta$，$y=r\sin\theta$ とおいて，極座標 $(r,\ \theta)$ に変数変換して解くことがポイントになるんだね。

解答＆解説

曲面 $z=f(x,\ y)=\sqrt{25-x^2-y^2}$ ……①　$(z \geqq 4)$

①より，$z^2=25-x^2-y^2$，$x^2+y^2+z^2=25$
よって，これは，原点 O を中心とする半径 5 の上半球面を表す。さらに，$z \geqq 4$ の条件から，$\sqrt{25-x^2-y^2} \geqq 4$
$25-x^2-y^2 \geqq 16$ より，領域 D は，$x^2+y^2 \leqq 9$ の範囲の図形を表す。

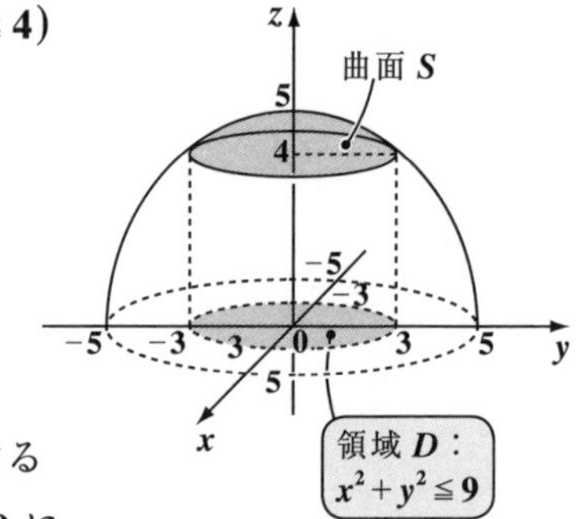

は，右図に示すように，原点 O を中心とする半径 5 の上半球面の内，領域 D：$x^2+y^2 \leqq 9$ に対応する曲面を表す。この曲面の面積を求める。

$$f_x=\frac{\partial f}{\partial x}=\frac{1}{2}(25-x^2-y^2)^{-\frac{1}{2}}\cdot(-2x)=-\frac{x}{\sqrt{25-x^2-y^2}} \quad \cdots\cdots ②$$

$$f_y=\frac{\partial f}{\partial y}=\frac{1}{2}(25-x^2-y^2)^{-\frac{1}{2}}\cdot(-2y)=-\frac{y}{\sqrt{25-x^2-y^2}} \quad \cdots\cdots ③ \text{ より，}$$

②，③を曲面 S を求める公式に代入すると，

$$S=\iint_D \sqrt{f_x{}^2+f_y{}^2+1}\,dxdy=\iint_D \sqrt{\frac{25}{25-x^2-y^2}}\,dxdy$$

$$\left(-\frac{x}{\sqrt{25-x^2-y^2}}\right)^2+\left(-\frac{y}{\sqrt{25-x^2-y^2}}\right)^2+1=\frac{x^2+y^2+25-x^2-y^2}{25-x^2-y^2}=\frac{25}{25-x^2-y^2}$$

$$\therefore S=5\iint_D (25-x^2-y^2)^{-\frac{1}{2}}\,dxdy \quad \cdots\cdots ④$$　となる。

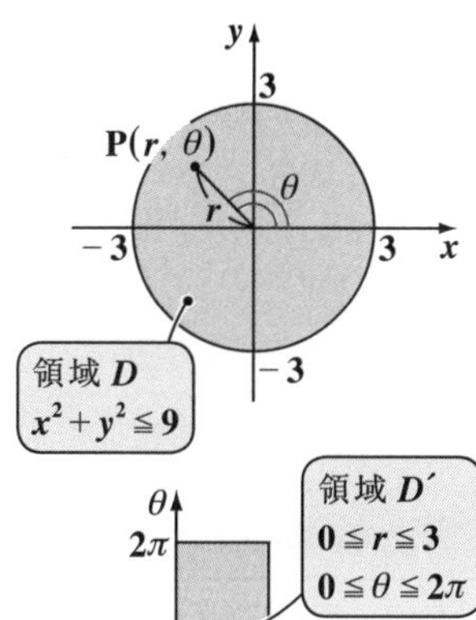

ここで，座標 $(x,\ y)$ を

$x=r\cos\theta$，$y=r\sin\theta$ とおいて，

極座標 $(r,\ \theta)$ に変換すると，

・$(x,\ y)$ の領域 D：$x^2+y^2 \leqq 9$ は，

・$(r,\ \theta)$ の領域 D'：$\begin{cases} 0 \leqq r \leqq 3 \\ 0 \leqq \theta \leqq 2\pi \end{cases}$

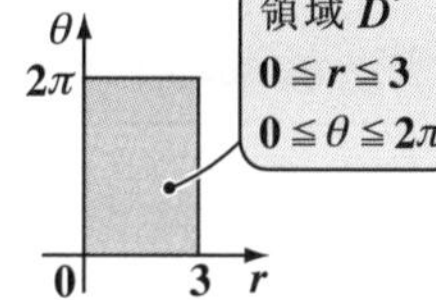

に変換される。また，$x^2+y^2=r^2$ であり，

$dxdy=\underbrace{|J|}_{r}drd\theta=rdrd\theta$ となる。

以上より，求める曲面 $z=f(x,\ y)$ $(z \geqq 4)$ の面積 S は，④を置換積分することにより次のように求められる。

$$S=5\iint_D\{25-\underbrace{(x^2+y^2)}_{r^2}\}^{-\frac{1}{2}}\underbrace{dxdy}_{rdrd\theta}=5\iint_{D'}(25-r^2)^{-\frac{1}{2}}rdrd\theta$$

$$=5\int_0^{2\pi}d\theta\underbrace{\int_0^3 r(25-r^2)^{-\frac{1}{2}}dr}_{\left[-(25-r^2)^{\frac{1}{2}}\right]_0^3}$$

合成関数の微分：$\{(25-r^2)^{\frac{1}{2}}\}'=\dfrac{1}{2}(25-r^2)^{-\frac{1}{2}}\cdot(-2r)=-r(25-r^2)^{-\frac{1}{2}}$ を利用した

$$=5\underbrace{\left[\theta\right]_0^{2\pi}}_{2\pi}\cdot\underbrace{\left[-(25-r^2)^{\frac{1}{2}}\right]_0^3}_{-\sqrt{25-9}+\sqrt{25}=5-4=1}$$

$\therefore\ S=5\times2\pi\times1=10\pi$ である。……………………………………(答)

演習問題 143 ●曲面の面積(Ⅳ)●

曲面 $z=\frac{2}{3}x^{\frac{3}{2}}+\frac{2}{3}y^{\frac{3}{2}}$ (領域 D：$0 \leqq x,\ 0 \leqq y,\ 2x+y \leqq 4$) の面積 S を求めよ。

ヒント！ 曲面の面積公式：$S=\iint_D \sqrt{f_x{}^2+f_y{}^2+1}\,dxdy$ を用いて求めよう。2 重積分をキチンと計算することがポイントになるんだね。

解答＆解説

曲面 $z=f(x,\ y)=\frac{2}{3}x^{\frac{3}{2}}+\frac{2}{3}y^{\frac{3}{2}}$ ……①の

領域 D：$0 \leqq x,\ 0 \leqq y,$

$2x+y \leqq 4$

における面積を S とおき，これを求める。

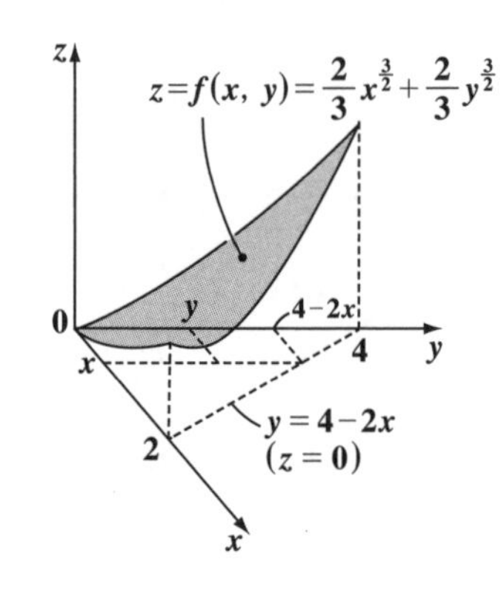

$\cdot f_x=\frac{\partial f}{\partial x}$

$=\frac{2}{3}\cdot\frac{3}{2}x^{\frac{1}{2}}=x^{\frac{1}{2}}=\sqrt{x}$ ……………②

$\cdot f_y=\frac{\partial f}{\partial y}=\frac{2}{3}\cdot\frac{3}{2}y^{\frac{1}{2}}=y^{\frac{1}{2}}=\sqrt{y}$ ……③より，

②，③を曲面 S を求める公式に代入すると，

$$S=\iint_D \sqrt{f_x{}^2+f_y{}^2+1}\,dxdy$$

$(\sqrt{x})^2+(\sqrt{y})^2=x+y$

$$=\int_0^2\left(\int_0^{4-2x}\sqrt{x+y+1}\,dy\right)dx \text{ となる。}$$

$\sqrt{y+x+1}=(y+x+1)^{\frac{1}{2}}$ （$x+1$：まず定数扱い）

上図より，
(i) x は，区間 $[0,\ 2]$ を動く。
(ii) x が区間 $[0,\ 2]$ におけるある値をとるとき，y は区間 $[0,\ 4-2x]$ を動く。

よって，この 2 重積分を求めると，

$$S=\int_0^2\left(\int_0^{4-2x}(y+x+1)^{\frac{1}{2}}dy\right)dx$$

$$\frac{2}{3}\left[(y+x+1)^{\frac{3}{2}}\right]_0^{4-2x}$$
$$=\frac{2}{3}\left\{(4-2x+x+1)^{\frac{3}{2}}-(0+x+1)^{\frac{3}{2}}\right\}$$
$$=\frac{2}{3}\left\{(5-x)^{\frac{3}{2}}-(x+1)^{\frac{3}{2}}\right\}$$

$\left\{(y+x+1)^{\frac{3}{2}}\right\}'=\frac{3}{2}(y+x+1)^{\frac{1}{2}}$ （$x+1$：定数扱い）

$$=\frac{2}{3}\int_0^2\left\{(5-x)^{\frac{3}{2}}-(x+1)^{\frac{3}{2}}\right\}dx$$

$$=\frac{2}{3}\left\{\int_0^2(5-x)^{\frac{3}{2}}dx-\int_0^2(x+1)^{\frac{3}{2}}dx\right\}$$

$\cdot\left\{(5-x)^{\frac{5}{2}}\right\}'=\frac{5}{2}(5-x)^{\frac{3}{2}}\cdot(-1)$

$\cdot\left\{(x+1)^{\frac{5}{2}}\right\}'=\frac{5}{2}(x+1)^{\frac{3}{2}}$

$$-\frac{2}{5}\left[(5-x)^{\frac{5}{2}}\right]_0^2=-\frac{2}{5}\left(3^{\frac{5}{2}}-5^{\frac{5}{2}}\right)=\frac{2}{5}\left(25\sqrt{5}-9\sqrt{3}\right)$$

$$\frac{2}{5}\left[(x+1)^{\frac{5}{2}}\right]_0^2=\frac{2}{5}\left(3^{\frac{5}{2}}-1^{\frac{5}{2}}\right)=\frac{2}{5}\left(9\sqrt{3}-1\right)$$

$$=\frac{2}{3}\left\{\frac{2}{5}\left(25\sqrt{5}-9\sqrt{3}\right)-\frac{2}{5}\left(9\sqrt{3}-1\right)\right\}$$

$$=\frac{2}{3}\times\frac{2}{5}\left(25\sqrt{5}-9\sqrt{3}-9\sqrt{3}+1\right)$$ となる。

∴求める領域 D における曲面 $z=f(x,\ y)$ の面積 S は,

$S=\dfrac{4}{15}\left(25\sqrt{5}-18\sqrt{3}+1\right)$ である。 ………………………………………(答)

演習問題 144 ●曲面の面積(V)●

曲面 $z = \tan^{-1}\dfrac{y}{x}$ と円柱 $x^2 + y^2 \leqq 3$ との共有面のうち, 領域 $x \geqq 0$, $y \geqq 0$, $0 \leqq z \leqq \dfrac{\pi}{2}$ に含まれる部分の面積 S を求めよ。

ヒント! $z = f(x, y) = \tan^{-1}\dfrac{y}{x}$ とおいて, f_x, f_y を計算し, 曲面積の公式 $S = \iint_D \sqrt{f_x{}^2 + f_y{}^2 + 1}\, dx\, dy$ を使う。さらに, 極座標への変換も利用する。

解答&解説

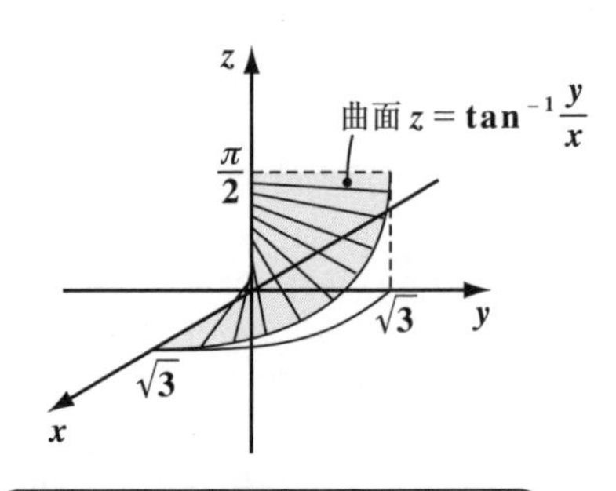

$z = \tan^{-1}\dfrac{y}{x} \Leftrightarrow \dfrac{y}{x} = \tan z$ により, xy 平面上の直線の傾き $\dfrac{y}{x}$ が大きくなるにつれて, z は $\mathbf{0}$ から増加して, $\dfrac{\pi}{2}$ に限りなく近づく。

$$z = f(x, y) = \tan^{-1}\frac{y}{x}$$

とおくと,

$$f_x = \left(\tan^{-1}\frac{y}{x}\right)_x$$

$$= \frac{1}{1 + \left(\frac{y}{x}\right)^2} \cdot \left(\frac{y}{x}\right)_x$$

公式: $(\tan^{-1}\alpha)' = \dfrac{1}{1 + \alpha^2}$

$$= \frac{x^2}{x^2 + y^2} \cdot \left(-\frac{y}{x^2}\right)$$

$$= -\frac{y}{x^2 + y^2}$$

$$f_y = \left(\tan^{-1}\frac{y}{x}\right)_y = \frac{1}{1 + \left(\frac{y}{x}\right)^2} \cdot \left(\frac{y}{x}\right)_y$$

$$= \frac{x^2}{x^2 + y^2} \cdot \frac{1}{x} = \frac{x}{x^2 + y^2}$$

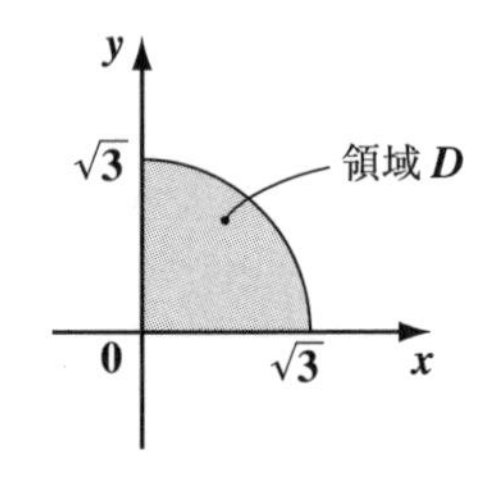

$$\therefore f_x^2 + f_y^2 + 1 = \left(\frac{-y}{x^2 + y^2}\right)^2 + \left(\frac{x}{x^2 + y^2}\right)^2 + 1$$

$$= \frac{x^2 + y^2}{(x^2 + y^2)^2} + 1 = \frac{1}{x^2 + y^2} + 1 = \frac{x^2 + y^2 + 1}{x^2 + y^2}$$

$$\therefore \sqrt{f_x^2 + f_y^2 + 1} = \sqrt{\frac{x^2 + y^2 + 1}{x^2 + y^2}}$$

これを領域 $D: x^2+y^2 \leqq 3$, $x>0$, $y \geqq 0$ で重積分したものが, 求める曲面の面積 S である。

$$\therefore S=\iint_D \sqrt{f_x{}^2+f_y{}^2+1}\,dx\,dy=\iint_D \sqrt{\frac{x^2+y^2+1}{x^2+y^2}}\,dx\,dy \quad \cdots\cdots ①$$

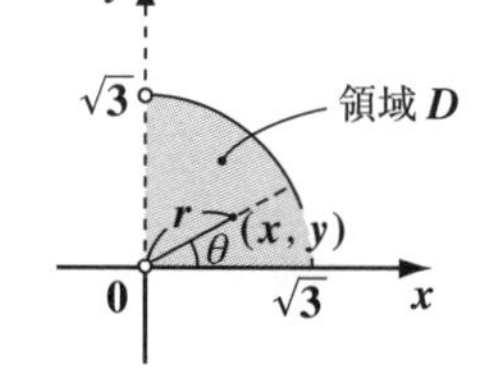

ここで, $x=r\cos\theta$, $y=r\sin\theta$ とおくと,
領域 $D: x^2+y^2 \leqq 3$, $x>0$, $y \geqq 0$ は,
極座標系では, 領域
$D': 0 \leqq \theta < \dfrac{\pi}{2}$, $0<r \leqq \sqrt{3}$,
に変換される。

また, $x^2+y^2=r^2$ より, ①の被積分関数は,

$$\sqrt{\frac{x^2+y^2+1}{x^2+y^2}}=\sqrt{\frac{r^2+1}{r^2}}=\frac{\sqrt{r^2+1}}{r}$$

となる。ヤコビアン $J=r$ より, ①は,

$$S=\iint_D \sqrt{\frac{x^2+y^2+1}{x^2+y^2}}\,dx\,dy=\iint_{D'} \frac{\sqrt{r^2+1}}{r}\,r\,dr\,d\theta \quad (r = |J|)$$

$$=\iint_{D'} \sqrt{r^2+1}\,dr\,d\theta$$

$\theta=\dfrac{\pi}{2}$ かつ $r \fallingdotseq 0$ より, 広義積分にもち込む。

$$=\lim_{q\to\frac{\pi}{2}-0}\int_0^q \left(\lim_{p\to+0}\int_p^{\sqrt{3}} \sqrt{r^2+1}\,dr\right)d\theta$$

$$=\lim_{q\to\frac{\pi}{2}-0}\int_0^q d\theta \cdot \lim_{p\to+0}\int_p^{\sqrt{3}} \sqrt{r^2+1}\,dr$$

公式:
$$\int \sqrt{r^2+\alpha}\,dr = \frac{1}{2}\left(r\sqrt{r^2+\alpha}+\alpha\log\left|r+\sqrt{r^2+\alpha}\right|\right)$$

$$=\lim_{q\to\frac{\pi}{2}-0}\Big[\theta\Big]_0^q \cdot \lim_{p\to+0}\left[\frac{1}{2}\left\{r\sqrt{r^2+1}+1\cdot\log\left(r+\sqrt{r^2+1}\right)\right\}\right]_p^{\sqrt{3}}$$

$$=\lim_{q\to\frac{\pi}{2}-0} q \cdot \lim_{p\to+0}\frac{1}{2}\left\{\sqrt{2}+\mathrm{logln}\left(\sqrt{3}+2\right)-p\sqrt{p^2+1}-\log\left(p+\sqrt{p^2+1}\right)\right\}$$

$$=\frac{\pi}{2}\cdot\frac{1}{2}\left\{2\sqrt{3}+\log\left(2+\sqrt{3}\right)-0-\underbrace{\log 1}_{0}\right\}$$

$$=\frac{\pi}{4}\cdot\left\{2\sqrt{3}+\log\left(2+\sqrt{3}\right)\right\} \quad \cdots\cdots\cdots\cdots(答)$$

演習問題 145　●曲面の面積(Ⅵ)●

球面 $x^2+y^2+z^2=4$ の内，円柱 $(x-1)^2+y^2 \leqq 1$ により切り取られる部分の面積 S を求めよ。

ヒント！ $z=f(x,\ y)=\sqrt{4-x^2-y^2}$ とおいて，$\sqrt{f_x^2+f_y^2+1}$ を求め，これを領域 $D:(x-1)^2+y^2 \leqq 1$，$y \geqq 0$，$z=0$ で重積分して，さらに 4 倍すればいい。

解答＆解説

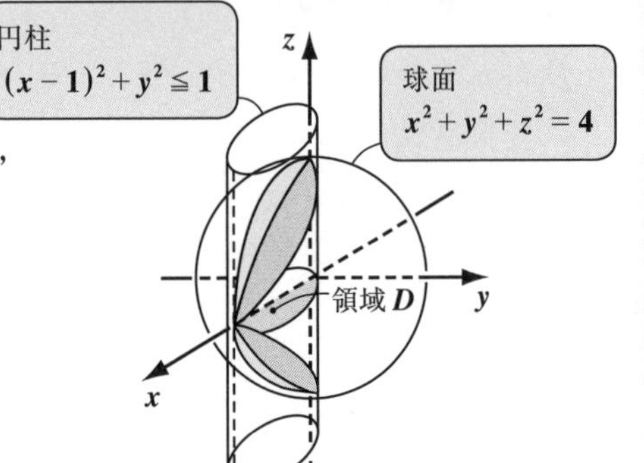

$x^2+y^2+z^2=4 \quad (z \geqq 0)$ 　を変形して，

$z=$ (ア)

これを，$z=f(x,\ y)=(4-x^2-y^2)^{\frac{1}{2}}$

とおくと，

$$f_x=\frac{1}{2}\cdot\frac{-2x}{\sqrt{4-x^2-y^2}}=-\frac{x}{\sqrt{4-x^2-y^2}}$$

同様に，

$f_y=$ (イ)

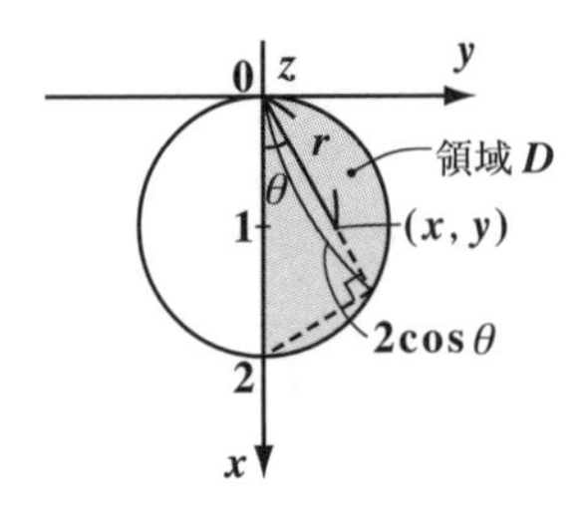

$$\therefore\ f_x^2+f_y^2+1=\frac{x^2+y^2}{4-x^2-y^2}+1$$

$$=\frac{4}{4-x^2-y^2}$$

$$\therefore\ \sqrt{f_x{}^2+f_y{}^2+1}=\frac{2}{\sqrt{4-x^2-y^2}}$$

これを，領域 $D:(x-1)^2+y^2=1$，$y \geqq 0$，$z=0$ で重積分したものを 4 倍すれば，求める曲面の面積 S が求まる。←(図形の対称性より)

$$\therefore\ S=4\cdot\iint_D \sqrt{f_x^2+f_y^2+1}\ dx\,dy$$

$$=4\cdot\iint_D \frac{2}{\sqrt{4-(x^2+y^2)}}\ dx\,dy$$

$$=8\cdot\iint_D \frac{1}{\sqrt{4-(x^2+y^2)}}\ dx\,dy \quad \cdots\cdots①$$

ここで，$x = r\cos\theta$，$y = r\sin\theta$ とおく。

領域 D：$(x-1)^2 + y^2 \leqq 1$……②，$y \geqq 0$，$z = 0$

について，②を変形して，

$x^2 - 2x + \cancel{1} + y^2 \leqq \cancel{1}$

$\underbrace{x^2 + y^2}_{r^2} - \underbrace{2x}_{r\cos\theta} \leqq 0$，　$\underbrace{r}_{0\text{以上}}\underbrace{(r - 2\cos\theta)}_{0\text{以下}} \leqq 0$

$\therefore r \leqq 2\cos\theta$　$(\because r \geqq 0)$

よって，領域 D を極座標系の新領域

D'：$0 \leqq \theta \leqq \dfrac{\pi}{2}$，$0 \leqq r \leqq 2\cos\theta$

に変換すると，①の被積分関数は，

$$\frac{1}{\sqrt{4-(x^2+y^2)}} = \boxed{(ウ)\qquad}$$

r，2，$r = 2\cos\theta$，$2\cos\theta$，領域 D'，0，θ，$\dfrac{\pi}{2}$，θ

ヤコビアン $\boxed{(エ)\quad}$ より，①は，

$$S = 8\iint_{D'} \frac{1}{\sqrt{4-r^2}} \underbrace{r}_{|J|}\, dr\, d\theta$$

$$= 8\int_0^{\frac{\pi}{2}} \left(\int_0^{2\cos\theta} \frac{r}{\sqrt{4-r^2}}\, dr \right) d\theta$$

$$= 8\int_0^{\frac{\pi}{2}} \Big[\boxed{(オ)\qquad\qquad} \Big]_0^{2\cos\theta} d\theta$$

$$\left\{(4-r^2)^{\frac{1}{2}}\right\}' = \frac{1}{2}(-2r)(4-r^2)^{-\frac{1}{2}} = -\frac{r}{\sqrt{4-r^2}}$$

$$= -8\int_0^{\frac{\pi}{2}} \left(\sqrt{4-(2\cos\theta)^2} - \sqrt{4-0^2} \right) d\theta$$

$$= -8\int_0^{\frac{\pi}{2}} \Big(2\underbrace{\sqrt{1-\cos^2\theta}}_{\sin\theta} - 2 \Big) d\theta = 16\int_0^{\frac{\pi}{2}} (1 - \sin\theta)\, d\theta$$

$$= 16\left[\theta + \cos\theta\right]_0^{\frac{\pi}{2}} = 16\Big(\frac{\pi}{2} + \underbrace{\cos\frac{\pi}{2}}_{0} - \underbrace{\cos 0}_{1} \Big)$$

$$= 16\left(\frac{\pi}{2} - 1 \right) = 8(\pi - 2)$$ ……………………………………(答)

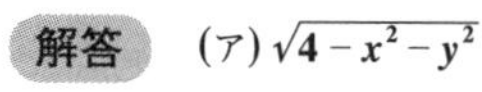

解答　(ア) $\sqrt{4-x^2-y^2}$　(イ) $-\dfrac{y}{\sqrt{4-x^2-y^2}}$　(ウ) $\dfrac{1}{\sqrt{4-r^2}}$

(エ) $J = r$　(オ) $-\sqrt{4-r^2}$

演習問題 146　　● 3 重積分 (Ⅰ) ●

領域 $D=\{(x,\ y,\ z)\,|\,x^2+y^2+z^2\leqq a^2\}$ $(a>0)$ における $f(x,\ y,\ z)=1$ の重積分 $I=\iiint_D f(x,\ y,\ z)\,dx\,dy\,dz$ を求めよ。

ヒント！ 今回は，半径 a の球の体積を求めることになる。$z,\ y,\ x$ のそれぞれの積分区間を押さえながら，累次積分する。図形の対称性も利用する。

解答＆解説

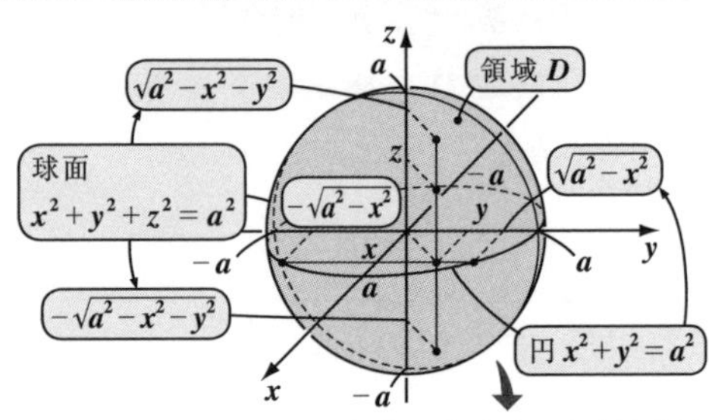

(y 軸の負方向から見た図)

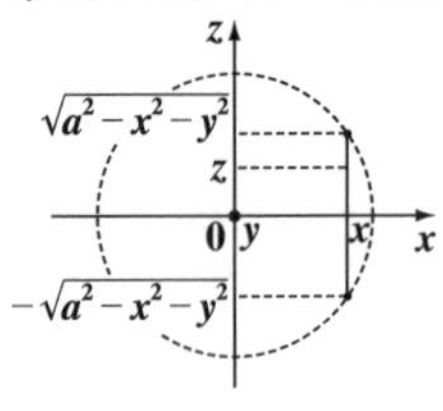

(z 軸の正方向から見た図)

$f(x,\ y,\ z)=1$ より，

$$I=\iiint_D f(x,\ y,\ z)\,dx\,dy\,dz$$

$$=\iiint_D dx\,dy\,dz$$

$$=\int_{-a}^{a}\left(\int_{-\sqrt{a^2-x^2}}^{\sqrt{a^2-x^2}}\left(\int_{-\sqrt{a^2-x^2-y^2}}^{\sqrt{a^2-x^2-y^2}}1\cdot dz\right)dy\right)dx$$

$$=8\int_0^a\left(\int_0^{\sqrt{a^2-x^2}}[z]_0^{\sqrt{a^2-x^2-y^2}}dy\right)dx$$

$$=8\int_0^a\left(\int_0^{\sqrt{a^2-x^2}}\sqrt{(a^2-x^2)-y^2}\,dy\right)dx$$

a^2-x^2：α^2 (定数扱い)

$$=8\int_0^a\left[\frac{1}{2}\left(y\sqrt{(a^2-x^2)-y^2}+(a^2-x^2)\sin^{-1}\frac{y}{\sqrt{a^2-x^2}}\right)\right]_0^{\sqrt{a^2-x^2}}dx$$

公式：$\int\sqrt{\alpha^2-y^2}\,dy=\frac{1}{2}\left(y\sqrt{\alpha^2-y^2}+\alpha^2\sin^{-1}\frac{y}{\alpha}\right)$ $(\alpha>0)$

$$=4\int_0^a\{\sqrt{a^2-x^2}\cdot 0+(a^2-x^2)\sin^{-1}1\}\,dx$$

$\sin^{-1}1=\frac{\pi}{2}$

$$=2\pi\cdot\int_0^a(a^2-x^2)\,dx$$

$$=2\pi\cdot\left[a^2x-\frac{1}{3}x^3\right]_0^a=2\pi\cdot\left(a^3-\frac{1}{3}a^3\right)=\frac{4}{3}\pi a^3$$ ……………………(答)

予想通りの結果だ！

演習問題 147　● 3 重積分 (Ⅱ)：球座標変換 ●

領域 $D=\{(x, y, z) \mid x^2+y^2+z^2 \leqq a^2\}$ $(a>0)$ における $f(x, y, z)=1$ の重積分 $I=\iiint_D f(x, y, z)\,dx\,dy\,dz$ を，球座標系に D を変換した上で，求めよ。

ヒント！ $x=r\sin\theta\cdot\cos\varphi,\ y=r\sin\theta\cdot\sin\varphi,\ z=r\cos\theta$ とおく。ヤコビアン $J=r^2\sin\theta$，体積要素 $dx\,dy\,dz=r^2\sin\theta\,dr\,d\theta\,d\varphi$ となる。後は，$r,\ \theta,\ \varphi$ による累次積分を行なう。

解答＆解説

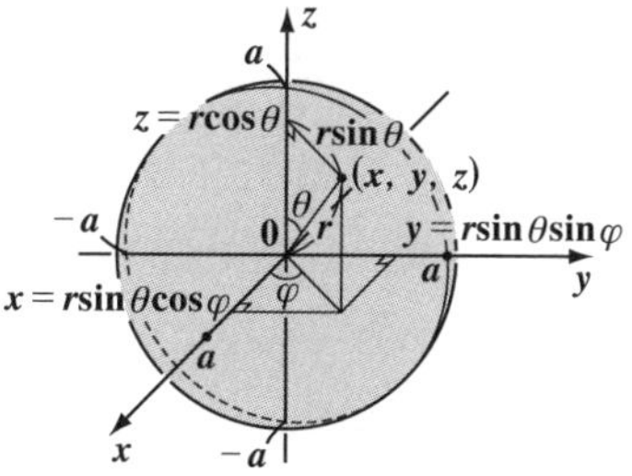

$f(x, y, z)=1$ より，

$$I=\iiint_D f(x, y, z)\,dx\,dy\,dz$$

$$=\iiint_D dx\,dy\,dz$$

$x,\ y,\ z$ を極座標に変換すると，

$$x=r\sin\theta\cdot\cos\varphi,\quad y=r\sin\theta\cdot\sin\varphi,\quad z=r\cos\theta \quad \cdots\cdots①$$

領域 $D: x^2+y^2+z^2 \leqq a^2$ は，新しい領域

$D': 0 \leqq r \leqq a,\ \ 0 \leqq \theta \leqq \pi,\ \ 0 \leqq \varphi \leqq 2\pi$

に変換される。

また，$f(x, y, z)=f(r\sin\theta\cos\varphi,\ r\sin\theta\sin\varphi,\ r\cos\theta)=1$ である。

①より，ヤコビアン $J=\dfrac{\partial(x, y, z)}{\partial(r, \theta, \varphi)}=\begin{vmatrix} x_r & x_\theta & x_\varphi \\ y_r & y_\theta & y_\varphi \\ z_r & z_\theta & z_\varphi \end{vmatrix}=r^2\sin\theta$ ←（公式！）

以上より，求める 3 重積分 I を，D' における 3 重積分に変換すると，

$$I=\iiint_D f(x, y, z)\,dx\,dy\,dz$$

$$=\iiint_{D'} \underbrace{f(r\sin\theta\cdot\cos\varphi,\ r\sin\theta\cdot\sin\varphi,\ r\cos\theta)}_{1}\ \underbrace{r^2\sin\theta}_{|J|}\,dr\,d\theta\,d\varphi$$

$$=\int_0^a\left(\int_0^\pi\left(\int_0^{2\pi} r^2\sin\theta\,d\varphi\right)d\theta\right)dr$$

$$=\int_0^a r^2dr\cdot\int_0^\pi \sin\theta\,d\theta\cdot\int_0^{2\pi}d\varphi=\left[\frac{1}{3}r^3\right]_0^a\cdot[-\cos\theta]_0^\pi\cdot[\varphi]_0^{2\pi}$$

$$=\frac{1}{3}a^3\cdot(-\underbrace{\cos\pi}_{-1}+\underbrace{\cos 0}_{1})\cdot 2\pi=\frac{4}{3}\pi a^3 \quad \cdots\cdots(答)$$

（これも予想通り！）

演習問題 148 ●3重積分(Ⅲ)●

領域 $D=\left\{(x,\ y,\ z)\ \middle|\ \frac{x}{2}+y+z \leqq 1,\ x \geqq 0,\ y \geqq 0,\ z \geqq 0\right\}$ における

$f(x,\ y,\ z)=\dfrac{1}{\left(\frac{x}{2}+y+z+1\right)^2}$ の3重積分 $\iiint_D f(x,\ y,\ z)\,dx\,dy\,dz$ を求めよ。

ヒント！ 積分区間に気を付けて，この3重積分が $\int_0^2\int_0^{1-\frac{x}{2}}\int_0^{1-\frac{x}{2}-y} f\,dz\,dy\,dx$ となることを導いてから，z, y, x の順に累次積分していけばいいんだね。

解答＆解説

領域 D は，右図に示すように，

O(0, 0, 0), A(2, 0, 0), B(0, 1, 0), C(0, 0, 1) を4つの頂点にもつ四面体の表面とその内部である。

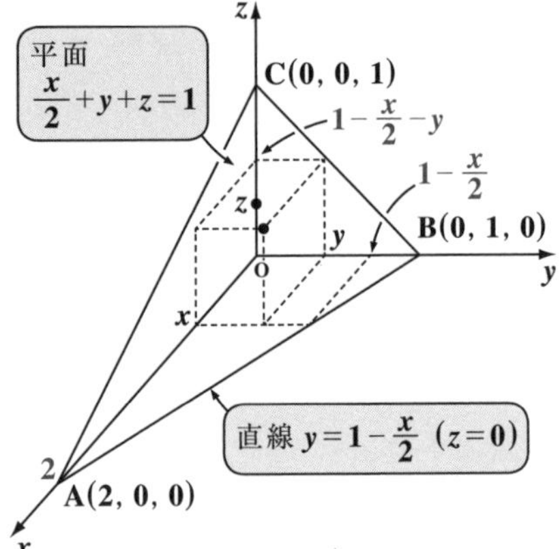

よって，領域 D における $f(x,\ y,\ z)$ の3重積分を I とおくと，

$$I=\iiint_D f\,dx\,dy\,dz$$

$$=\int_0^2\int_0^{1-\frac{x}{2}}\int_0^{1-\frac{x}{2}-y} f\,dz\,dy\,dx$$

$f(x,\ y,\ z)=\left(\frac{x}{2}+y+z+1\right)^{-2}$

上図より，
(ⅰ) x は区間 $[0,\ 2]$ を動く。
(ⅱ) x が区間 $[0,\ 2]$ におけるある値をとるとき，y は区間 $\left[0,\ 1-\frac{x}{2}\right]$ を動く。
(ⅲ) x が区間 $[0,\ 2]$，y が区間 $\left[0,\ 1-\frac{x}{2}\right]$ におけるある値をとるとき，z は区間 $\left[0,\ 1-\frac{x}{2}-y\right]$ を動く。

$$=\int_0^2\left(\int_0^{1-\frac{x}{2}}\left(\int_0^{1-\frac{x}{2}-y}\left(\frac{x}{2}+y+z+1\right)^{-2}dz\right)dy\right)dx$$

$$-\left[\left(\frac{x}{2}+y+z+1\right)^{-1}\right]_0^{1-\frac{x}{2}-y}$$

z での積分より，$\frac{x}{2}+y+1$ は定数扱い。

$$=-\left\{2^{-1}-\left(\frac{x}{2}+y+1\right)^{-1}\right\}$$

$$=\left(\frac{x}{2}+y+1\right)^{-1}-\frac{1}{2}$$

よって,

$$I=\int_0^2\left(\int_0^{1-\frac{x}{2}}\left\{\left(\frac{x}{2}+y+1\right)^{-1}-\frac{1}{2}\right\}dy\right)dx$$

$$\left[\log\left(\frac{x}{2}+y+1\right)-\frac{1}{2}y\right]_0^{1-\frac{x}{2}}$$

y での積分より, $\frac{x}{2}+1$ は定数扱いになる。

$$=\log 2-\frac{1}{2}\left(1-\frac{x}{2}\right)-\log\left(\frac{x}{2}+1\right)+\frac{1}{2}\cdot 0$$

$\log\frac{x+2}{2}=\log(x+2)-\log 2$

$$=\log 2-\frac{1}{2}+\frac{x}{4}-\log(x+2)+\log 2$$

$$=\int_0^2\left\{\left(2\log 2-\frac{1}{2}\right)+\frac{1}{4}x-\log(x+2)\right\}dx$$

$$=\left[\left(2\log 2-\frac{1}{2}\right)x+\frac{1}{8}x^2\right]_0^2-\int_0^2\log(x+2)\,dx$$

$$\left(2\log 2-\frac{1}{2}\right)2+\frac{1}{2}$$

$$=4\log 2-1+\frac{1}{2}$$

$$=4\log 2-\frac{1}{2}$$

$x+2=t$ とおくと, $t:2\to 4$

また, $dx=dt$ より,

$$\int_2^4\log t\,dt=[t\log t-t]_2^4$$

$$=4\log 4-4-2\log 2+2$$

$\log 2^2=2\log 2$

$$=6\log 2-2$$

$$=4\log 2-\frac{1}{2}-(6\log 2-2)$$

ゆえに, この3重積分 I の値は,

$I=\frac{3}{2}-2\log 2$ である。…………………………………………………………(答)

演習問題 149　●3重積分(Ⅳ)：円筒座標変換●

領域 $D=\{(x,\ y,\ z)\mid x^2+y^2+z^2\leqq 4,\ \ x^2+y^2\leqq 2x,\ \ z\geqq 0\}$ における $f(x,\ y,\ z)=z$ の3重積分 $I=\iiint_D f(x,\ y,\ z)\,dx\,dy\,dz$ を求めよ。

ヒント！ 円筒座標への変換を利用する。ヤコビアンは，2重積分における極座標変換のものと同様，$J=r$ となる。

解答＆解説

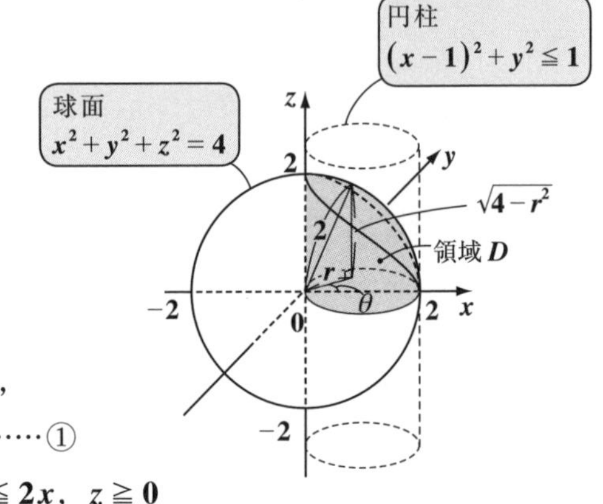

$f(x,\ y,\ z)=z$ より，

$$I=\iiint_D f(x,\ y,\ z)\,dx\,dy\,dz$$

$$=\iiint_D z\,dx\,dy\,dz$$

$x,\ y,\ z$ を円筒座標に変換すると，

$x=r\cos\theta,\ \ y=r\sin\theta,\ \ z=z$ ……①

領域 D：$x^2+y^2+z^2\leqq 4,\ \ x^2+y^2\leqq 2x,\ \ z\geqq 0$

は，新しい領域　演習問題 145(P211) 参照

D'：$\underline{0\leqq r\leqq 2\cos\theta}$，$-\dfrac{\pi}{2}\leqq\theta\leqq\dfrac{\pi}{2}$，$0\leqq z\leqq\sqrt{4-r^2}$

に変換される。

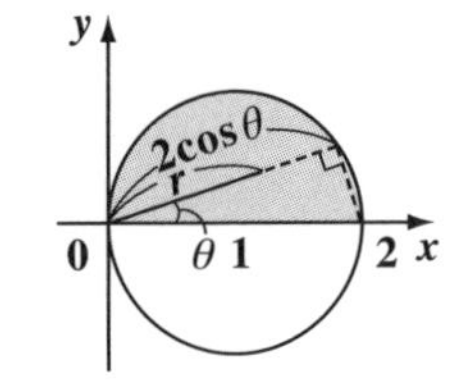

①より，ヤコビアン J は，

$$J=\frac{\partial(x,\ y,\ z)}{\partial(r,\ \theta,\ z)}=\begin{vmatrix}\frac{\partial x}{\partial r} & \frac{\partial x}{\partial\theta} & \frac{\partial x}{\partial z}\\ \frac{\partial y}{\partial r} & \frac{\partial y}{\partial\theta} & \frac{\partial y}{\partial z}\\ \frac{\partial z}{\partial r} & \frac{\partial z}{\partial\theta} & \frac{\partial z}{\partial z}\end{vmatrix}=\begin{vmatrix}\cos\theta & -r\sin\theta & 0\\ \sin\theta & r\cos\theta & 0\\ 0 & 0 & 1\end{vmatrix}$$

$$=r(\underbrace{\cos^2\theta+\sin^2\theta}_{1})=r$$

← 円筒座標変換のヤコビアン $J=r$

以上より，求める **3** 重積分 I を，D' における **3** 重積分に変換すると，

$$I=\iiint_D \underset{\overset{\|}{z}}{\underline{f(x,\ y,\ z)}}\,dx\,dy\,dz$$

$$=\iiint_D z\,dx\,dy\,dz$$

$$=\iiint_{D'} z\,\underset{|J|}{r}\,dr\,d\theta\,dz$$

$$=\int_{-\frac{\pi}{2}}^{\frac{\pi}{2}}\left\{\int_0^{2\cos\theta}\left(\int_0^{\sqrt{4-r^2}} rz\,dz\right)dr\right\}d\theta$$

$$=\int_{-\frac{\pi}{2}}^{\frac{\pi}{2}}\left(\int_0^{2\cos\theta} r\left[\frac{1}{2}z^2\right]_0^{\sqrt{4-r^2}}dr\right)d\theta$$

$$=\int_{-\frac{\pi}{2}}^{\frac{\pi}{2}}\left\{\int_0^{2\cos\theta}\frac{1}{2}\underset{4r-r^3}{\underline{r(4-r^2)}}\,dr\right\}d\theta$$

$$=\frac{1}{2}\int_{-\frac{\pi}{2}}^{\frac{\pi}{2}}\left[2r^2-\frac{1}{4}r^4\right]_0^{2\cos\theta}d\theta$$

$$=\frac{1}{2}\int_{-\frac{\pi}{2}}^{\frac{\pi}{2}}(8\cos^2\theta-4\cos^4\theta)\,d\theta$$

$$=2\cdot\int_{-\frac{\pi}{2}}^{\frac{\pi}{2}}(\underbrace{2\cos^2\theta-\cos^4\theta}_{\text{偶関数}})\,d\theta$$

$$=2\cdot 2\int_0^{\frac{\pi}{2}}(2\cos^2\theta-\cos^4\theta)\,d\theta$$

$$=8\int_0^{\frac{\pi}{2}}\cos^2\theta\,d\theta-4\int_0^{\frac{\pi}{2}}\cos^4\theta\,d\theta$$

$$=\overset{2}{\cancel{8}}\cdot\frac{1}{\cancel{2}}\cdot\frac{\pi}{\cancel{2}}-\cancel{4}\cdot\frac{3}{\cancel{4}}\cdot\frac{1}{2}\cdot\frac{\pi}{2}$$

$$=2\pi-\frac{3}{4}\pi=\frac{5}{4}\pi$$ ……………………………………(答)

$$\left(\begin{array}{l}0\leqq r\leqq 2\cos\theta\\ -\frac{\pi}{2}\leqq\theta\leqq\frac{\pi}{2}\end{array}\right)$$

ウォリスの公式：

$J_n=\int_0^{\frac{\pi}{2}}\cos^n\theta\,d\theta$ のとき，

$J_n=\frac{n-1}{n}J_{n-2}\quad(n=2,\ 3,\ 4\cdots)$

$\left(J_0=\frac{\pi}{2}\right)$

演習問題 150　●3重積分(V)：座標変換●

領域 D：$\dfrac{x^2}{4}+\dfrac{y^2}{25}+\dfrac{z^2}{9}\leqq 1$ における $f(x,\ y,\ z)=x^2$ の 3 重積分

$I=\displaystyle\iiint_D f(x,\ y,\ z)\,dx\,dy\,dz$ を求めよ。

ヒント！　まず，$x=2u$，$y=5v$，$z=3w$ とおくと，D は領域 D'：$u^2+v^2+w^2\leqq 1$ に変換される。さらに，u，v，w を球座標変換する。

解答＆解説

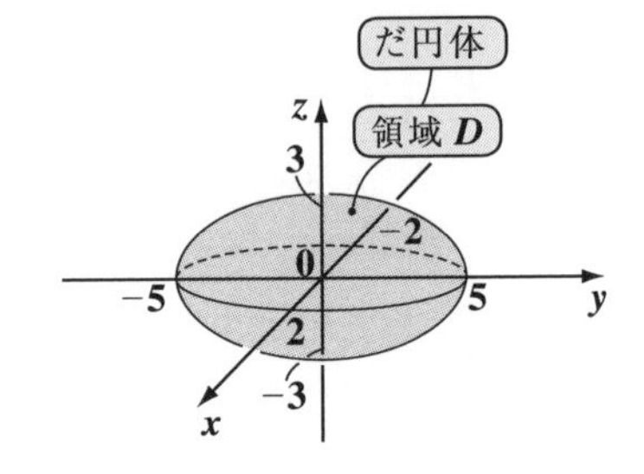

$f(x,\ y,\ z)=x^2$ より，

$$I=\iiint_D f(x,\ y,\ z)\,dx\,dy\,dz$$

$$=\iiint_D x^2\,dx\,dy\,dz$$

(i) $x=2u$，$y=5v$，$z=3w$ ……①

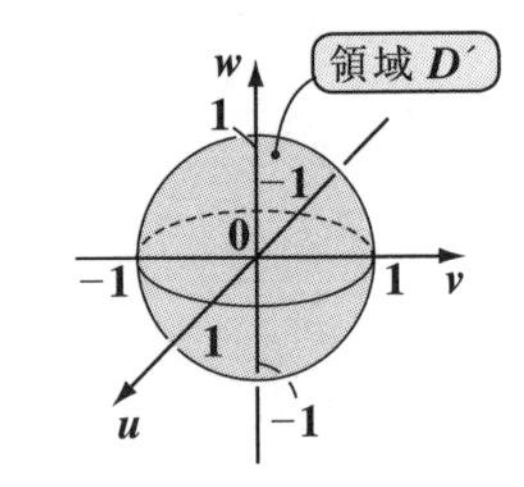

と変換すると，

領域 D：$\dfrac{x^2}{4}+\dfrac{y^2}{25}+\dfrac{z^2}{9}\leqq 1$

は，新しい領域 D'：$u^2+v^2+w^2\leqq 1$

に変換される。

①より，ヤコビアン J は，

$$J=\frac{\partial(x,\ y,\ z)}{\partial(u,\ v,\ w)}=\begin{vmatrix}\frac{\partial x}{\partial u} & \frac{\partial x}{\partial v} & \frac{\partial x}{\partial w}\\ \frac{\partial y}{\partial u} & \frac{\partial y}{\partial v} & \frac{\partial y}{\partial w}\\ \frac{\partial z}{\partial u} & \frac{\partial z}{\partial v} & \frac{\partial z}{\partial w}\end{vmatrix}=\begin{vmatrix}2 & 0 & 0\\ 0 & 5 & 0\\ 0 & 0 & 3\end{vmatrix}=2\cdot 5\cdot 3=30$$

以上より，3 重積分 I を，D' における 3 重積分に変換すると，

$$I=\iiint_D f(x,\ y,\ z)\,dx\,dy\,dz$$

$$=\iiint_D x^2\,dx\,dy\,dz=\iiint_{D'}(2u)^2\cdot \underset{|J|}{30}\,du\,dv\,dw$$

$$\therefore I = 120\iiint_{D'} u^2\,du\,dv\,dw \quad \cdots\cdots ②$$

(ⅱ) さらに，u，v，w を球座標に変換すると，

$$u = r\sin\theta\cdot\cos\varphi,\ v = r\sin\theta\cdot\sin\varphi,\ w = r\cos\theta \cdots\cdots ③$$

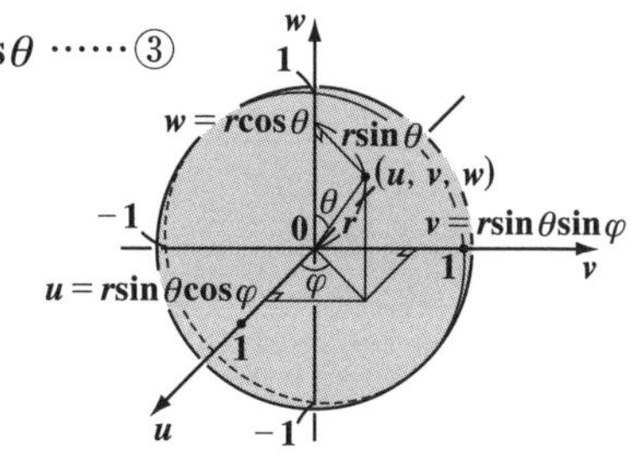

領域 D'：$u^2+v^2+w^2 \leqq 1$

は，新たな領域

D''：$0 \leqq r \leqq 1$，$0 \leqq \theta \leqq \pi$，$0 \leqq \varphi \leqq 2\pi$

に変換される。

③より，ヤコビアン J は，

$$J = \frac{\partial(u,\ v,\ w)}{\partial(r,\ \theta,\ \varphi)} = \begin{vmatrix} \frac{\partial u}{\partial r} & \frac{\partial u}{\partial \theta} & \frac{\partial u}{\partial \varphi} \\ \frac{\partial v}{\partial r} & \frac{\partial v}{\partial \theta} & \frac{\partial v}{\partial \varphi} \\ \frac{\partial w}{\partial r} & \frac{\partial w}{\partial \theta} & \frac{\partial w}{\partial \varphi} \end{vmatrix} = r^2\sin\theta$$

← $J = r^2\sin\theta$ は公式として覚える！

以上より，求める 3 重積分 I を，D'' における重積分に変換すると，②から，

$$I = 120\cdot\iiint_{D''} r^2\sin^2\theta\cdot\cos^2\varphi\cdot \underbrace{r^2\sin\theta}_{|J|}\,dr\,d\theta\,d\varphi$$

$$= 120\cdot\iiint_{D''} r^4\cdot\sin^3\theta\cdot\cos^2\varphi\,dr\,d\theta\,d\varphi$$

$$= 120\cdot\int_0^1 r^4\,dr\cdot\int_0^{\pi}\sin^3\theta\,d\theta\cdot\int_0^{2\pi}\cos^2\varphi\,d\varphi$$

（$\cos^2\varphi = \frac{1+\cos 2\varphi}{2}$，$\int_0^{\pi}\sin^3\theta\,d\theta = 2\cdot\int_0^{\frac{\pi}{2}}\sin^3\theta\,d\theta$）

（図：$\sin^3\theta$ のグラフ，0，$\frac{\pi}{2}$，π，θ，等しい面積）

$$= 120\cdot\left[\frac{1}{5}r^5\right]_0^1\cdot\int_0^{\frac{\pi}{2}}\sin^3 d\theta\cdot\int_0^{2\pi}(1+\cos 2\varphi)\,d\varphi$$

ウォリスの公式：
$I_n = \int_0^{\frac{\pi}{2}}\sin^n x\,dx$ のとき，
$I_n = \frac{n-1}{n}I_{n-2}$
$I_1 = 1$

$$= 24\cdot\frac{2}{3}\cdot 1\cdot\left[\varphi + \frac{1}{2}\sin 2\varphi\right]_0^{2\pi}$$

$$= 16\cdot 2\pi = 32\pi \cdots\cdots\cdots\cdots(答)$$

◆◆◆ Appendix（付録）◆◆◆

補充問題 1　●ラグランジュの未定乗数法●

$e^x + e^y - 1 = 0$ の条件の下で，$z = e^{2x+y}$ が極値をもつ可能性のある点を，ラグランジュの未定乗数法により求めよ。

ヒント！ $g(x, y) = e^x + e^y - 1$, $z = f(x, y) = e^{2x+y}$ とおいて，$g(x, y) = 0$ と $\dfrac{f_x}{g_x} = \dfrac{f_y}{g_y}$ をみたす点 (x, y) を求めよう。

解答＆解説

$g(x, y) = e^x + e^y - 1$，$z = f(x, y) = e^{2x+y}$ とおいて，

$g(x, y) = 0$ の条件の下で，$z = f(x, y)$ が極値をもつ可能性のある点を調べる。

まず，各偏導関数を求めると，

$f_x = (e^{2x} \cdot e^y)_x = 2e^{2x} \cdot e^y = 2e^{2x+y}$，$f_y = (e^{2x} \cdot e^y)_y = e^{2x} \cdot e^y = e^{2x+y}$

$g_x = (e^x + e^y - 1)_x = e^x$，$g_y = (e^x + e^y - 1)_y = e^y$ より，

$$\begin{cases} g(x, y) = e^x + e^y - 1 = 0 & \cdots\cdots ① \\ \dfrac{f_x}{g_x} = \dfrac{f_y}{g_y} \text{ より，} \dfrac{2e^{2x+y}}{e^x} = \dfrac{e^{2x+y}}{e^y} & \cdots\cdots ② \end{cases}$$

をみたす点 (x, y) を求める。

②より，$2e^{x+y} = e^{2x}$　この両辺を $e^x(>0)$ で割って，

$e^x = 2e^y$ ……③ となる。

③を①に代入して e^x を消去すると，

$2e^y + e^y - 1 = 0$，$e^y = \dfrac{1}{3}$ ……④　この両辺は正より，

この両辺の自然対数をとって，$y = \log\dfrac{1}{3} = \log 3^{-1} = -\log 3$ ……⑤

④を③に代入して，$e^x = \dfrac{2}{3}$ となる。この両辺は正より，

この両辺の自然対数をとって，$x = \log\dfrac{2}{3} = \log 2 - \log 3$ …………⑥

以上⑤，⑥より，①の条件下で $z = f(x, y)$ が極値をもつ可能性のある点は，

$(\log 2 - \log 3, -\log 3)$ である。……………………………………………(答)

Term・Index

あ行

アステロイド曲線 ……9

ε-N論法 ……6

ε-δ論法 ……10

除関数の微分法 ……63

上に凸 ……47

n 階導関数 ……44

n 次導関数 ……44

オイラーの公式 ……101

か行

回転体の体積 ……92

回転体の表面積 ……92

カージオイド ……9

逆三角関数の極限 ……40

逆正弦関数 ……7

逆正接関数 ……7

逆余弦関数 ……7

極小(値) ……47

極大(値) ……47

極方程式 ……9

曲面積 ……166

高階導関数 ……44

高階微分 ……44

広義積分 ……91

高次導関数 ……44

コーシーの平均値の定理 ……45

高次微分 ……44

合成関数の微分 ……43

さ行

サイクロイド曲線 ……9

最大値・最小値の定理 ……44

三角関数の極限 ……38

3 重積分 ……168

三葉線 ……9

指数関数の極限 ……50

自然対数関数 ……8

下に凸 ……47

重積分 ……164

収束 ……6,10

シュワルツの定理 ……133

心臓形 ……9

正項級数 ……6

接平面 ……133

全微分 ……133

—— 可能 ……133

双曲線関数 ……8

—— の加法定理 ……8

—— の逆関数 ……30

—— の微分 ……54

双曲放物面 ……149

た行

対数関数の極限 ……38,50

対数微分法 ……64

体積要素 ……168
ダランベールの収束半径 ……49
ダランベールの判定法 ……6
置換積分法 ……87
定積分 ……89
―― の置換積分法 ……89
―― の部分積分法 ……90
テイラー展開 ……48,134
テイラーの定理 ……48
導関数 ……42
トーラス ……129

な行

2 変数関数の極値 ……135
ネイピア数 e ……8

は行

媒介変数の微分法 ……62
バウムクーヘン型積分 ……93,130
発散 ……6
パップス・ギュルダンの定理 ……129
左側微分係数 ……52
微分可能 ……43
微分係数 ……42
微分不能 ……42
不定積分 ……86
―― の線形性 ……86
部分積分法 ……89
平均値の定理 ……45
変曲点 ……47
偏導関数 ……132
放物線 ……9

ま行

マクローリン展開 ……49,134
右側微分係数 ……52
無限正項級数 ……6
無限積分 ……91
面積要素 ……165

や行

ヤコビアン J ……165
四葉線 ……9

ら行

ライプニッツの微分公式 ……44
ラグランジュの剰余項 ……48
ラグランジュの未定乗数法 ……135
らせん ……9
累次積分 ……165
連続 ……11,132
ロピタルの定理 ……46
ロルの定理 ……45

スバラシク実力がつくと評判の
演習 微分積分 キャンパス・ゼミ
改訂 7

著　者　馬場 敬之　高杉 豊
発行者　馬場 敬之
発行所　マセマ出版社
〒 332-0023 埼玉県川口市飯塚 3-7-21-502
TEL 048-253-1734　FAX 048-253-1729
Email：info@mathema.jp
https://www.mathema.jp

編　集　七里 啓之
校閲・校正　清代 芳生　秋野 麻里子
制作協力　久池井 茂　印藤 治　滝本 隆
滝本 修二　野村 大輔　土居 尚樹
星野 哲也　酒井 辰弥　平城 俊介
目野 孝芳　間宮 栄二　町田 朱美
カバーデザイン　馬場 冬之
ロゴデザイン　馬場 利貞
印刷所　中央精版印刷株式会社

平成 20 年 3 月 17 日　初版発行
平成 26 年 3 月 22 日　改訂 1 4 刷
平成 27 年 3 月 29 日　改訂 2 4 刷
平成 28 年 8 月 7 日　改訂 3 4 刷
平成 30 年 6 月 20 日　改訂 4 4 刷
令和 2 年 2 月 4 日　改訂 5 4 刷
令和 4 年 7 月 4 日　改訂 6 4 刷
令和 5 年 10 月 6 日　改訂 7 初版発行

ISBN978-4-86615-316-2 C3041
落丁・乱丁本はお取りかえいたします。